伟大的
博物馆

SAN PIETRO: Storia di un monumento

圣彼得大教堂

［德国］雨果·勃兰登堡
［意大利］安托内拉·巴拉迪尼
［德国］克里斯托夫·索恩 著

李 响 译

上海三联书店

目　录

序　言

弗朗西斯科·布拉内利

　　圣彼得大教堂诞生于台伯河平原旁的梵蒂冈山上，这里见证了被古罗马皇帝卡里古拉遗弃的竞技场变成一片面积很大的坟墓，并随着坟墓的掩埋而消失，同时也见证了圣徒彼得的殉道。这位伟大使徒的石棺上设有古罗马胜利纪念柱，人们在这"纪念柱地基"之上修建了大教堂，也使圣彼得的石棺变成了大教堂的心脏。

　　圣彼得大教堂在超过十六个世纪的时间里作为无数能工巧匠最精湛最神圣才能的载体，也成为所有天主教堂的象征。一直到文艺复兴时期，这座伟大的君士坦丁时期修筑的教堂都是皇帝们的加冕之地，也是众多慕使徒遗骨圣名而到罗马城的朝拜者和宗教虔诚信徒的目的地。正如但丁所说，它那让人不会混淆的独特轮廓出现在世界的各个角落，代表着"有救世主存在的罗马"。

　　从某种意义上说，圣彼得大教堂代表着一种亘古不变的存在。它被写入无数已出版或仍在编写的作品中并不是什么偶然：这里是基督教的心脏，同时也是天主教堂和永恒之城罗马的象征。自公元9世纪至今，各个时代最杰出的艺术家都汇聚于此，力图创造出令自己一鸣惊人的伟大作品。这些杰作为圣彼得大教堂乃至整个罗马城的历史都打上了不朽的印记。

　　例如，发源自托斯卡纳地区的文艺复兴在罗马找到了第二故乡，这其中很大的贡献来源于在当时有无数杰出的建筑师、雕塑家和画家在圣彼得大教堂管理机构里进行创作，他们使用了新的艺术语言和技术。就是在这里，巴洛克风格应运而生，其标志性日期是1593年11月18日，因为在这一天，人们将十字架竖立在了米开朗基罗设计的大教堂穹顶的灯笼式天窗顶上。

　　本书向读者展示了圣彼得大教堂这一举世闻名的神圣建筑所历经的主要阶段，既讲叙了大教堂恢宏广阔的修建过程，又详述还原了教堂内部的局部细节。从事古代晚期、中世纪和近代时期专业研究的三位权威学者运用统一而具有延续性的历史视角，向我们展示了大教堂的旧日渊源、孕育历程及设施布局。通过这一幅关于圣彼得大教堂的美妙非凡的画卷，我们仿佛进入了一个无法复制再现、无比真实宏大的艺术时空。

　　权威学者们在本书中会为读者剖析圣彼得大教堂的方方面面，从它的诞生之日讲起，一直讲到我们所生活的年代。读者将成为历史的观众，纵览大教堂缓慢、持久而又不缺乏黑暗时代的发展进程，品鉴这一材料为石灰华、大理石、金和铜，经过了天才之手的凿刻和被我们称为"圣彼得精神"的信仰而铸成的宏伟建筑。

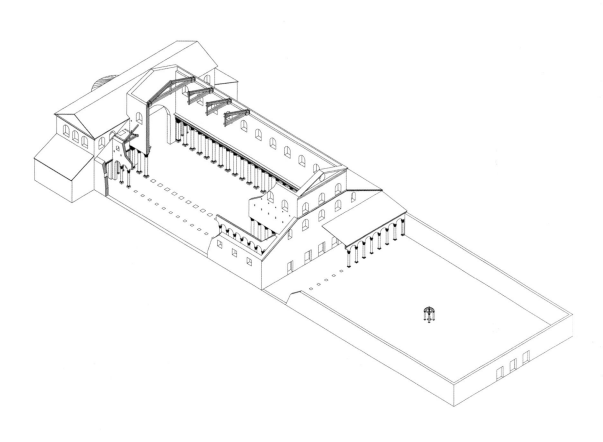

1.君士坦丁时期大教堂三维立体图（K.勃兰登堡绘制）

第一章
君士坦丁统治时期的圣彼得大教堂

雨果·勃兰登堡

公元 312 年，罗马帝国皇帝君士坦丁一世在米尔比奥桥（ponte Milvio，如今的米尔维安桥，位于罗马北部）附近战胜了他的对手马森齐奥（Massenzio）。之后，他按照传统修建了一些具有神圣意味的建筑，为的是向赐福于他、助他得胜的神明表明自己的忠诚与感恩。第一座建成的是拉特兰大教堂（basilica del Laterano），它是罗马的主教派教会为了庆祝胜利向救世主传达敬意而修建的，同时也是为了祝福帝国能够繁荣昌盛、和平稳定以及维护"不败皇帝"的称号。君士坦丁皇帝命人在罗马城门修建了数不胜数的教堂用来纪念那些为了信仰而献身的人们，这些教堂成为举行圣餐纪念仪式和埋葬虔诚信徒的地方。信徒们选择具有纪念意义的教堂作为身后永远的居所，他们为殉道者说情，为寻求救赎者施恩。皇帝和其亲眷的陵墓也被建在这些教堂中，只是更加豪华，占据的位置更为重要。这些陵墓也会接受人们在圣餐纪念仪式上的祭拜，这种仪式是基督教化的、帝国的礼拜[1]。

相较于巴基斯坦撒里亚地区的攸西比乌斯主教为我们记述了位于帝国东部的教堂的修建细节，拉特兰大教堂和圣彼得大教堂没有给世人留下具体的修建日期。我们仅仅通过教皇编年史《宗教名录》（Liber Pontificalis）得知，君士坦丁大帝是在教皇西尔维斯特一世（Silvestro I）在 314—335 年在位期间修建的拉特兰大教堂。此外，教皇编年史还补充道，圣彼得的陵墓是在"位

于梵蒂冈的尼禄皇宫"[2]被找到的。

对于何时修建的圣彼得大教堂，考古学和历史学为我们提供的数据更加明确一些。在曾经被掩埋的地下坟墓上方，君士坦丁命人修建了大教堂，为的是使教堂和圣徒之墓融为一体，这样信众们也可以瞻仰圣彼得。对异教徒坟墓发掘工作开展于 1940 年至 1950 年间。人们在一个骨灰盒中发现了一枚注有日期的钱币，上面写有"318 年"，这再次证明了地下墓穴建成的日期[3]，大教堂也应是在这个日期之后建成的。

此外，《宗教名录》中还记载了君士坦丁为教堂留下的土地和其他不动产，这些财产是为了支付教堂的修缮工作和保证礼拜仪式能正常运行。李锡尼皇帝（Licinio）曾统治罗马帝国东部，他于 324 年被君士坦丁皇帝击败，从这些财产所处地都为帝国东部来看，将圣彼得大教堂应用在礼拜仪式中应该发生在这个日期之后。根据所记载的给教堂捐赠的财产列表，它是在 4 世纪的最后几十年中完工的。所以教堂的始建日期应被推后，即 337 年。如此这个时间就勉强能和君士坦丁以及教皇西尔维斯特有联系，因为君士坦丁皇帝正是在这一年去世的[4]。

捐赠列表的第一个是一座位于安塔基亚（Antiochia）城区的宫殿，它属于达奇亚诺（Daziano）。这座宫殿是大教堂在 4 世纪晚期结束修筑工程的证据。因为达奇亚诺是一位元老院议员，他在君士坦丁堡担任帝国的高级行政官员，于 358 年被任命为执政官，在

2. 在圣彼得胜利纪念柱旁的红墙上的雕刻，上面很可能刻有对圣彼得的赞美之词，现藏于圣彼得大教堂管理机构

1. 君士坦丁时期遗迹，圣彼得胜利纪念柱壁龛的小石柱和红色的合并在一起的墙体遗迹，视角向北，发现于梵蒂冈地下墓穴

3. 位于圣彼得胜利纪念柱旁的承重墙，上面布满朝圣者的雕刻，发现于梵蒂冈地下墓穴

365 年[5]时仍在世。提到这些信息并不是无意义的，因为要知道，只有达奇亚诺去世了，他的财产才能流入国库。也就是说，只有在 4 世纪的最后这段时间他的财产才能被用于教堂的维护。但是更确切地讲，达奇亚诺在 326 年或 330 年，即接受完正式的祝圣仪式后，他便于帝国新首都君士坦丁堡落成的这段时期中，在皇帝手下担任公证员一职。那时他已是基督教徒，本应像在皇帝手下工作的其他高级官员那样捐赠自己的财产以用于教堂的维护工作，当时许多元老院级别的官员还在世时都这样做了，例如保利诺·迪·诺拉（Paolino di Nola）、"年轻的梅拉尼亚"（Melania la Giovane）以及一些教会和救济

组织的贵族创立者[6]。这样大教堂的完工和祝圣日期应介于 326 年和 337 年之间，后者是皇帝去世的那一年。

让我们通过分析教堂的建筑和布置来进一步得出关于其建成日期的结果。

圣彼得大教堂位于梵蒂冈山丘的斜坡上，修建在一大片罗马帝国时期的坟墓上方，

它在 4 世纪初便投入使用，可以说是一项极为大胆而艰巨的工程。这样的位置本无法提供给建设一座长度超过 214 米的宏大建筑所需的地理条件，这不仅是因为需要填补巨大的高低落差，还要将墓穴填平。坟墓上的建筑为建设新教堂提供了平台，而建成的新教堂面积是很受限制的。另外，自古代起，由于这些坟墓和陵墓所代表的神圣意味，通常

人们不被允许将其毁坏或重建。所以，如果缺乏具有说服力的动机，人们是不能毁坏墓穴的，也无法对这一地区进行重建。

教皇庇护十二世批准了这项从 1940 年进行到 1950 年的发掘工作。从考古发现中我们得知，君士坦丁是在一个很不起眼、高度仅超过一米的建筑物上竖立起这座巨大的教堂的。那个小建筑物倚靠着一面墙，被发掘

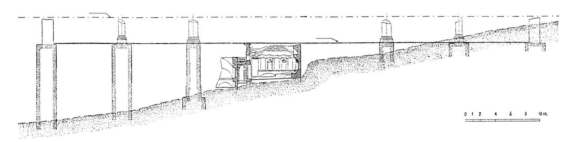

4. 靠近梵蒂冈地下墓穴 F 号陵墓的君士坦丁时期的大教堂从南到北的纵剖面（阿波罗·盖提等，1951 年绘）

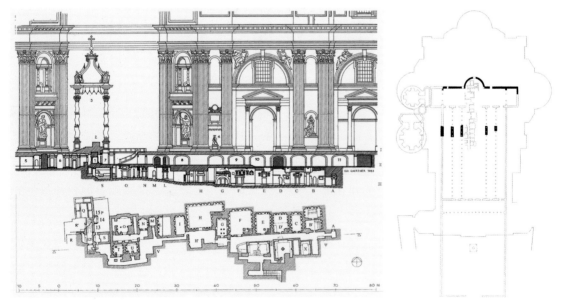

5. 当今圣彼得大教堂和地下墓穴的剖面图及同一墓穴的平面图

6. 地下墓穴，君士坦丁时期的大教堂（黑色线代表已证实存在的墙体）和当今圣彼得大教堂的外部轮廓（克劳萨默，1977 年绘）

者称为"红墙",它支撑着山坡上一系列建于公元 2 世纪至 3 世纪的坟墓。陶土的印记表明,红墙的历史可追溯到公元 160 年。接下来是绵延不断的起保护作用的建筑构件,它们使建筑免受山坡冲蚀作用的破坏。还有用小柱子组成的装饰、一套简单的马赛克地板和几层大理石。在参观者留下的雕刻中,有一个看起来像是对圣彼得的乞求。所有这些刻画证实从 3 世纪到 4 世纪初,这里曾接待过众多的信徒和朝拜者。

这个小建筑物有可能是由罗马的基督教团体建立的,它就这样被一直保存到君士坦丁统治的年代,一起被留存的还有视它为圣徒彼得之墓的口传教义。根据教义,君士坦丁在这座山坡上,在异教徒墓穴的上方,用珍贵的大理石为这位伟大的圣徒修建了纪念他的教堂。这里成为信徒们举行圣餐大会的场所,圣彼得那装饰豪华的墓穴也为人所见,接受人们的崇拜和瞻仰。

大约在同一时间段或再晚几年,皇帝下令修筑了许多纪念性教堂,它们的拉丁语名称就是"记忆"(memoriae)或"见证"(martyria)。这些教堂有的建在巴勒斯坦,基督曾布道过的地方;有的建在耶路撒冷,基督耶稣的墓上方;有的建在伯利恒,耶稣出生地的洞穴上方;还有的建在橄榄山(Monte degli Ulivi)或马末利平原(Mamre)之上。正如为君士坦丁作传的攸西比乌斯[7](Eusebio)所言,皇帝的意愿是使基督圣墓成为"一座永存的纪念物,应包含着伟大的

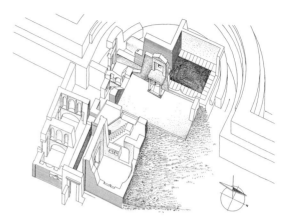

7. 在场地 P 旁的古罗马墓建筑,以及位于君士坦丁时期大教堂半圆形后殿的圣彼得墓纪念堂(壁龛)的遗迹(阿波罗·盖提等,1951 年绘)

救世主对于死亡的胜利",所以"基督圣墓要将耶路撒冷传名天下,这里作为救世主最神圣的复活地,当是享有名誉的、受到信徒崇拜的圣地"[8]。这些纪念性建筑都修建在基督耶稣所到的圣地,它们被攸西比乌斯称作"永生的遗迹",以宣告基督的救赎和战胜死亡的承诺[9]。

然而在首都罗马却没有这样的耶稣纪念地,能够让人们切实感受到基督教信仰的基本真理以及对死亡的超越、救赎和对永恒极乐的承诺,在罗马有的是作为基督崇拜支撑力量的殉道者。皇帝隆重地参加朝拜基督的活动,在向信众播撒祝福的礼拜中扮演着重要角色。这样的仪式更多是为了祝福人民健康常在和帝国繁荣昌盛,以及对两位最主要的使徒圣彼得和圣保罗的景仰。这两位圣人是传播基督教诲最早的使者。尤其是圣彼得,他曾承诺基督"会在自己这块磐石("彼得"

在意大利语中有磐石的意思）上建立起基督的教会"[10]，君士坦丁崇拜圣彼得就像崇拜一位基督的代表者一样，认为他是上帝救赎的证明。因为这样一种方式，罗马作为帝国的首都成为基督教徒的中心，但它对于朝拜的重要性相比起其他圣地就稍低一些。在这种情况下，修建圣彼得大教堂在意识形态范畴上可算是具有超凡意义的大事件。正如攸西比乌斯在为君士坦丁所作的传记[11]中所陈述的，在罗马建立用于纪念救世主和两位最重要圣徒的教堂象征着一种新的朝拜形式的诞生，它将帝国崇拜、景仰能带来胜利的万能上帝、期待帝国祥和宁静的新时代这些丰富的感情杂糅在一起。

根据口传下来的教义，圣彼得曾在罗马传播基督的教诲，被人们奉为基督教团体的代表，后在尼禄皇帝的统治下被迫害而死。这一观点在9世纪的各教派中引起了强烈的争论并被批判，而基于历史语言学[12]的论据，这一观点在最近又一次受到反驳。有关1世纪到4世纪圣彼得出现在罗马和他殉道的资料非常简短[13]。没有任何证据可以证明他曾来过罗马，并且以基督教团体领袖的身份宣扬过基督教信仰。也没有证据表明在公元64年至68年间的尼禄统治后期，圣彼得和其他一些成员在皇家别墅竞技场受到迫害并被葬于附近。这些信息中只有一部分可以和不同来源的史料对应上：这些史料中提到了圣彼得的罗马之行，而它们的作者在为圣彼得写的传记中只叙述了一些重要片段，并且论

据都是主观的。在这一点上我们要重点介绍一个人物，他就是出现在公元200年左右的基督教作家盖乌斯（Gaio）。在关于信仰问题的辩论活动中，盖乌斯反对诞生于小亚细亚的孟他努宗派。教会历史学家攸西比乌斯总结了盖乌斯的理论：面对试图通过位于弗里吉亚（Frigia）的希拉波利斯（Hierapolis）的使徒菲利普之墓来维护自己信仰的孟他努宗派，盖乌斯提出让他们前往梵蒂冈附近和奥斯底亚路（via Ostiense），去参观那里象征着胜利的宏伟纪念柱，以及圣彼得和圣保罗的墓地，它们是这两位圣徒及其留下的教诲在罗马永存的真真切切的实据。盖乌斯的"梵蒂冈附近"这一说法仅指圣彼得大教堂之下由于发掘而展现出来的建筑，那时圣保罗原本的墓葬保存在由君士坦丁修建在奥斯底亚路旁的教堂之下，这座教堂在4世纪末期被狄奥多西皇帝（Teodosio）及他的摄政者们[14]下令扩建并装修。

罗马的圣彼得墓遗迹据资料记载是在发掘过程中被发现的，它的年代可以追溯到公元160年，是在其殉道后又过了三代人的时间后修建的。如果将这些信息与围绕着圣徒之死发生的事件联系起来，我们可以得知口传教义的历史可推至公元1世纪晚期。在古代社会中，口传教义、重要的史实和见证人都会延续很长一段时间，更何况在2世纪中叶，上面提到的三代人中的第二代仍然在世，尼禄对基督徒所进行的迫害就这样直接被见证人传下来了。另外，圣彼得是否出现在罗

8. 古罗马地下墓穴的正面复原图（A. 米尔施、H. 凡黑斯贝格、K. 加特纳绘，选自《考古学教皇研究会报告》系列 3，回忆录 16，1—2，罗马 1986/1995）

马这一问题从来就没有在接下来的几个世纪里被放入由罗马教皇主持，帝国东部各区主要城市如亚历山大、安提阿，特别是君士坦丁堡的大主教参加的重要辩论中。

之后，君士坦丁就在梵蒂冈的遗迹上面竖起了巨大的纪念性教堂，以 2 世纪中叶为开端，这片山坡就留存着关于圣彼得殉道的鲜活记忆。直至 4 世纪的最初几十年，也就是建设教堂之前，位于地下墓穴的圣彼得墓一直接受着信徒的朝拜。附近有一座竞技场，就是上文提到过的被传圣彼得殉道的地方。它由卡里古拉皇帝（Caligola）修建在梵蒂冈靠近皇家别墅的地方，如今竞技场已没有了痕迹。它的位置正好位于大教堂的南部，这个方位在后来发掘方尖碑基座时被证实。这座方尖碑就是在 37 年被卡里古拉皇帝从亚历山大运到罗马用以装饰竞技场的那座。它一直都没有被移动过，直至 1586 年，被多梅尼科·丰塔纳（Domenico Fontana）用一种冒险的方式转移到了圣彼得广场的中心。竞技场和埋葬着圣彼得的地下墓穴之间距离

如此之近，这一点也体现在珀比里奥·埃拉克拉（Popilio Eracla）墓建筑门上的铭文上，这座墓位于地下墓穴，是阿德里安时代的产物。墓志铭的内容是关于遗嘱安排的，上面规定这个家族的坟墓都要修建在梵蒂冈的竞技场周围[15]。很快，众多陵墓的修建便削弱了竞技场的功能，使它最终被废弃。这片区域位于台伯河的另一边，刚刚越过耸立着圣彼得大教堂的梵蒂冈城界限，同时这里也是异教中弗里吉亚大地女神库柏勒的一个重要圣殿的所在地，我们可以在离大教堂很近的地方找到它。关于这座弗里吉亚异教圣殿的记载出现在许多不同的碑文上，然而圣殿本身却没有成为著名的遗迹。有它身影出现的碑文也多是描绘发生在 4 世纪末，或确切地说最开始是在 319 年到 350 年间人们在梵蒂冈城附近的宗教献祭活动。我们也许可以将这些宗教献祭活动与圣彼得大教堂的修筑联系起来，因为很有可能是教堂的建造妨碍了在附近圣殿中所进行的祭拜活动：如果是这样，教堂建造工程就有可能是在 318 年后很快动工的，之后在 4 世纪中叶人们恢复了宗教献祭活动直到 391 年，因为那一年狄奥多西皇帝下达了对异教祭拜活动的禁令[16]。

让我们重新回到大教堂的修建这一话题。君士坦丁时期修建的大教堂在教皇尼古拉五世（Niccolò V，1447—1455 年在位）在位期间就已损毁严重，正如意大利文艺复兴早期人文主义学者莱昂·巴蒂斯塔·阿尔贝蒂（Leon Battista Alberti）所说，它开有天窗的

墙体在经历数世纪的风雨后已倾斜超过一米，整座教堂不再符合文艺复兴时期的建筑结构标准，也不符合那个时期的建筑理念，当然也被认为是不可修复的[17]。吉斯蒙多·孔蒂（Sigismondo Conti）是一位来自福利尼奥的人文主义学者，他的说法在某种意义上更具有说服力，虽然他称圣彼得大教堂是那个粗犷年代的产物，不具备"高贵建筑"[18]的特征，但还是称赞了大教堂的雄伟庄严。于是，教皇尼古拉五世就任命师从阿尔贝蒂的贝尔纳多·罗塞利诺（Bernardo Rossellino）来为这座建筑做了一个详尽的修缮方案。罗塞利诺在方案中提出要去掉老教堂的十字形耳堂，同时在老的半圆形后殿处加入唱诗台，这样就能把圣彼得墓囊括其中，并且将它移到平面图更中心的位置。然而因为罗塞利诺提出了要拆除这座古老而受人敬仰的君士坦丁大教堂部分建筑结构的新思想，他的方案免不了要引起争论，教皇的离世继而使改造工程耽搁了下来。之后教皇儒略二世（Giulio II，1503—1513年在位）任职，由于他偏爱奢华富丽，且老旧的大教堂不能满足他对豪华奢侈的追求，儒略二世最终决定将它重建[19]。这项工程开始于1506年，在超过百年时间不间断的重建工作中，这座古老的大教堂被从西面开始一点点地拆毁，最终竖立起了全新的建筑。

由于缺乏15世纪以前的记载文献及其地形平面投影图，关于圣彼得大教堂重建工程的现代研究工作除了运用1940年至1950年间的发掘资料外，只能利用其他渠道的信息，这基本上都来源于重建之后的年代[20]。在负责教堂重建工程的建筑师，例如多纳托·伯拉孟特（Donato Bramante）或巴尔达萨雷·佩鲁齐（Baldassarre Peruzzi）的方案中，人们可以了解到绘制在新方案旁边的原始建筑情况，或者通过一些展示建筑部分结构的标有尺寸的图画来了解，比如描绘君士坦丁时期圆柱的图画，尤其是由佩鲁齐和圣加洛家族的乔瓦尼·巴蒂斯塔·达·圣加洛（Giovanni Battista da Sangallo）绘制的部分，这些图纸为研究早期基督教时期的建筑提供了珍贵的参考资料。除了像多西奥（Dosio）、塔塞利、乔瓦尼·巴蒂斯塔和弗朗西斯科·德·奥兰达（Francisco de Hollanda）这样的艺术家所绘的图纸之外，我们还要重点注意梅尔滕·凡·海姆斯凯克（Maarten van Heemskerck）。这位荷兰画家于1532年至1536年间在意大利生活，他与社交圈朋友们的作品一起为我们提供了关于重建大教堂的珍贵资料[21]。

在16世纪大教堂重建工作正在进行之时，人们对旧教堂还未拆除的剩余部分产生了浓厚的兴趣，开始将它视为古董。关于这一点，在1571年至1582年间蒂贝里奥·阿尔法拉诺（Tiberio Alfarano，？—1596）指导圣彼得大教堂的建设工程时，他保留下的大教堂建筑相关图片中都有一些虽不完整但可信的信息记载。这些记载是关于教堂西面的，这部分在那时已经被拆除殆尽，为新教

9. 君士坦丁时期大教堂的南面外墙的基础墙，摄于梵蒂冈地下墓穴

10. 东西方向视角的梵蒂冈地下墓穴，F 号墓穴处于照片前景，摄于梵蒂冈地下墓穴

堂的修建腾出了位置。

大教堂中的铭文记载了许多重要资料，比方说被中世纪铭文收集文献收录的大教堂半圆形后殿、中殿以及后殿、耳殿等相隔拱门上的那些文字，还有安尼奇家族（gli Anicii）位于圣彼得大教堂半圆形后殿陵墓上的墓志铭。后殿后来被尼古拉五世拆除了，因为他要将其重修并且曾建了一个十字形耳堂。所有这些铭文都被后来的人文主义学者马菲奥·万卓（Maffeo Vegio，1407—1458）誊写下来了。贾科莫·格里马尔迪（Giacomo Grimaldi，1568—1623）是圣彼得大教堂的档案管理员，像阿尔法拉诺一样，也搜集了

旧教堂拆毁前夕的最后资料[22]。

君士坦丁时期的圣彼得大教堂是从西面开始筑起的。圣彼得墓是需要有一层保护外壳的。整座建筑位于山坡上墓穴的高处，位置是孤立的，两面的红墙也被弃用。为了使圣彼得墓能够从大教堂的地面层显露出来，山坡的高度差在西边和北边被部分填平，临近的墓室也被拆除了。为了修建未来的大教堂，还要在山坡上墓穴的南面和东面修筑坚实的地下承重墙，同时墓穴都要被注满并用墙体固定。大教堂南面外墙的承重墙被建在地下墓穴的边沿，是用当时最好的技术修建的，高度超过了 9 米。对于为新教堂的修建

创造一个平台来说，以上这些措施的实施和对大约 4 万立方米的地形进行大力调整是十分必要的。包括前厅在内新教堂总长度 214 米，显示了君士坦丁崇敬圣彼得之墓，并要将它设在一座与其身份相匹配的宗教殿堂中的决心。正是因为这样一种决心，在现当代的历史书籍中人们这样赞美他："君士坦丁，一位极有才能的人，实现了一切掠过脑海的愿望。此外，他还尝试将权力的触手伸向世界的每一个角落。"[23]

君士坦丁在写给主教马卡里奥（Macario）的信中提出了在耶路撒冷修建基督圣墓的要求，同时也提出了关于圣彼得大教堂的构想，后者有规模巨大的规划：帝国城市的其他公共建筑在这座纪念性教堂巨大的面积和光彩面前黯然失色，它是君士坦丁时期建筑中对于崇拜圣徒和殉道者彼得的重要性的强有力证据。

圣彼得的陵墓从周围的建筑结构中被解放出来，它在教堂祭拜的中心位置，也就是半圆形后殿的尾端显现，令人印象深刻。人们在拆除后殿的过程中挖出了一些陶土图章，上有君士坦丁名字的缩写：相比起他儿子的姓名缩写"Costanzo II"（君士坦提乌斯二世），可以毫无疑问地说，发掘出的这些就是属于君士坦丁本人的，这说明将工程的最早开始时间定为君士坦丁二世统治期间的说法是站不住脚的。像那个时代的通常做法一样，大教堂坐西朝东，即后殿修在西面，正面向东，这样的方位是为了模仿古代神殿。

当信徒们聚集在一起祷告时也会面向东方，这是因为根据《圣经》，基督就是从东方归来又从东方出发到达橄榄山后升天的[24]。

一间十字形耳堂作为横向结构被修建在大教堂后殿旁，这是为了将由珍贵彩色大理石装饰的圣徒之墓与毗邻的五个其他的殿区分开，同时达到将陵墓收于好比是巨大首饰盒的建筑结构中的效果。

为了处理耳堂和后殿墙体奠基的差异之处，那时人们得想出许多不同的施工方案，因此有人推测教堂的修建工作曾有过短暂的拖延[25]。然而，这个推测是没有根据的：由于自然环境、建筑结构和功能以及自身比例存在差异性，古罗马帝国时期的大型建筑在奠基和墙体的建造工艺方面也总是表现出差异性。在圣彼得大教堂中应用的多种墙体建造技术，可以在君士坦丁时期的其他建筑中找到对应。带有前厅和耳堂的大教堂被认为是一个统一的设计整体，就像位于地下墓穴之上的用于支撑教堂平台的地下承重结构所显示的：根据原版设计方案，大教堂是在一大块平台上建立起来的。

十字形耳堂的长度与大教堂的五个殿总长度相同，正好是 63 米，从侧殿经过一个开口可到达耳堂。开口处有两个廊柱，每个廊柱上都有柱上楣，它们与路径方向是垂直的，起到帘幕的作用，将大教堂与耳堂分割了开来。与之相反的是，中殿大开着正对后殿，横贯在它们之间的是架在圣墓之上的拱门：这样的建筑结构不仅是为了满足虔诚的朝拜信徒的需要，还因为在这种情况下建筑的尺寸协调一致，即拱门的宽与高分别是 17 和 22 米，这两个数字分别与后殿开口的宽度及其穹顶的高度相同。拱门与后殿融为整体，为那受人崇敬的圣墓勾勒出和谐匀称的线条，这里也是穿过长长的教堂才能最终到达的地方。建筑师通过相同的尺寸创造出了建筑结构部件间协调一致的感觉，我们可以在大教堂的各个方面感受到这一点，它体现出大教堂设计的整体性。

耳堂高 25 米，相比大教堂中殿 32 米的高度能明显感觉到低很多[26]。耳堂屋顶的最高处有 32 米，比中殿屋顶的最低处还差了一点[27]：如此看来，耳堂变成了真正意义上完全脱离主体建筑的存在。依据阿尔法拉诺所言，耳堂共有 16 扇窗户。然而这个数字多得难以置信，因为要把大约 3 米乘以 5 米规格的 16 扇窗户都安置到这里的墙上是一件很困难的事。根据这个确定的总数，我们推断两组三扇的窗子是安排在后殿的边上，每侧短边上三扇，每个侧殿上方东墙上都有一对，也就是说，侧殿的屋顶会横切两扇内部的窗户。

这样一个看似不寻常的布局是可以在 4 世纪末期的圣保罗大教堂中找到对照的，它的参照正是圣彼得大教堂[28]。对窗户数量如此之多、位置如此奇特的解释是要为圣彼得墓及其周围环境提供最大程度的光照。另外还有三扇有些小的窗子开在后殿，使得后殿也能拥有充足的光照。在这样的布局下，耳堂被衬托得像圣殿的珠宝箱一样。

耳堂作为教堂西部与之垂直的结构，被认为是教堂横轴方向建筑结构的最新发展，比它更新的发展变化是拉特兰大教堂里出现的圣台，这个区域被雄伟的拱门结构和两座祭坛凸现出来。在圣彼得大教堂中，拱门位于圣墓之上，象征着大厅和耳堂的界限。正如拉特兰大教堂中附属的朝向大厅内侧的祭坛一样，在圣彼得大教堂侧殿的尾端，与纵轴平齐的位置竖立起了低矮的半圆形回廊，回廊的开口处是两个具有科林斯式柱头和柱上楣的廊柱。考虑到位于上方的窗户，覆盖回廊的顶棚很有可能是倾斜的，它与耳堂高 15 米处的墙彼此连接。

圣彼得大教堂中为圣墓而修建的特殊结构在 4 世纪末期被借鉴到狄奥多西皇帝所建的圣保罗大教堂中，但基于对殉道者的怀念和礼拜仪式的不同而出现了一些变化[29]。

其他重要的教堂也逐渐以各种不同的形式接受了将耳堂用作圣台的做法，耳堂就像中世纪的建筑那样是大厅附属的元素。比如出现在 9 世纪初的德国富尔达修道院教堂：根据史料记载，圣彼得大教堂的这种在基督教团体中最著名的朝圣教堂的建筑形式，为中世纪时期具有一定重要性的教堂提供了一个更"罗马"的典范[30]。

君士坦丁在用珍贵的大理石、斑岩和孔雀大理石装点的圣彼得墓上方增修了一个华盖，这个华盖为圣墓增添了一分神圣，使它成为原本空空的耳堂中的焦点[31]。在华盖大

11. 萨玛格圣骨盒，5 世纪，展示君士坦丁时期大教堂后殿装潢及圣彼得圣体盘的一侧，现藏于威尼斯国家考古博物馆

理石板材质的轻巧的墩座墙上方，可以看到四座有着复杂装饰的螺旋形柱，每两柱间距为 6 米，柱身 4.75 米，另有底座 0.6 米，之间由拱形的柱顶横檐梁支撑，这样的形态与那件出土于普拉的萨玛格（Samagher）象牙圣骨盒上所显示的一致，它上面的浮雕根据传统一直被认为是圣彼得墓形状的具现。在拱形柱顶横檐梁的交汇处，悬着一盏带有花冠的吊灯。

总体来说，突显了圣彼得墓周围空间重要性的华盖大致应高 10.5 米。那几座珍贵白色大理石雕琢而成的螺旋形柱，它们的历史可追溯到公元 2 世纪前叶。大理石是从位于小亚细亚的多齐梅尼翁（Dokimeion）的矿山里开采的，上面雕刻了装饰性的螺旋沟壑和葡萄树枝蔓。根据《宗教名录》的记载，君士坦丁有可能是从希腊语地区的帝国东部运来的这些石柱，在公元 324 年之后他可能统治过那片地区。后来以弗所（Efeso）也出土了类似的石柱，由此证实了《宗教名录》中关于这段史料的记载。君士坦丁修建的这个华盖毫无疑问是小亚细亚地区的工艺，大理石也有可能是从公库中选出的。在中世纪时，人们一直认为这件作品来自所罗门神殿，现在它被保存在大教堂交叉甬道的神龛中，在那里，美丽的华盖不仅起着特别的装饰作用，还提醒着人们不要忘记曾存在过的古老教堂。在充当柱子底座的墩座墙上，人们发现了一些栅栏留下的痕迹，看上去像是铜质的，栅栏的设立是为了限定华盖下方圣墓的界限。四座柱子中的两座由华盖的柱顶横檐梁连接着，它们靠在后殿的墙壁上。圣墓前被华盖覆盖住的地方大致有 5 米 ×6 米。总体来看，华盖以它 10 米的高度和 6 米的宽度，无愧是一座雄伟的建筑，它耸立在拱门和大厅的轴线上，将耳堂恰好平分成两部分。令人遗憾的是，我们并没有找到任何描述在这圣墓旁举行宗教仪式的文献。想象朝拜者们从侧殿走进华盖，共同在唱诗声和祈祷声中瞻仰主教庇护下的圣墓，宛如 4 世纪末期朝拜阿纳斯塔西（1'Anastasi，即耶路撒冷基督圣墓上方基督用过的皮斗篷）的朝拜者埃格里亚（Egeria）所讲述的场景。这样的场景想必也是合乎逻辑的[32]。

依我之见，带有圣彼得墓的耳堂是在修筑工程完成后就立即祝圣的，并且很快投入使用，开始举行礼拜仪式：至少在 390 年狄奥多西时期的圣保罗大教堂的情况是这样的。在它耳堂左侧殿柱廊的第一根柱子上面最细的位置有教皇西利斯（Siricio，384—399 年在位）的题词。另外在柱子的底端有一些断断续续的文字，记载了皇帝任命的这项工程的负责人信息。教堂中殿和一些装饰性的部分是在狄奥多西的儿子[33]，皇帝霍诺里乌斯（Onorio，395—423 年在位）执政期间完成的。这些写有教皇和工程负责人名字的文字不仅证实了祝圣仪式的举行，也明确了耳堂修建工作的正式结束时间。类似的情况在其他的中世纪教堂中也多次出现过，这些教堂在修完了后殿和耳堂后，很快便举行了祝圣仪式并投入使用[34]。

《宗教名录》中罗列的那些为了维护保养大教堂和用于礼拜仪式的帝国捐赠财产，事实上都投入到圣彼得大教堂耳堂的修建中去了。在前文中我们已经讲到这些财产主要分布在帝国的东部地区，是在 324 年君士坦丁打败李锡尼后由他交给教堂的：我们假设大教堂耳堂的完工交付时间是在这个日期之后，像圣彼得墓华盖的四尊珍贵石柱这样的建筑性捐赠品就有可能是在 324 年之后从小亚细亚购进的。根据耳堂完工和祝圣之时得到分配的土地等财产信息来推断，其完工时间进一步推后到了 326 年，所以祝圣仪式还要再向后推几年，但据我们认为肯定是在 330 年之前。工程很有可能是在 320 年开工的，除去 4 世纪开始修建的带有基督教主题湿壁画的朱利奥家族（i Giuli）陵墓以及具有相

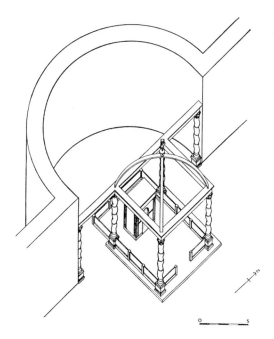

12. 后殿前圣墓纪念堂与华盖的复原图（基施鲍姆绘于 1974 年）

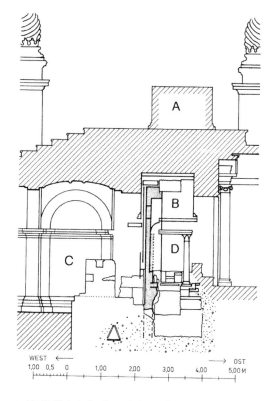

13. 现代教皇祭坛和下方纪念堂的剖面图

同装饰元素的同时期的艾米利亚·戈尔戈尼亚（Aemilia Gorgonia）陵墓，还有大约埋葬于 318 年的特莱贝莱娜·法奇拉（Trebellena Facilla）陵墓外，在那时已停止将这片地区作为墓地使用，没过多久，这里就被重新改造了。这些信息可以在弗里尼亚诺地区关于"Taurobolium"（用牛祭祀大地女神库柏勒的宗教活动）的铭文记载中找到依据，我们从中可知因为基督教大教堂[35]的修建，上述这种宗教活动在 319 年时有可能被暂停了。在中世纪文集中收录的铭文以及与新教堂建成同时期大教堂的相关记载，还有刻在后殿、后殿拱顶、中殿与后殿耳殿相隔的拱门处的铭文都与刻在耳堂的那些有联系。

《宗教名录》中提到君士坦丁在后殿的圆顶[36]上"覆盖上黄金"。这句描述既没有说明具体用途，也没有讲出圆顶上有些什么样的装饰，所以人们推断，一开始圆顶上是没有任何装饰图案的。

然而这种解释并没有说服力，因为不仅是《宗教名录》，其他诸如攸西比乌斯和诗人普鲁登修斯（Prudenzio）对大教堂的描述总是倾向于只夸赞建筑的富丽堂皇、黄金和大理石建筑材料的珍稀以及惊人的建筑体量，而不提绘画的和马赛克的装饰图案[37]。一幅在 16 世纪初贾科莫·格里马尔迪的速写基础上作于 1592 年的水彩画，显示了大教堂被拆毁之前的情况。在这张画作中可以看到后殿的装饰图案，上有端坐在宝座之上的耶稣基督，右手是演说家的手势，一本打开的

14. 大教堂耳堂后殿区域的复原图，现藏于圣彼得大教堂管理机构

15. 位于梵蒂冈地下墓穴 N 号墓室的特莱贝莱娜之墓，现藏于圣彼得大教堂管理机构

书置于左手，《圣经》放在怀中，耶稣身旁分别是正在朝拜的两位圣徒彼得和保罗。在这下方是耶路撒冷和伯利恒的象征图案，还有位于天堂的山和塔之上被十二只羊羔簇拥

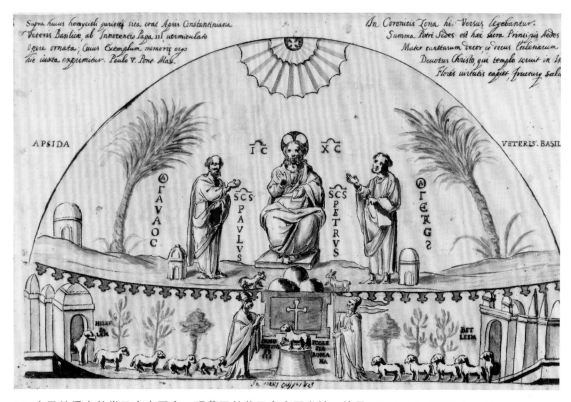

16. 古圣彼得大教堂马赛克图案，现藏于梵蒂冈宗座图书馆，编号：Barb. lat. 4410, fol. 26r

着的耶稣神羔羊。在神羔羊旁边我们可以看到一个女性形象，由图上的标注可知，她代表罗马教会，另一边的是教皇英诺森三世[38]（Innocenzo III）。由此我们确定了马赛克的年代，即后者的在位时间 1198 年至 1216 年。因为画作展现出了早期基督教的肖像特点，它有可能是依据 4 世纪时的后殿马赛克装饰而作的，那些装饰在英诺森三世和之后即位的教皇[39]统治下得到了修复和重新设计。类似的镶嵌艺术可以在罗马式教堂圣普正珍大殿（chiesa di S. Pudenziana）中找到，在这座建于 5 世纪初期的教堂的装饰中，耶稣身着闪闪发光的金斗篷端坐在宝座上，身旁簇

拥着圣彼得、圣保罗和其他的使徒[40]。

　　我们还要提到所谓的 "traditio legis"，意为传递福音讯息的情景，它是 4 世纪至 5 世纪基督教初期艺术的创造性插图中最常见的场景之一，也被认为是最古老的。人们对这一场景有许多不同的解读，但都认为它表现了耶稣在传递誊写了《圣经》，忠诚法则（Legge della Fede）的卷轴，描绘耶稣在圣徒彼得和保罗面前现身的情景：《圣经》派的假设认为这是在将福音传递给摩西，他被尊奉为圣彼得的前辈，然而画作人物的位置参照的是帝国举行仪式时的布局。在 350 年，这个场景就在君士坦提娅（Costantina），即

皇帝女儿陵墓的壁龛拱顶上出现过，基督徒石棺上的浮雕也会以它为题材，这种风俗在4世纪60年代就出现了[41]，它代表着帝国基督教的新精神。最值得一提的是，呈递护教书的场景也刻在了萨玛格（Samagher）象牙圣骨盒上，这盒上的图案被认为是圣彼得之墓及周围环境的再现。另外，人们还在4世纪棺盖的镀金玻璃上发现过描绘相同场景的图案[42]。所有这些必定是参考了一个最有代表性的典范，能够被称为典范的只有圣彼得大教堂后殿的那幅马赛克画，因此它的创作历史可以追溯到君士坦丁统治的时代。此外，位于后殿马赛克画下方与之对应的题词也印证了这一点，这题词后被收录进中世纪时期的文集中，其中记载了一段："正义之所，信仰之堂，贞洁之殿，/所见皆是真，包含万般善，/圣父圣子之德闪耀在它的光辉中，/这光辉让缔造者同享圣父之荣。[43]"这种诗句性质的题词在意思的表达上并不明确，因此也就有了多种释义版本：根据神学解释，题词中提到的是上帝和圣子，或是在325年召开的尼西亚公会议[44]。其他学者则认为诗句中运用了暗喻的手法，映射出与阿里乌斯教徒间的冲突，如此推测，题词和马赛克的年代应是4世纪的下半叶[45]。这个年代论也得到了另一些人的支持，他们将诗词中提到的圣父圣子与君士坦丁大帝和他其中一个儿子联系了起来，他们父子的关系十分紧张，因为儿子虽然只完成了大教堂的收尾工程，却要求和父亲同被称为"奠基人"（auctor），

也就是同享大教堂缔造者的殊荣[46]。进一步的解释将圣父圣子直接理解为君士坦丁和他的儿子君士坦提乌斯，将大教堂缔造者的荣誉颁给了君士坦提乌斯，就像题词中所说的那样，他平分了父亲君士坦丁的荣耀[47]。同时代的文学中突出颂扬了君士坦提乌斯的成就：比如罗马皇帝瓦伦斯（Valente，364—378年在位）的史官欧特罗庇厄斯（Eutropio），在他的著作《罗马建城纪年》（*Breviarium ab Urbe condita*）中，就明显用官方的口吻称赞了君士坦提乌斯，说君士坦丁的儿子是一位高世之主，圣明有德[48]。此外，诗词中出现的"所、堂、殿"可以理解为是在暗指大教堂，因此这个版本的解释比其他的更佳。不管从神学角度还是将诗句中的圣父圣子理解为君士坦丁和君士坦提乌斯的历史学角度，它们都认同这些题词和马赛克是君士坦丁时代的产物；然而最近的一次年代测定显示题词作于5世纪中叶，正值教皇利奥一世（Leone I）在位，即440年至461年[49]。我们可以从词汇的选择（例如"正义、信仰、贞洁、堂、所"），文章的结构和表达的思想内容中隐约瞥见它与基督教诗人普鲁登修斯的戏谑诗的相似之处，这位诗人的诗作创作于5世纪初期[50]，作品中表达了批判异教元老院议员和城市行政长官叙马库斯（Simmaco）的思想。根据这次测定年代的推后，题词和后殿的装饰皆属于教皇利奥一世时期。就像《宗教名录》记载的那般，这位教皇为大教堂的修复工作做出了很大贡献[51]。鉴于后殿题词的功

能是记载大教堂修建工程的承包人，它涉及了一些特定的官方的思想形态及内容，我认为应给予这些题词足够的重视。它们在精神层面表达了这座供奉基督的教会建筑所拥有的内涵，仔细筛选的用词反映出其官方用途，这也决定了题词的内容是富有深意的[52]。

在 1450 年左右，后殿拱顶的镶嵌艺术装饰下方的题词被保存得只剩下了片段，让人很难理解其内容，比如人文主义者马菲奥·万卓在手记中记录下的："...Constanini... expiata... hostili excursione...[53]"（意思是……君士坦丁的……在释放之后……从敌人的侵犯中……）。要解释这个文本很麻烦："expiata"，相当于"espiato"，被赎的意思，这个词来源于宗教术语，但也可以解释为"获得自由"，所选用的这个词可能是为了说明在抵抗敌人入侵时得到了神助[54]，人们将题词与 322 年君士坦丁大败萨尔玛提亚人的事件联系起来。这样的话，大教堂就被视为还愿用的奉献物，它的修建是为了纪念这场胜利，同时也是皇帝在获得胜利后向基督表达感恩之情的象征[55]。至于与这段题词相关联的镶嵌图案，它在马菲奥·万卓生活的年代就已严重损毁，我们对其一无所知。但是后殿这幅马赛克画[56]的最初版本的主题有可能是带有基督印记的空宝座，它被众使徒在两旁敬仰着。因为空宝座这个主题也出现在了萨玛格的遗骨盒上，正如之前说过的，人们认为它上面刻的图案就是圣彼得墓周围的装饰和布局。

在 16 世纪初期，曾担任圣彼得大教堂牧师的红衣主教贾科巴齐（Giacobacci）手绘了中殿与后殿耳殿相隔拱门处的马赛克图案，并附上了关于耶稣、圣彼得和君士坦丁皇帝的题词："Litteris aurei sostendens Salvatori et beato Apostolo ecclesiam ipsama se aedificatam vide licet ecclesiam sancti Petri"[57]（意为"谨以此珍贵书信向救世主和降福的圣徒彼得供奉这座教堂——圣彼得大教堂"）。这段题词后又经贾科巴齐修改后收到中世纪文集中："在你的指引之下，世界开始运转，变得繁荣，它的生命将延续到星辰，君士坦丁，一位凯旋者，为你修筑这座教堂。"[58] 这些铭文证实了皇帝修建大教堂的目的是为了感谢帮他取得胜利的神助。人们认为那场胜利必定指的是 324 年在克里索波利斯附近大败李锡尼，那场战役也使君士坦丁成为整个罗马帝国的唯一统治者[59]。根据贾科巴齐的描述，铭文在科学领域被全面剖析，它所对应的马赛克图案描绘了君士坦丁将一个大教堂的象征物交给基督和圣彼得的情景，铭文就像是这幅场景的字幕解说一般。在后殿装饰中有一幅相似的场景图，它的年代是 6 世纪，因此这幅位于中殿与后殿耳殿相隔拱门处，画着君士坦丁赠献大教堂象征物的马赛克装饰，年代被认定为 5 世纪中叶，也就是教皇利奥一世在位期间甚至更晚[60]。

关于肖像学的一些推断问题，笔者认为并不存在：贾科巴齐明确指出出现的人物是耶稣基督、圣彼得和皇帝，其中皇帝正在向耶稣和圣徒进献大教堂，用金色字体标示出皇帝的身份。人们推断在铭文上方画有耶稣，他像是世界的君主那样站在象征大地的球体上，身旁站着圣彼得和君士坦丁，身后是星辰满布的天空。这个设想将铭文传递的多种信息融合到一个图像中，就像是在 4 世纪中叶的君士坦提娅陵墓中一个主要壁龛的后殿圆顶的装饰画一样[61]。皇帝女儿陵墓的小后殿的马赛克肖像图案既借鉴了圣彼得大教堂后殿的装饰图案，又借鉴了中殿与后殿耳殿相隔拱门处的装饰图案。地球上的上帝形象和铭文这一图案得到了广泛传播，它暗示君士坦丁作为世界之君主拥有无上的荣耀；同样，相隔拱门处的铭文在中世纪以前一直是教堂后殿各种不同铭文的模板，诗人普鲁登修斯在他批判异教元老院议员、反对派之首叙马库斯的诗中也提及了这一点，并再次间接提到了耳堂中圣徒之墓上方的一句铭文[62]。如我们所见，在同一首诗中诗人明确地影射圣彼得大教堂后殿中的铭文，是其作为诗人纲领性思想的有力论据。这明确表达出诗人所持政治纲领的主要观点中包含圣墓所在位置的君士坦丁铭文内容。马赛克装饰和其对应的题文都属于君士坦丁时期，因为这两者清晰地记录了有关罗马帝国的信息，定性大教堂是一座为纪念 324 年战败李锡尼而修的建筑，通过这场与基督教化[63]分不开的胜利，君士坦丁登上了罗马帝国唯一君主的王座。一件献给他和母亲海伦娜·奥古斯都（Elena Augusta）的独特祭祀品使耳堂、圣

彼得墓和华盖变得夺目起来。根据《宗教名录》记载，这是一件纯金打造的十字架，上面带有黑色字体的铭文，应该是用银写上去的："君士坦丁·奥古斯都与海伦娜·奥古斯都用（黄金制成的）皇家荣耀（装点）家（指陵墓），存放的大厅也因它而熠熠生辉。"[64]《宗教名录》收录的铭文并不完整：在方括号内是碑铭研究家德罗西（De Rossi）填补的内容，这样铭文就完整了，这里要说明的是皇帝和他的母亲曾为圣彼得墓置办了昂贵的装饰材料，这座陵墓安置在同样造价不菲的厅堂（耳室）中。《宗教名录》在记载十字架的内容之前，首先提到了皇帝捐赠的后殿贴金拱顶和位于十字架悬挂处下方的圣墓装饰物，就好像是特意强调的一样。十字架的铭文里提到了圣墓，并用拉丁语的 "domus"（意为 "家" 或 "房子"）为其命名，这个词是陵墓的统称[65]。君士坦丁在 325 年赐予了海伦娜 "奥古斯都" 的称号，次年海伦娜就启程前往圣地，开始了她的朝圣之旅。在她短暂停留耶路撒冷时，耶稣的十字架就被发掘出来了。可以肯定地说，捐赠的金制十字架是与这次发掘联系起来的，君士坦丁因此也修筑了耶路撒冷圣十字教堂，它坐落于一个被称作赛索里亚诺（sessoriano）的宫殿中[66]。君士坦丁是和母亲一起捐赠的这座教堂，年份大概是 326 年，这一年圣彼得大教堂耳堂的装饰工作也完成了，到这里我已阐述了这段历史事件的先后。耳堂守护着圣徒之墓，是信徒们的朝拜圣地，它的修建工程连带装

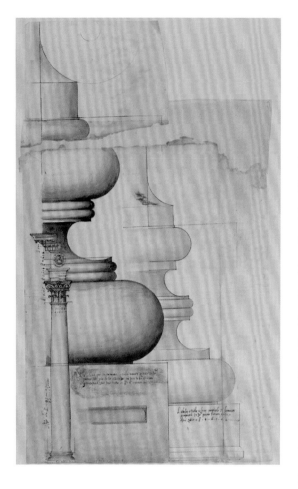

17. 图中为柱廊的两个底座，一根带有柱顶的圆柱和可能是阿尔贝托·阿尔贝蒂设计的古圣彼得大教堂柱顶横檐梁的残干，罗马国家书画刻印艺术研究所（编号：n. 2402 fol. 9r）

接下来的营造计划是拥有五间殿的大厅，同样有五间殿的是坐落于图拉真（Traiano）广场的乌尔比亚教堂（Ulpia），它建于 2 世纪初。图拉真皇帝命人修建的这座教堂规模宏大，与拉特兰大教堂一样被认为是可以与圣彼得大教堂相提并论的，它在建筑规模和陈设品方面可以满足基督教礼拜仪式的需求。作为圣彼得大教堂承重墙的柱廊和南北围墙的部分结构，在考古挖掘过程中逐渐重见天日，遗迹为我们提供了教堂各殿的容纳量数据。大厅[69]的总长度为 66 米，中殿的横跨度为 23 米，那些侧殿的则超过了 9 米。中殿高 32 米，屋顶的最高点几近 39 米；教堂大厅长度约为 91 米。根据阿尔法拉诺提供的数据，教堂的正面有三扇纵向排列的窗子，在最上方是一扇圆形的窗子。

大教堂大厅 22 扇巨大的高侧窗面积约为 3 米 × 5 米，为作为宗教仪式主厅的中殿提供了足够的光照。与之相反的是，侧殿却很昏暗：它拥有 11 扇稍小的窗子，每扇高 2.7 米，都开在侧殿的外墙上。中殿的高侧窗结构由带有下楣的柱廊支撑，每个柱廊包含 22 根柱子，那些侧殿被这 22 根柱子的拱形柱廊分割开来。

应用拱形柱廊在技术上是很有必要的。中殿柱廊下楣与顶间距约为 3.9 米，正如 16

潢是在 326 年不久之后完成的，接着举行了祝圣礼拜活动，且由于君士坦丁皇帝捐赠的缘故，这里的礼拜是受到保护的。《宗教名录》记载，皇帝还为耳堂赠送了一座重 750 磅（古罗马磅，约 245 千克）的银制祭台[67]。我们推断它被放置在华盖前面，信众能在这里参加祭礼。对于主教和随员举行的圣餐仪式来说，华盖覆盖的空间十分有限；然而却找不到能告诉我们在圣彼得大教堂中圣餐仪式准确地点的文本史料和考古文物。在那个年代，祭台是不与殉道者陵墓连接着的，根据这个事实，它也不可能被摆放在华盖下方[68]。

世纪人们所观察到的那样，它们具有不同的形状和大小。因此柱顶横檐梁不是为这座建筑量身定制的，它们可能来源于帝国的大理石库 [70]。在其中一块上面可以观察到图拉真时期铭文的痕迹，文字写明这块柱楣来自一座同时期的建筑物，也有其他发现证明在这座建筑物被拆毁后，它的零部件被运到了大理石库，以便回收应用到其他公共建筑工程中去 [71]。中殿廊柱的柱顶横檐梁很高，有 2.8 米：柱顶盘顶端在高处大教堂地板层约 11 米，它突出约 0.7 米，并且像现代图纸或绘画中展示的那样装有栏杆，目的是在上面悬挂教堂内数量可观的吊灯。

侧殿的柱间距与中殿的等同，但侧殿的柱子支撑不了同样笨重的柱顶横檐梁，所以必须建造开度大的拱廊，这些宽阔明显的拱形结构几乎将几间侧殿连为一体。如此巧妙的布局使大教堂的空间设计既符合美学标准，又兼备实用性。

中殿的带有下楣的柱廊指引着信徒们穿过这列引人入胜的雄伟石柱，最后来到耳堂和华盖笼罩的圣墓前，拱门与后殿一起为这巨型舞台的一半镶上了框子。同时，柱廊用侧殿前的一排密集的石柱包围住中殿，石柱子成为动态舞台的次要背景，经过仪式队列和大祭台处的弥撒祭品引出通向耳堂和圣墓的入口。

大教堂的耳堂与大厅共建有 100 根石柱，简直奢华得过分，因为石柱的主体材料包含多种不同的花岗岩和大理石，它们都是从希腊、小亚细亚或埃及运来，在最珍贵的建筑材料中筛选出来的。在攸西比乌斯为我们记录下来的几封皇帝写给主教和官员的信中就提到过上述的内容，在信中皇帝督促石柱的供应要符合帝国的统筹管理，因为供应主要是根据负责大教堂建设计划的主教的特殊要求进行的。

至于圣彼得大教堂中石柱的躯干，我们有佩鲁齐和圣加洛绘制的图案，上面标明了尺寸和大理石材质，为我们提供了石柱布局十分可靠的统计数据。红色或灰色花岗岩材质以及彩色大理石材质的石柱质量和尺寸不一，它们成对地被设置在中殿轴线两侧 [72]。

不那么可信的是描绘侧殿石柱躯干的图纸和复制品，在这些作品中你也会发现有红色或灰色花岗岩的以及白色大理石的柱子：在花岗岩柱子边上的是带沟槽的大理石柱子，除了有几根是成对的以外，其他的都摆放杂乱，相比中殿的柱廊，侧殿的石柱尺寸都相差较大。

较小殿中的柱廊修得显然没有较大一些殿中的好，原因要归咎于大理石库中缺乏质地统一的石料。这种使用尺寸颜色不统一、成分混杂的石料的情况也出现在其他地方，比如中殿的柱下楣和大教堂门槛的位置。在从供应良好的公共大理石库 [73] 的取材方面，我们没有发现对这座建筑实行任何特殊的政策。

君士坦丁时期大教堂的柱基和柱头石料也有可能来自相同的库存，阿尔法拉诺和一份写于 16 世纪初的佚名记载都认为所有柱头

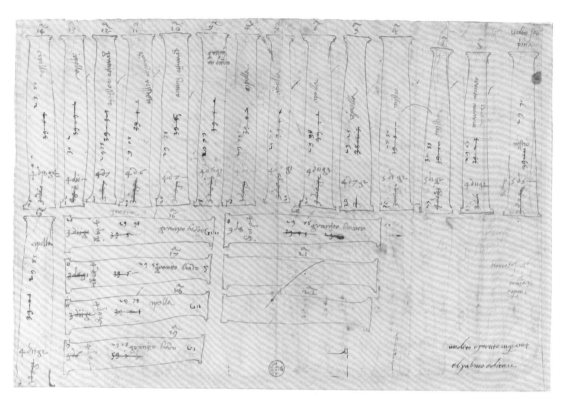

18. 巴尔达萨雷·佩鲁齐绘，君士坦丁时期大教堂的石柱示意图，佛罗伦萨乌菲齐画廊绘画与版画小室藏（以下简称 GDSU），编号：ua 108r

都是科林斯柱式的。格里马尔迪曾明确表示柱廊中的柱头有的部分还未完成，教堂历史学家切萨雷·巴罗尼奥（Cesare Baronio）在 16 世纪末提出这些柱头属于不同的柱式[74]。关于柱顶是否科林斯柱式或者还未完成，又是否混杂了不同的柱式，这些史料提供的说法大为迥异，其中的原因是科林斯柱式中柱头叶形装饰既有复杂的叶形，也有平滑的叶形，还有复合型的。这三种类型共同组成一个整体，一个整体挨着另一个整体地成对出现，就像中殿的廊柱排列一样，我们推断侧殿的石柱也是这样的花色排列。在罗马式建

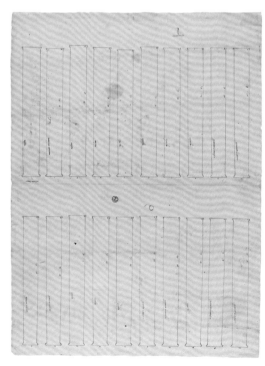

19. 安东尼奥·达·圣加洛绘，君士坦丁时期大教堂的石柱示意图，GDSU，编号：ua 1079r

20. 中殿柱廊北边第十一根柱子的柱基，发掘于原址，摄于梵蒂冈地下墓穴（发掘照片藏于圣彼得大教堂管理机构）

21. 北侧殿柱廊第十一根柱子的柱基，发掘于原址，摄于梵蒂冈地下墓穴（发掘照片藏于圣彼得大教堂管理机构）

筑中，具有或复杂或平滑或复合叶形的科林斯柱式受到钟爱，尽管石柱的大小不一，甚至工匠对石料的加工程度也有深有浅，但这并不妨碍这种柱式被大量应用。

中殿柱廊右侧的第十一根石柱的柱基为建造大教堂的材料来源于大理石库做了进一步佐证，它发掘于原址，仅仅被凿出了毛坯，这是采石场对石料通常的处理方式，以便提取入库后进行最终的加工。在奥斯蒂亚和波尔图港口发现的具有这样特征的石块如今都收藏在古奥斯蒂亚博物馆外，同时卡拉拉出产的有这样标记的石料也被收藏在了当地的卡拉拉博物馆。

支撑华盖的是雕刻有卷曲葡萄藤的螺旋柱，人们对两个柱基的加工很草率，柱基还没有完全成型。它们在考古发掘中被发现，可以很明显地知晓用途。北侧殿柱廊第十一根柱子的基座也是这样，它发掘于原址，看起来只是被潦草地粗凿了几下，应该是在施工工地进行的。

一些用于建造中殿石柱下楣的石块大致也是如此，它们在工地上被从粗糙的大石块中开凿出来，和一些更古老的石料一起被用作在柱廊中央的柱顶横檐梁。最后要说的是一系列 1940 年至 1950 年间发掘出的古老基座，它们外形不规则并且轮廓模糊，可能是要用作侧殿的柱廊，这样不细致的加工表明它们来自近古时期。

至于建筑材料的不一致性，可以看到柱基与大部分柱体都不搭配，而其他相配的柱子上刻有年代更久远的铭文，这与格里马尔迪的描述相符，上文提到他认为有部分柱头尚未完成（或者指的是平滑叶形装饰的那种）。大教堂的装饰部分有的年代久远且是精加工过的；有的材料比较古朴，是矿石或者从库中运来的大块大理石，这些石料刚刚被凿出毛坯；还有一些特地为了大教堂的次要功能而设计的组件。

在 4 世纪初，人们特别为巨大的戴克里先浴场修建了装饰性设施，同样也为 306 年由马森齐奥下令建在古广场旁的教堂增加了一些装饰。这座教堂中威严的石柱所用的材料是从位于马尔马拉海 [75]（mare di Marmara）波罗科内索（Proconneso）地区的矿洞开采的。

因此，在为拉特兰大教堂和圣彼得大教堂这两座君士坦丁时期奠基意味的建筑物添加装饰性元素时，一定是时间仓促使得建筑师们选用的材料大部分来自供给量大的帝国石库。在那种情况下，各矿场不太可能有充足的产量了，因为开采活动在 3 世纪时就已大幅度减少。

规模庞大、震慑人心的雄伟建筑所营造出的一片繁华盛景对于帝国的建立是至关重要的，据史料记载，君士坦丁时期的大型宗教建筑在这方面也毫不逊色。攸西比乌斯曾说它们之间相互竞争，从而修建了更多帝国的公共建筑物 [76]。除了丰富的传统建筑装饰形式外，上述特点还包含光彩夺目的彩色大理石，这种装饰因适宜大型公共建筑物所以被大量应用。教堂的富丽堂皇之处还要归功

于花格平顶和贴金的横梁，在史料中可以找到称赞它们的话语，所以我们推测，当时的圣彼得大教堂中也是如此。那些只记述了大教堂的修建和配备设施细节的资料在我们想窥探建筑的富丽堂皇时就显得没那么直观了。

圣保罗大教堂建于狄奥多西时期，它位于奥斯底亚路，矗立在圣墓之上，是仿照圣彼得大教堂 [77] 修建的，对比两座教堂便能印证对圣彼得大教堂建筑装饰的分析结论。这座建于 4 世纪最后几十年间的高大宗教建筑作为装饰的柱身，基座和柱头都是在就地建起的教堂工厂中生产的 [78]。这种建筑陈设都是在一个特定施工地建造出来的生产模式很特殊，这本是在君士坦丁时期之前帝国修筑大型建筑通常采用的方式。而延续这种方式的原因可能是在修建拉特兰大教堂、圣彼得大教堂、位于郊区的圣洛伦佐大教堂以及君士坦丁时期帝国基础性建筑时城市地区建筑材料的库存短缺。修建基督教教堂对建筑元素和装饰有着大量的需求，靠拆掉一些帝国早期的公共建筑以取得在质量和尺寸上都能填补建筑材料的巨大需求是不可能的，包括 346 年正式废弃的异教神殿在内，那些公共建筑事实上在整个 4 世纪都受到帝国不同法令的保护，458 年 [79]，皇帝马约里安（Maiorano）掌权后也在他的保护之下。

考虑到以上这些，更加印证了圣彼得大教堂建于君士坦丁时期的因素，将其年代后推至 4 世纪后半叶 [80] 是不可想象的。在圣保罗大教堂的中殿，柱式不一的石柱被合并在

了一起，科林斯柱头和复合式柱头交替出现，侧殿的石柱排列也是如此。这暗示出圣彼得大教堂中也是相似的布置，与我们对科林斯式和复合式柱式交错排列的假设相同。我们可以将这种被圣保罗大教堂模仿的建筑元素的排列方式理解为设计师在试图将柱廊内成分混杂、不统一的元素以合理的方式整理成序。圣彼得大教堂的近古建筑风格中跃然于前景的是条纹多变、颜色瑰丽的装饰构件和奢华的流光溢彩，而其各类建筑元素之间的协调配合、形式的细节、建筑质量以及修筑时的心血都退身到华丽之下了。

柱廊占据了中殿的大部分空间，彰显这里的光辉。除了它以外，大教堂的其他装饰构件也是精心挑选的，尤其是作为主厅中殿里的那些。在后殿、后殿拱门、中殿与后殿耳殿相隔拱门处那富有条理秩序的镶嵌装饰的另一边，即圣墓上方，在那个整座大厅所聚焦的方向[81]，是中殿柱廊下楣处葡萄藤蔓和花朵图案的镶嵌画边饰，它进一步加强了整体空间[82]的色彩过渡感和光彩。一条具有同样装饰目的镶嵌带至今仍被保存在罗马圣母大殿中殿柱廊的下楣上，其历史可追溯到5世纪30年代。类比大教堂后殿拱门上的空宝座主题马赛克镶嵌画的情况，我们可以推测圣母大殿中这个镶嵌装饰带也是以圣彼得大教堂的为原型仿制的。圣彼得中柱顶横檐梁石块原本不统一的尺寸和形状就这样隐匿在这条延伸进后殿与相隔拱门深处的风格统一的马赛克装饰带中了，并且以此方式在中

22. 斑岩轮形地板装饰，曾属于古圣彼得大教堂，后继续应用到新大教堂的地板装饰中，梵蒂冈大教堂

殿将人们的目光引向正祭台间。

对于大教堂正视图方向的装饰，我们已知的信息很少。文艺复兴时期的学者潘维尼奥（Panvinio）和其他一些与他同时代的人，曾研究了柱廊上方墙壁和围墙内部闪闪发光的大理石覆盖层。说明那时的大教堂装饰了一层珍稀而多彩的大理石覆盖层，这种装饰在大型公共建筑和罗马达官显贵的豪宅中很常见。由君士坦丁和他的母亲海伦娜捐赠的那件十字架被安置在了圣彼得墓上方，上面的铭文明确地记载了大厅夺目之处的细节，尤其是屋顶鎏金横檐梁旁的珍贵的耳堂大理石覆盖层。

根据阿尔法拉诺的描述，耳堂地板曾是白色大理石薄板，而大厅地板是由圆形和方

形以及其他更小，形状和颜色更丰富的大理石片组成的。阿尔法拉诺提到这种五彩缤纷的地板应用了"opus vermiculatum"，即蠕虫状纹样工艺，这可能是中世纪时期对地板进行的一次修复结果，这出自罗马科斯莫蒂家族（i Cosmati）的大理石工艺大师之手。同时使用以斑岩为主的不同种类的大理石制造的大块圆形和方形图案，则是近古和帝国时期大型建筑物地板的标志性图案[83]。相传，查理曼大帝在公元 800 年 12 月接受教皇利奥三世（795—816 年在位）加冕时所跪的就是其中一块用斑岩修葺的圆形大理石，后来这块石板被移到了新教堂靠近入口的地方[84]。

阿尔法拉诺记载中殿的墙壁上原来绘有《新约全书》和《旧约全书》（以下简称《新约》《旧约》）中场景的湿壁画，它被同时代的画家多梅尼科·塔塞利（Domenico Tasselli）彩绘下来，使我们仍能一睹当年湿壁画的风采。格里马尔迪也记载了这组壁画，他被教皇保罗五世（Paolo V，1605—1621 年在位）委任参加圣彼得大教堂的重建工程。湿壁画中的场景一个接着一个地以讲解的形式呈现，《旧约》的在前，《新约》的在后，这样前者出现的人物和事件就为后者的情节做了铺垫，如同序幕一般。巨幅《耶稣受难图》绘在南面，是中世纪时期增加的作品，也是从 9 世纪就开始的众多修复工作的其中一项。格里马尔迪只能看到十一个柱间上方的场景画，因为建筑的西面在当时已被拆除了。在北面的窗子底下，人们可以看到分布在上下

两个区域的《旧约》场景画，接着往上看，还是在这几扇窗子之间，那里绘着预卜者的形象，在南墙下方则是《新约》的场景，在下楣的上方绘有两列教皇的肖像。格里马尔迪的记载和塔塞利的彩绘使得我们可以重新构建北墙上原始的一系列场景画：以喧闹的诺亚方舟作为故事的起点，接着讲到摩西的事迹。在下方区域继续现出另一幅，讲述摩西和亚伦出现在法老面前，之后紧接着的是犹太人越过红海的情节。南面绘有《新约》场景的湿壁画从耶稣的诞生讲起，接着是耶稣的一生和他经历的事件。整体上，北边一系列画作共有 46 个场景，南边有 43 个[85]。

根据教皇利奥一世在圣彼得大教堂正面的题词（存疑）以及圣保罗大教堂中殿与后殿耳殿相隔拱门处同一位教皇的题词，后者显示他修复了这座教堂中的马赛克装饰，所以人们通常认为在圣保罗大教堂中两个区域描绘的《旧约》《新约》场景的装饰画就是他下令完成的。在这些边饰中，圣保罗的形象与《旧约》中的亚伦画得很相似。圣彼得大教堂中的那组图由于在讲解次序上与圣保罗大教堂惊人的相似性，所以一般也被视作教皇利奥一世时期的作品。

然而这个解释没有足够的理论支撑。正如铭文所印证的，可以肯定教皇利奥一世的确下令修复了圣保罗中殿与后殿耳殿相隔拱门处的马赛克，但是马赛克的肖像学特征却将其历史前推到了大教堂的修建时期，就如相隔拱门处的铭文所记载的，它是在霍诺里

乌斯皇帝时期完成的。最近的研究显示，圣保罗大教堂的相隔拱门以及支撑它的庞大石柱的年代都毫无疑问地指向其修建的年代[86]。在一场火灾过后，教皇利奥一世不得不修复位于天窗位置的几组可能追溯到这座教堂修建年代的装饰画：当圣保罗大教堂北墙上的场景画描绘《旧约》的亚伦与南墙上描绘的圣保罗在类型学上产生对比时，圣彼得大教堂的南墙很有可能画的是圣彼得的一系列场景[87]。圣彼得大教堂的组图只有部分被还原了，它可以看作在同一组图中同时表现《新约》《旧约》的场景人物对比的第一次尝试。最终在4世纪末的圣保罗大教堂中人们完善了这种对比，它隐含在表现圣徒和他的传教使命与表现《旧约》亚伦的救赎故事画作对比中。

5世纪初，保利诺·达·诺拉在距诺拉教区不远的奇米蒂莱将用于朝拜费里奇·孔菲索利（Felice Confessore）的纪念堂扩建，并用绘画组图装饰。画作中的神学内容用"tituli"，即一种诗句形式的注释加以解释。保利诺在一封信件中曾透露出这种画在墙壁上的装饰是很珍稀的[88]。人们因此推测，这装饰组图那时几乎只会在大的罗马教堂或者重要的主教教堂里出现。但是我感觉保利诺之所以充满骄傲地这样说，是因为组图的叙事顺序和增加诗句形式注释这种新颖而深思熟虑的构思是非常难得的。并且，保利诺的称赞是以绘画组图应用在基督教教堂天窗位置为前提的，因此我们可以推测出圣保罗甚

23. 无名钢笔画，描绘了在格里高利九世重建前的君士坦丁时期大教堂，绘于11世纪的最后几十年，现藏于温莎伊顿公学，编号：Farf. 124, f. 122r

至圣彼得大教堂内的绘画组图年代为4世纪。以同样的方式对普鲁登修斯的诗句和以安布罗（Ambrogio）之名流传下来的诗句进行推测，起源于4世纪晚期或5世纪的这种文学创作应当以在那个年代的教堂中已经出现叙事性组图为前提。在维罗纳附近乡村中有一座礼拜堂，里面的一组装饰图笔触粗犷，很明显地使人联想起4世纪末维罗纳主教芝诺修建的一座教堂。这表明4世纪末期以前，这些装饰组图就在基督教建筑中被广泛应用，尤其是在主教城市。有文献证实装饰组图的普及至少在4世纪后半叶就已经开始了。比

如在 381 年签署的一份条约中，尼撒的格里高利（Gregorio di Nissa）提到了圣泰奥多罗（S.Teodoro）纪念教堂中描绘殉道者故事的装饰组图，阿戈斯蒂诺（Agostino）也记载过在一些教堂中出现了湿壁画。艺术家参照的模板应该是雄伟的罗马教堂中的装饰组图；人们或许可以推测是圣彼得大教堂中呈现一幕幕《圣经》场景的湿壁画为其他宗教建筑中的墙绘装饰带去了灵感。有了以上的种种推测，我们不难看出圣彼得大教堂天窗位置的画作起源于君士坦丁统治的年代。从近古时期开始，圣彼得大教堂的墙绘装饰就作为西方基督教朝圣者的主要目的地，承担起了模范作用。11 世纪至 13 世纪间，无数中世纪教堂的装饰组图汲取了这里的灵感，在场景选定、肖像学和构图方面多有效仿[89]。

如今保存在温莎伊顿公学的一份来自 11 世纪的手稿中有这样一幅画，它再现了在庭院中举行的教皇格里高利一世（Gregorio I，590—604 年在位）葬礼的情形[90]，并且展现出作为该事件背景的圣彼得大教堂的正面与前廊。在中世纪早期一本收录铭文的文集中我们可以看到马里亚诺（Marianus）题写的铭文，他同时担任执政官和军事长官，这是罗马帝国最显赫的两个职位。马里亚诺与妻子阿纳斯塔西娅（Anastasia）共同向赐福的圣彼得进献了一个还愿物，因为他们的愿望在教皇利奥一世的帮助下实现了[91]。在教皇的要求下，马里亚诺完成了手抄本中所展现的马赛克图案，上面描绘了《启示录》中的

24. 圣彼得大教堂正面顶端放置的古老的大理石十字架，现藏于教堂的环形地下室中

24 位长老朝拜耶稣神羔羊的场景，神羔羊身旁围绕着《启示录》中的四种动物[92]。保利诺·达·诺拉在他其中的一封信里曾提到，大教堂的正面在君士坦丁时期甚至直到教皇利奥一世在位时一直都是天蓝色的[93]。大教堂正面的三角墙隐约现出一件大理石十字架的轮廓，它在 1606 年的拆毁中得以幸免，如今砌在圣彼得墓附近环形教堂地下室的墙上。十字架向远处无限延伸的形状（顶端的圆盘形状是后加上的）暗示它制作于君士坦丁时期。

在大教堂正前方我们可以看到一个与大厅面积相同的庭院[94]，它是这座建筑尺寸和谐且平衡的进一步例证。加上庭院，整座大

教堂的总长度是 214 米：真可谓庞大恢弘，其惊人的占地面积可以与像古罗马广场那样的帝国大型工程一较高下。那时人们喜爱雄伟壮观的建筑物[95]，君士坦丁时期的建筑物同样威严肃穆，这促使 16 世纪和 17 世纪为教皇工作的建筑师和工程负责人决心建造超过旧教堂体积的新建筑。圣彼得大教堂重建时期的设计图曾为我们展示了带有拱形柱廊的前廊和老教堂正前方的斜屋顶。

庭院的水平面只比大教堂本身低一点，它的地板采用白色的大理石板。在一些文献中描述的大教堂通向庭院的入口直到中世纪早期才重建起来。有三十级的大台阶通向庭院[96]，并在其两侧添加了原始版本所没有的拱廊，否则总是缺少一些支撑庭院的元素。在教皇辛普利西奥（Simplicio，468—483 年在位）的指导下，侧边拱廊修建完成了，于是庭院也变成了阿尔法拉诺的地形平面投影图中所展示的样子[97]。庭院的中部从 4 世纪起就安装有一个喷泉作为装饰，拉丁语称作 "cantharus"，意为双柄酒杯，这座喷泉也用于洗手或净身仪式。保利诺·达·诺拉在 4 世纪末期参观过大教堂，他记录了其主要部分的情况[98]。这种喷泉主要分布在罗马圣塞西莉亚和圣阿波斯托利的基督教早期教堂的庭院中。圣彼得大教堂中的庭院上方建有一座有四根柱子支撑的铜华盖。从克罗纳卡（Cronaca）与塔塞利分别绘于 1470 年和 1605 年的画作中我们可以看到，在庭院中央有一座八根柱子支撑的华盖，下面是一个很

大的松果形喷泉。这些从帝国时代的花园和庭院中搬来的喷泉，重新在教堂前的庭院找到了自己的位置，它们不仅起着装饰作用，也方便人们像教堂神父和铭文所教导的那样在进入圣地前净手，完成这一宽恕罪恶的仪式。在君士坦丁时期，大教堂庭院的中心应该已经装饰有一个用于净手仪式的喷泉，攸西比乌斯曾记载了一处类似的喷泉，它放置在位于泰尔（Tiro）的同时期修建的主教教堂庭院中[99]。

在圣彼得大教堂附近发掘出了教皇达马苏（Damaso，366—384 年在位）的简短铭文，上面写到达马苏将修建梵蒂冈山雨水导流管道的水利工程以及铸造一尊圣水池（fons）的功劳归于自己，这位教皇还牵强地写了些修建喷泉的功绩，但他可能只是调节和恢复了喷泉的储水量[100]。《宗教名录》认为教皇西玛克（Simmaco，498—514 年在位）组织了许多次修复工作，比如对庭院的甲虫图案地板进行了重新铺设，因此我们推测在那时老旧的设施依然存在。松果形状的喷泉，八枚石柱支撑的华盖，正如在文艺复兴和巴洛克时期的文献中所展示的，它们用古老而珍贵材料筑成，并在中世纪早期代替了原来笨重的喷泉。根据《宗教名录》，有可能是教皇斯蒂芬二世（Stefano II，752—757 年在位）命人修建新华盖，换掉旧喷泉，为的是让这一景致更加富丽堂皇，他除了增添松果雕塑，还用了其他文物珍品。如今旧喷泉在废弃的古老遗迹[101]中找到，而那座被称作大松果的雕

25. 乔瓦尼·安东尼奥·多西奥绘，圣彼得大教堂穹顶结构；穹顶前是纵向的君士坦丁时期教堂主体和庭院，GDSU

塑后来被人们放在了宗座宫中的一个庭院里。

　　在通向庭院的阶梯前，教皇西玛克又放置了另一个喷泉，还修建了一间公厕，因为他想在这里建立起自己的宅邸和一座主教宫，另外再为朝拜参观者修一些服务设施。[102]

　　上文中提到的教皇达马苏的铭文为我们引出一个问题，就是圣彼得大教堂的洗礼堂尚未可知[103]。按理说这座大教堂不属于教区教堂，也没有配备洗礼堂，这是与作为主教教堂的拉特兰教堂和其他建于 4 世纪至 5 世纪的教区教堂的不同之处。然而当大批的朝拜者赶来瞻仰教堂时，他们希望在参观圣墓时能借此机会受到洗礼，来救赎自己的灵魂，所以修建一座洗礼堂成为当务之急。《宗教名录》记载了教皇辛普利西奥的传记，里面提到在圣彼得和圣保罗大教堂都配备有洗礼堂[104]。教皇达马苏的铭文出土于北耳堂附近，

26. 罗马圣塞西莉亚教堂庭院中建于 2 世纪的喷泉，圣彼得大教堂庭院中以前放置的可能是同类型的喷泉

上面记载了毗邻山丘的重要排水装置。人们总将这段铭文与达马苏下令修建的洗礼堂联系到一起，这座洗礼堂的信息在另一份记载圣水池出处的文献中有所提及[105]。

　　基督教诗人普鲁登修斯在 402 年游历了罗马，在致圣彼得和圣保罗大教堂的赞美诗中，诗人描述梵蒂冈山的雨水是通过大理石管道收集进一个位于天花板上装饰有马赛克镶嵌画的地窖蓄水池，这里他指的就是达马苏下令修建的水利工程。诗句中还讲到了洗礼圣典，虽然是以间接的方式，但它证明在

28. 每一面都有装饰的大石棺，正面是站在天堂山上呈胜利者姿态的耶稣，身旁是圣彼得和圣保罗以及其他使徒，背面刻的是一对对的新婚夫妇。这副石棺发掘于君士坦丁时期大教堂后殿后边的阿尼西奥家族墓，年代为 4 世纪末期，现藏于梵蒂冈地下洞窟的六号大厅

与众不同，它是执政官塞斯托·罗布斯·普罗比诺（Sesto Petronio Probo）的妻子阿妮恰·普罗巴（Anicia Proba）为他修建的，执政官逝于 393 年，他的妻子逝于 423 年之前。下楣处的两段长长的诗句形式的题词是致罗布斯·普罗比诺的。人文主义学者马菲奥·万卓在 1450 年大教堂拆除不久前为我们留下了对陵墓的简短描绘[112]。陵墓的规格是 18.5 米×11.5 米，其大小与一个礼拜堂相似，然而根据万卓所述，因为内部建有柱廊，所以给人一种高贵显赫的感觉。在拆除古教堂时，人们在陵墓地板下方发掘出了两副基督徒的大理石棺椁，上面装饰有复杂的浮雕[113]。在圣彼得大教堂陵墓内部发现的这些坟墓显示出统治阶级的人们和皇室成员都有强烈的愿望，想要在自己死后与殉道的圣徒葬得近一些，以便通过参与圣事仪式以保证自己能得到救赎。对于君士坦丁也是这样，尤比西奥记载他的陵墓修在君士坦丁堡，石棺与祭台周围众使徒的棺椁放在一起，这是为了让他的灵魂得到净化[114]。

安葬着圣徒的圣彼得大教堂一开始修建的时候并没有想到它会成为许多人的安息之地，最终像君士坦丁时期拥有围绕后殿的回廊的众多教堂一样成为公墓式教堂，所以修建方案中没有为这些后来在地板下方被密集发现的坟墓预留空间。然而在修建现代的圣彼得大教堂时，还是有非常多这样的坟墓重见天日。埋葬在地板下方的石棺没有任何起间隔作用的墓结构，埋葬方式也很简单，连覆盖物都是用陶土做的。之所以能这样放置石棺，得益于有地下墓穴的墙体支撑，并且人们为了修建大教堂将古老的地下墓穴填平了[115]。看到这些简单埋葬的石棺，我们又一次感受到当时的人们渴望与圣徒之墓共同长眠的强烈愿望，每个人都想安葬在被礼拜仪式浸染的神圣土地中。从此大教堂的功能扩大了，不再局限于缅怀圣徒彼得以及在圣墓前的纪念堂处所举行的宗教仪式，它还成为众多信徒的安息之所。这是让人们在此处瞻仰圣徒的副作用，这种风俗也在快速发展之中。

其中历史最古老的石棺可以追溯到325年至350年，比如那副边饰为耶稣所行神迹的石棺，它是4世纪30年代左右制造的，又或者另一副同时期但是大一些的石棺，它的边饰是由两个区间组成的浮雕[116]。这些石棺，包括其他类似的以及与圣彼得墓毗邻的那副都是在4世纪30年代，也就是大教堂恰好完工时被埋葬在这里的[117]。

另外我们可以推测大教堂的修建工程不仅开始于君士坦丁执政期间，而且还在这一时期完成，并且也为大教堂祝圣了：因为众多坟墓埋葬在这里不仅是为了能靠近圣徒之墓，也是为了参与到在这座被祝圣过的殿堂中所举行的宗教仪式中。上面提到的那副大石棺质地优良，装饰异常繁复，根据铭文我们得知，石棺里葬的是罗马的行政长官，他逝于公元359年。石棺的位置十分显眼，就在君士坦丁时期大教堂后殿的地板下面，圣彼得墓就在它的正前方[118]。

人们想要安息在圣徒身侧的愿望似乎在修建大教堂伊始便有了迹象，从大量埋在未来大教堂所在地外部的坟墓便能看出一二。比如其中一副很大的石棺，上面的浮雕分为两个区间，描绘了约拿的故事。它发现于梵蒂冈山上，是最早的基督教石棺之一，历史大约可追溯到公元300年，也就是前君士坦丁时期[119]。

类似配备有围绕后殿回廊的君士坦丁时期的教堂，在圣彼得大教堂中也曾举办私人丧葬仪式，在拉丁语中被称作"laetitia"，意为欢乐。它起源于异教敬仰逝者的仪式，但很快就演变成聚众酗酒。为此在4世纪晚期主教们反对举行这种仪式，尤其是米兰主教安布罗（Ambrogio）这样一位有影响力的人物。阿戈斯蒂诺记载，当安布罗的母亲想去圣彼得大教堂参加一场丧葬仪式时，她手里拿着装有汤、红酒和面包的篮子（这种做法来源于至今仍常见的非洲丧葬仪式风俗），门卫将她拦在了外面[120]。

保利诺·达·诺拉曾记述了在圣彼得大教堂中发生的一件特别的事[121]。他的朋友帕马奇斯（Pammachio），同时也是一位元老院议员，397年在大教堂为妻子保利娜（Paolina）举行了葬礼，期间大摆筵席并且将食物免费提供给城中的穷人，这样就赋予了这场葬礼基督教的内涵。根据保利诺的记载，当时贫困者挤满了大教堂，甚至连庭院和门口的大台阶上也全是人。所以说大教堂的庭院不只具有接纳信众、让他们在圣殿前聚集、用喷泉里的圣水清洁自己的功能，它也能变成穷人们的食堂。我们也能在其他史料中看到描述相似图景的语句："圣彼得大教堂很快便成为身为基督徒的罗马贵族和教会赈济布施的中心场所。"[122] 这是基督教传播带来的社会制度上重大转变的例子：事实上，古罗马国家的粮食配给，即公共食品供应的受众只是那些有罗马公民身份的底层群众。而基督教性质的慈善机构则会毫无偏见地救济城市中的所有穷人和有诉求的人。关于这一点我们可以在同时期史学家阿米阿努斯·马尔切利努斯[123]（AmmianoMarcellino）的相关记载中找到论据，他曾批判大法官兰姆巴迪奥（Lampadio），说他是个投机主义者，因为本是异教徒的兰姆巴迪奥却在圣彼得大教堂为穷人分发救济。抛开对这件事的评价，我们能看出早在 335 年左右，在圣彼得大教堂中援助穷人就已成为一种体制，以至于一个异教的大法官能瞅准机会参与进来，好为自己的事业铺路。考虑到对穷人的救济活动是 4 世纪 30 年代，而只有当大教堂完工后才可能进行，所以这个时间点对于确定大教堂何时完成又是一个线索。

位于大教堂前廊左侧有一间类似于圣器收藏室的房间，是主教在进入大教堂前做准备的地方。这里埋葬着教皇利奥一世，而在他之前的教皇都埋在地下墓穴或者公墓式教堂中了。是利奥一世开启了教皇长眠于圣彼得大教堂的历史，在这间屋子里还安眠着教皇本笃一世（Benedetto I，575—579 年在位）

和格里高利一世，也许还有其他 5 世纪到 6 世纪间当选的教皇，但是我们没有找到关于这些人的记载。

除了宗教和社会政治学方面，圣彼得大教堂，这座象征了君士坦丁功绩与胜利的大殿还在帝国的政治方面具有重要意义，这一点从位于大教堂南侧的 4 世纪晚期帝国陵墓便能看出。所以我们不必惊奇于君士坦丁时代后期在大教堂附近产生了一种帝国的新仪式[124]。君士坦丁凯旋进入罗马城时，他没有前往卡比托利欧山（Campidoglio）的朱庇特神庙参加祭祀。他庄严地步入古都，到两位圣徒之墓的所在地，当然主要指被耶稣任命为教堂之主的圣彼得，君士坦丁的后继者们用这样的方式取代了旧的凯旋仪式。大教堂是凯旋仪式的终点，因此也成为罗马帝国的官方圣殿。霍诺里乌斯皇帝也是这样，当他凯旋进城参观圣彼得大教堂时，将自己的徽章放在了圣墓前面。这个动作不仅表达了在圣徒面前的谦逊，更是为了彰显皇帝的权力是合法而神圣的。500 年，东哥特国王狄奥多里克（Teodorico，493—526 年在位）在进城之前先去参拜了大教堂，以此强调他忠诚于圣徒。之后是查理曼大帝，他在征服了伦巴第人在意大利的统治区后于 774 年朝拜了圣墓。800 年，教皇利奥三世正是在大教堂内为他加冕的。

通往哈德良桥和圣彼得大教堂的道路是为了满足大批朝圣者通行和官方访问的需求而设计的：自 4 世纪末开始，通向大教堂的

29. 早期基督教石棺，浮雕图案为《圣经》中的场景，耶稣所行神迹和圣彼得的生活，中间雕刻有女性墓主人的形象，姿势呈祈祷状，发现于君士坦丁时期大教堂的地板下方，现藏于梵蒂冈地下洞窟的六号大厅

30. 带有装饰的大石棺，中间的浮雕图案是宝座上的耶稣，他脚下是凯路斯（译者注：古罗马人信奉的天神），耶稣身旁簇拥着众使徒，在角落的柱间刻的是本丢·彼拉多面前的耶稣以及以撒的献祭，左边刻的是彼得的赞美诗，右边是圣彼得、耶稣和血痨病患者的奇迹故事，年代为350—375年，发掘于君士坦丁时期大教堂地板下方，现藏于梵蒂冈地下洞窟六号大厅

31. 石棺局部，中间刻有呈祈祷状的女性墓主人形象，年代为375—400年，发掘于君士坦丁时期大教堂地板下方，现藏于梵蒂冈地下洞窟六号大厅

32. 朱尼厄斯·巴索装饰奢华的石棺，上面的铭文记载他是罗马城的执政官，下葬于 359 年，石棺在重要位置被发现，它位于君士坦丁时期大教堂后殿的地板下方，紧挨着圣彼得的胜利纪念柱，圣彼得珍宝博物馆的梵蒂冈圣器收藏室藏

路在某种意义上就变成了凯旋大道。如今我们看到的去往哈德良桥的必经之路班齐维奇路（Via dei Banchi Vecchi）和圣灵银行路（Via di Banco di S. Spirito），当年曾是一条带有柱廊的大道，在拉丁语中这条路和柱廊分别被称作 "Via Tecta" 和 "Porticus Maximae"。沿着这条路建有两座凯旋门，一座建在桥上，是由皇帝格拉齐亚诺、瓦伦提尼安二世和狄奥多西在 379 年因为一场胜利共同捐赠的；另一座靠近城中，是 5 世纪初在阿卡狄奥斯（Arcadio）、霍诺里乌斯和狄奥多西二世的倡议下修建的。台伯河的另一边有一条通向大教堂的柱廊街道，它的两边都建有高耸的拱顶。普罗科皮奥（Procopio）在 6 世纪时记载过这条路，这是能找到的最早资料。但这条路应该与大教堂以及邻近的西玛克教皇府邸是同一时期修建的[125]。新的凯旋大道就这样深深地扎根在了近古时期的城市中，它拉开了城市规划重点转移的序幕，在中世纪时期，台伯河拐弯处的住宅区成了规划重点。过去的皇帝，包括君士坦丁在内都在老的凯旋大道上竖立起自己的凯旋门，而后来的君主们却在新的通往圣彼得大教堂的凯旋大道上建起了雄伟庄严的柱廊，这是在君士坦丁之后帝国的社会、宗教、政治方面产生根本性转变的确实证据。

朝圣者们被引领着走向圣殿，所经之处尽是庞大的闪耀着华彩的帝国广场与神庙，他们依次走过带有柱廊的大道、凯旋门、庭院入口的大石阶，再穿过建筑设计如透视的舞台布景般的圣彼得大教堂，最终到达耳堂内的圣徒之墓，也到达了他们伟大而不懈的朝圣之旅的最光辉时刻。

在此引一件近代发生的事：墨索里尼修建了横穿老博尔戈地区（Borgo）的协和大道，也应用了这种如透视的舞台布景般的建筑设计。协和大道连接着圣彼得广场和圣天使堡，被墨索里尼打上了帝国的印记。

我们没有找到能指明大教堂内部祭台位置的资料[126]：在君士坦丁时期，举行完祝圣仪式和将耳堂正式应用于礼拜后，祭台的位置可能设置在沿着后殿和中殿与后殿耳堂相隔拱门的轴线上，它离华盖还有一定的距离。在修建工程结束的时候祭台有可能被挪地方了，因为考虑到大教堂的耳堂是朝圣者的必经之路，他们在主教的陪伴下在耳堂为圣墓献上颂歌、赞美诗并在这里祷告[127]，它的功能与位于耶路撒冷一座纪念殉道者的教堂旁边的耶稣圣墓上方被称为"复活"（Anastasis）的建筑相同。主教的圣餐仪式推测起来是在相隔拱门旁祭台大厅的中殿内进行的，这里是宗教团体的聚集地。一开始只有主教才能参与大教堂的弥撒仪式[128]；瞻仰殉道者从君士坦丁时代开始就发展为具体化地在圣墓旁的集中墓葬以及礼拜仪式的神圣氛围，它越来越需要将祭台与圣彼得墓的空间整合在一起，以此强化救赎的意味[129]。于是最终祭台和圣墓相结合[130]：《宗教名录》中记载到教皇西玛克为圣墓和华盖附近的祭台贡献了许多金银珠宝[131]。一个世纪后，教皇格里高利一世将圣彼得和圣保罗大教堂中的祭台都分别移到了圣墓上方，作为祭台基座的墩座墙也被转移了，但在圣彼得大教堂中还是保留了一条从墩座墙引出，沿着后殿墙壁的半圆形通道，方便朝圣者从此处走到圣墓[132]，祭台位于圣墓上方的摆放方式一直沿用至今。由几根支柱支撑的讲经台是教皇柏拉奇二世（Pelagio II，579—590年在位）捐赠的，它代表着6世纪大教堂内的宗教装潢已经完备。装饰器件除了讲经台，还有灯具、圣器和一些昂贵金属制成的器具，它们是由其他教皇和重要人物捐赠的，比如同在6世纪捐过器具的拜占廷将军贝利撒留（Belisario）。

在格里高利时期，墩座墙装饰有一座君士坦丁时期的华盖，华盖的六根柱子是螺旋形带葡萄藤装饰的。教皇格里高利三世（731—741年在位）又增建了六根相似的古式柱子，这些柱子来自帝国东部，是拉韦纳总督捐赠的，他是拜占廷帝国驻意大利首府的行政长官。

此章已涉及中世纪时期的内容，我们将在下一章中详述。

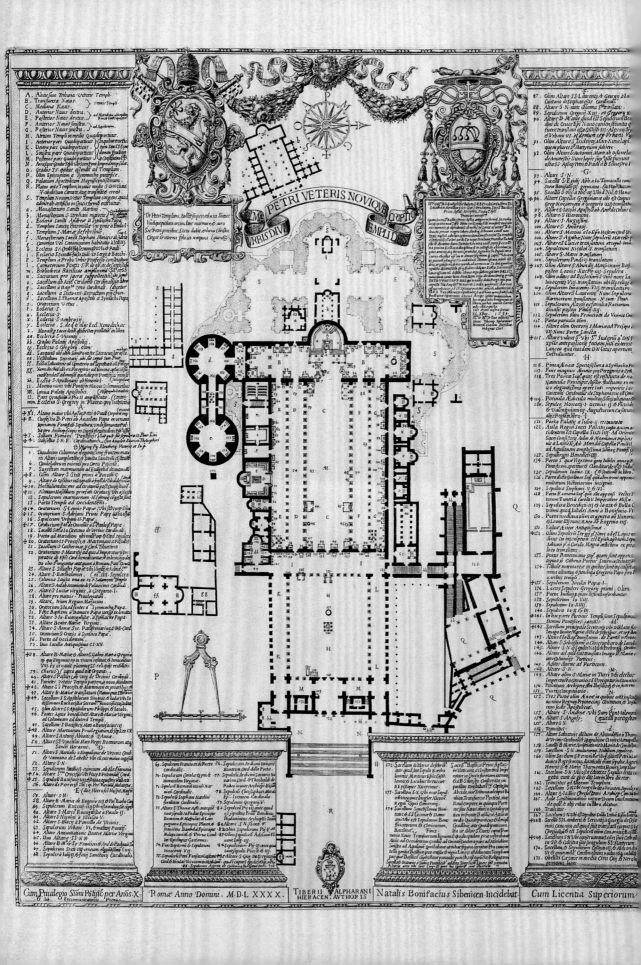

第二章
中世纪时期的圣彼得大教堂

安东内拉·巴拉尔迪尼

致罗珊娜·达莫雷（ROSANNA D'AMORE）

《日月失色……》

1506 年，教皇儒略二世宣布新圣彼得大教堂修建工程开始；1605 年，教皇保罗五世决定拆除仍屹立不倒的老教堂。从君士坦丁时期的大教堂到如今，我们熟知的宗座教堂的建筑典范圣彼得大教堂，从上面的两个时间点便可见演变进程之慢。

16 世纪初人们拆毁了圣殿的西面，从此这座中世纪建筑遗留下来的部分就成了新的营造计划的阵痛，而在新教堂的修建工程大张旗鼓地开始后，河流总会顺着古老的河床继续流淌[1]。

大教堂入口的大石阶、带有著名喷泉的庭院以及圣殿的东部都被保留了很长时间。同样在新工程开展的中心，圣徒的祭台也被保留下来了，它仍位于君士坦丁时期大教堂后殿的隐蔽处，但是与一个白榴凝灰岩的类似于神龛的结构合并在一起了，那座神龛有着伯拉孟特设计的尖顶。根据古老的城市宗教历法[2]记载，在之后人们仍在这座祭台前举行宗教仪式。

文艺复兴时期，圣彼得大教堂拖着因古老师四分五裂的躯体，在一片混乱的人类修整工作中将圣彼得的陵墓护在怀里，但这不妨碍它是朝圣者的主要目的地，是皇帝们加冕的圣殿，是禧年庆祝典礼的举办地，最后它还是各任教皇和少数特权人物古老的长眠之所，他们渴望超脱于世的平静与为后人留下的不朽记忆。

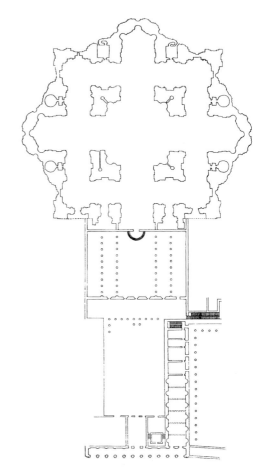

1. 蒂贝里奥·阿尔法拉诺与纳塔莱·博尼法乔·达·希贝尼克，出版于 1590 年，新圣彼得大教堂与旧大教堂的图解
2.1600 年左右的圣彼得大教堂平面图，作者特内斯，引用资料：1992b

如今，当初的建筑结构只剩下零散的部件，想要还原完整中世纪时期圣彼得大教堂的建筑历史剪影就需要首先从考古学的角度切入研究。从 20 世纪 40 年代起，人们对其展开了考古挖掘活动，考古学家根据发掘结果重组了早期基督教时期这座建筑的结构，也就是中世纪的教皇们当初继承的那一座，他们没有将它拆毁，只进行了些许调整，以

3. 多梅尼科·塔塞利·达·卢戈绘，教皇保罗三世时期古圣彼得大教堂大厅至"隔墙"的剖面图，梵蒂冈图书馆藏，编号：Arch. Cap. S. Pietro A. 64 ter, f. 12

4. 多梅尼科·塔塞利·达·卢戈绘，教皇保罗三世于 1538 年在古圣彼得大教堂与新工程之间竖立起的"隔墙"，梵蒂冈图书馆藏，编号：Arch. Cap. S. Pietro A. 64 ter, f. 17

使其满足宗教仪式的需要[3]。

　　为了解 7 世纪至 14 世纪间大教堂的情况，钻研史料也是必不可少的。不仅要参考中世纪的手稿（其中最重要的是《宗教名录》），此外还有近代的资料，我们可以在其中找到描绘圣彼得大教堂在被拆毁前夕情况的图解[4]。

　　如此看来，我们都要感谢大教堂的牧师和其他神职人员，比如 12 世纪后半叶的彼得罗·马利奥（Pietro Mallio），15 世纪的马菲奥·万卓以及蒂贝里奥·阿尔法拉诺和贾科莫·格里马尔迪，是他们将古代工程记录下来，使今天的我们拥有那些无比珍贵的史实资料[5]。

　　我们尤其幸运地能看到阿尔法拉诺和格里马尔迪的著作。因为他们二位曾"服侍"圣彼得大教堂五十载，见证了新老大教堂的更迭[6]。

　　我们有时甚至能从这两位神职人员身上看到现代考古学家所具备的敏锐性，他们为了古老建筑和其中守护的千年珍宝不被人们遗忘在努力做着自己的贡献。

　　事实上，与儒略二世时代雄心勃勃要重修大教堂，武断地实现文艺复兴时期的建筑理想，且毫不在意自己一点点拆掉的东西相比，特兰托会议之后的教会对于最初的大教堂，那座雄伟的基督教建筑的看法更为成熟了，产生了一种不同的感情。

　　我们在教皇保罗三世时期的"隔墙"上可以看到挪动过的痕迹。"隔墙"是安东尼奥·达·圣加洛于 1538 年在老教堂中殿第十一根柱子附近建起来的[7]，在梵蒂冈地下洞窟中仍然可见这堵将修建新教堂的工地与老教堂分隔开来的一部分墙体。职业画师多梅尼科·塔塞利·达·卢戈用水彩画描绘了这堵墙，使我们能了解它的样子。在中世纪时期留存下来的最后一点老教堂的砖瓦也要被拆除殆尽的紧急关头，圣彼得大教堂的牧师聘用塔塞利绘制了一系列老教堂不同的视角

5. 多梅尼科·塔塞利·达·卢戈绘，带有镶嵌图案边饰和教皇肖像的古横檐梁片段，梵蒂冈图书馆藏，编号：Arch. Cap. S. Pietro A. 64 ter f. 14

6. 多梅尼科·塔塞利·达·卢戈绘，"隔墙"拱顶和横檐梁局部，梵蒂冈图书馆藏，编号：Arch. Cap. S. Pietro A. 64 ter f. 11

图，如今这些图画被收集起来，收藏在了梵蒂冈图书馆的一本集子中[8]。

通过比较这些展示大教堂大厅断面图的版画，我们能看到保罗三世时建起的墙上安装有一段横檐梁和一对石柱，这对石柱是从已经拆除的古教堂西面抽取的[9]。塔塞利在描绘"隔墙"以及大柱廊的水平方向构件的

（下页） 7. 于1569年出版的艾蒂安·杜佩拉克绘新圣彼得大教堂米开朗基罗式平面图与蒂贝里奥·阿尔法拉诺绘于1571年的老教堂平面图的叠印，1571年的在上方，圣彼得历史档案馆藏（照片来自Sansaini印刷厂，约摄于1914年）

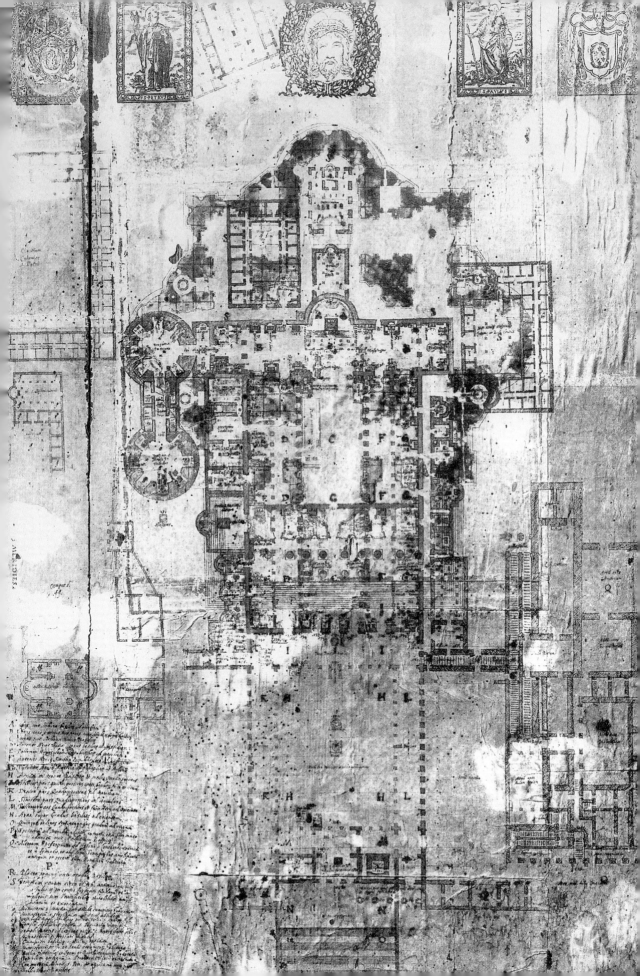

装饰结构相似性时抓住了实质，且不失细节。不论是"隔墙"还是大柱廊，在画作中人们都能轻易地发现它们古老的横檐梁完全来自于 4 世纪君士坦丁时期大教堂，这一点在梅尔滕·梵·海姆斯凯克作于 1532 年至 1536 年间的风景画及凯鲁比诺·阿尔贝蒂（Cherubino Alberti）绘于 16 世纪晚期的一幅著名版画中也能看到 [10]。

安东尼奥·达·圣加洛在修建"隔墙"时选择保留一些古迹的做法值得注意，贾科莫·格里马尔迪的话对此做出了印证，他在回忆这堵起分隔作用的墙被拆除时，抱怨说要是它还在，老教堂柱廊的墙也许就不会这样分崩离析 [11]。

从静力学的角度来看，新墙对原来的建筑起到了加固作用，减缓中殿墙壁倾斜的危险，同时保护老教堂免受嘈杂施工工地的影响，使通向圣徒祭台的路安全地躲在"铁幕的另一边"。

但是那时由于保罗三世修建了一座装备有带锁的巨大拱门，分隔墙原本充当两座建筑物之间"铰链"的功能可能会弱化，事实上，"隔墙"这个对保罗三世所修墙壁沿用至今的称谓，它的字面含义显示出阻挡新教堂进展的老教堂和它的拥护者将逐渐被孤立。

于是在墙的那一头，拆卸下来的祭台和陵墓重新在文艺复兴的工地上找到了自己的位置，与此同时，保罗三世修建的大拱门下方装上了十字架和钥匙形状的金属灯具，这些灯具在儒略二世拆毁古教堂之前一直悬在其中殿与后殿耳殿相隔拱门的下方 [12]。

从塔塞利所绘的大厅断面图中可以看到，柱廊下楣附近建有一个包围了三面的长廊，由此我们得知"隔墙"横檐梁的开放恢复了它被相隔拱廊的横梁阻碍的功能，那个横梁在 1506 年被拆除。相隔拱廊的横梁曾嵌在中殿呈标准 T 形排列的柱子之间，离地约 14 米，它原本充当桥梁来连接柱廊上方的走道，至少从中世纪初期开始，这里展示起吊灯、圣像、带有绘画的十字架和供人崇敬的圣骨 [13]。

因此，自保罗三世开始到之后的数十年间，老教堂的大厅面积缩小了一半，圣徒祭台从这里望去也越发看不到了。虽然如此，老教堂的内部空间结构还算完善，这里还有其他辅助性的老祭台，有圣人珍贵的遗迹以及圣像，所以老教堂内举行的宗教活动几乎没有被干扰。

《古圣彼得大教堂平面图》

在古圣彼得大教堂平面图上记载的历史已经与新工程平面图的那些无法区分开了。多纳托·伯拉孟特在第一次拆除工作前夕绘制的一幅著名的红粉笔画（现藏 GDSU，编号：cat. A, n. 20r）情况也是这样，它在为新工程而提议的叠印中几乎展现了君士坦丁时期大教堂的整座大厅 [14]。画作的比例尺约为 1:300，图像清晰整洁，不仅展现了古圣彼得大教堂的位置图，而且还是我们能得到的毁坏前夕君士坦丁时期耳堂情况的唯一资料。在画作的耳堂部分可以辨别出一个柱廊式的半圆形回廊引向大厅侧殿，有支柱和成对的石柱交替出现的通道，扶壁间窄小的后殿与其相切的圣徒祭台以及中殿与后殿耳堂相隔拱门处缺少石柱的支柱。

关于大教堂的西面，伯拉孟特的绘图为蒂贝里奥·阿尔法拉诺绘的那幅最著名的古教堂平面图提供了修正。担任神职的阿尔法拉诺曾为了将那幅平面图制成铜版画，在1589年末将它呈递给雕刻师纳塔莱·博尼法乔[15]。

事实上，在阿尔法拉诺的年代，大教堂的耳堂和大厅西面已经被拆了，他只能看到残留的笼罩在伯拉孟特式尖顶下的后殿和其正面。对于老教堂西面的部分，阿尔法拉诺虽然没有草率地下笔，但也是推测着画了复原图。我们已知的是当这位神职者在新工地徘徊踱步时，他注意到了古老地板上留下的痕迹，于是用这种方式破解了一些古教堂正立面的特征。

平面图的版画出版于1590年，它是在此之前很多年就开始的一项研究的成果，关于这项研究，其他启发性的实证都收藏在圣彼得历史档案馆的文件中。

阿尔法拉诺有可能是在1571年绘制的古教堂平面图，它被绘在一张很大的纸上，上面提前粘好了1569年杜佩拉克绘制的"米开朗基罗式"的新教堂设计图的版画[16]。

如果将阿尔法拉诺的手稿标记与这种两幅图不寻常的组合方式联系着看，就会发现杜佩拉克图纸的比例尺在绘制老教堂平面图时起到了参考的作用。因此，阿尔法拉诺并不是第一个绘制老教堂图解的人；在他工作笔记中发现的一张对比图表印证了这一点，对比的是杜佩拉克的米开朗基罗式平面图和乌尔普兰（Urplan）版平面图（已遗失）的标尺[17]。

早在1914年米凯莱·切拉迪（Michele Cerrati）发布阿尔法拉诺绘制的平面图的珂罗版制版术翻印品之时，原始平面图的保存状况已经很不好了。但这是不可避免的，因为它本来就是纸制品，且这些纸的质量和单位重量都有差异，更何况图纸上还有大量用墨水写的标注，而墨水的主要成分就是高腐蚀性的含铁化合物。

为了将新旧教堂的两张图纸合并一起，阿尔法拉诺使用了一种巧妙且简单的方法，用这种方法他获得了一张独创的"擦去再重写"的平面图：他将米开朗基罗式平面图的色调减淡，再在其上覆盖用碳酸铅白和细弱的胶画法描画的新墙体的倾斜晕线；用同一种技法他去除了杜佩拉克图纸的框架和标题，并且在图纸的绘制过程中及之后增添了大量的校正内容。

也许是通过刮擦印刷图纸上墨迹的方式，阿尔法拉诺纠正了杜佩拉克所绘忏悔祭台的位置，在后者的平面图中忏悔祭台处在米开朗基罗式方案的几何中心位置。

之后，阿尔法拉诺在与新教堂平面图的叠印中用红色和深棕色墨水描绘了老教堂的

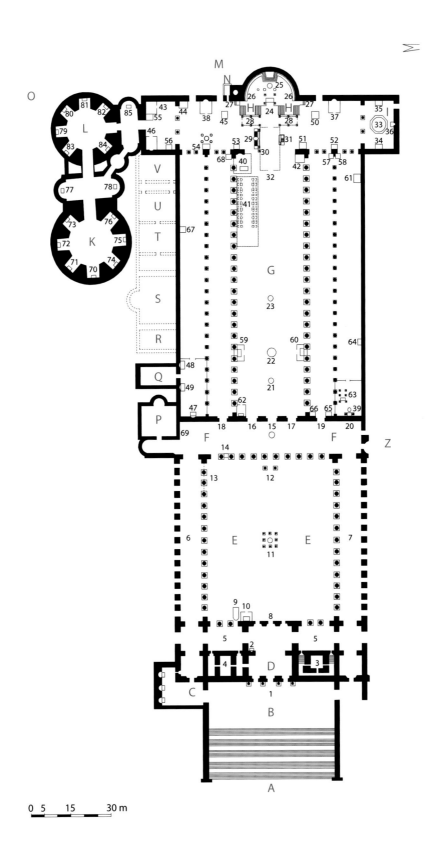

0 5   15   30 m

8.6 世纪至 15 世纪圣彼得大教堂平面图，是阿尔法拉诺 1590 年版的和德·布拉奥 1994 年的整合版，M. 维斯孔蒂编辑修订

圣彼得大教堂平面图（6 世纪至 15 世纪）

A. 台阶

B. 平台

C. 圣亚博那教堂（霍诺里乌斯一世）

D. 玄关处的建筑；图里圣玛利亚礼拜堂（上层）

1. 花岗岩石柱间的三扇大门

2. 塔中圣母祭台（文物保护修复高等研究院，1130—1143 年）

3. 钟楼

4. 总本堂神父间（16 世纪）

E. 带有拱廊的庭院（方形庭院）

5. 东门廊

6. 南门廊

7. 北门廊

8. 三条通道；乔托的马赛克画《小船》（上方墙面）

9. 奥托二世的陵墓

10. 众圣徒壁龛

11. 喷泉

12. 教堂正前方的小柱廊（圣彼得大理石像）

13. 助理牧师间（阿尔法拉诺曾在此居住，15 世纪）

F. 教堂前廊

14. 格里高利一世的第一座坟墓

15. 装饰有斑岩圆盘的银门

16. 拉韦纳门，后改名为圣博尼法乔门

17. 圭多尼亚门

18. 审判大门

19. 罗马大门

20. 千禧年金门（15 世纪）

G. 大殿地板上的圆盘装饰

21. 埃及大理石圆盘

22. 大斑岩圆盘

23. 埃及大理石圆盘

H. 用于宗教仪式的设施

24. 带有圣墓的圣徒祭台

25. 讲道台、三个花岗岩圆盘装饰及一个小圆盘

26. 留给神职人员的木制座椅

27. 通向地下室的楼梯

28. 作为隔栏的柱廊结构

29. 福音读经台（自 6 世纪后有记载）

30. 复活节守夜礼点蜡时用的枝形大烛台（约 1220—1230 年）

31. 使徒书读经台（？）

32. 留给牧师的区域（唱诗台后方围起来的区域）

I. 洗礼堂

33. 洗礼盘

34. 福音书作者圣约翰（西玛克和利奥三世之间）

35. 施洗约翰（西玛克和利奥三世之间）

36. 泉水中的圣约翰（利奥三世之后）

J. 祭台和辅助性的礼拜堂

37. 圣十字礼拜堂（西玛克）

38. 圣利奥礼拜堂（色尔爵一世之后修建，后改名四位利奥礼拜堂）

39. 圣母礼拜堂（约翰七世）；圆盘装饰

40. 供奉救世主、圣母及所有圣人的礼拜堂（格里高利三世）

41. 牧师唱诗台

42. 圣帕斯托雷祭台（8 世纪至 9 世纪）

43. 圣玛利亚礼拜堂（保罗一世）

44. 圣哈德良礼拜堂（哈德良一世）

45. 圣西斯都与圣法比盎礼拜堂（巴斯加一世）

46. 圣普洛切索与圣马尔蒂尼亚诺礼拜堂（巴斯加一世）

47. 圣格里高利礼拜堂（格里高利四世）

48. 圣塞巴斯蒂亚诺祭台（年代不详）

49. 圣戈尔戈尼奥与圣蒂布尔齐奥祭台（年代不详）

50. 他国圣徒祭台（自 1058 年有记载）

51. 圣巴尔托洛梅奥祭台

52. 圣露西亚祭台

53. 圣西尔韦斯特祭台

54. 圣毛里齐奥祭台，梅花形石盘装饰

55. 圣阿莱西奥祭台

56. 圣卡泰丽娜祭台（1383 年建）

57. 圣贾科莫祭台，这里是斯特凡内斯奇的陵墓

58. 圣马达莱娜祭台（自 1319 年有记载）

59. 至圣圣体堂中的圣西蒙娜与圣朱达祭台

60. 圣菲利普与圣贾科莫祭台

61. 圣尼科洛祭台（尼古拉三世）

62. 圣博尼法乔祭台（博尼法乔八世）

63. 维罗妮卡祭台

64. 圣阿邦蒂盎祭台

65. 圣安东尼诺祭台

66. 圣特里德希祭台

67. 圣比亚卓祭台（1305 年建）

68. 圣马尔齐亚莱祭台（自 1031 年有记载）

69. 圣埃吉迪奥祭台

K. 圣安德鲁的圆形陵墓

70. 圣安德鲁祭台

71. 圣托马索祭台

72. 圣亚博那祭台

73. 圣索西奥祭台

74. 圣卡西亚诺祭台

75. 圣维托祭台

76. 圣洛伦佐祭台

77. 圣马尔蒂诺祭台（年代不详）

78. 圣约翰·克里索斯托莫祭台（年代不详）

L. 圣彼得罗妮拉的圆形陵墓

79. 圣彼得罗妮拉祭台

80. 圣玛利亚祭台

81. 圣阿纳斯塔西娅

82. 圣救世主祭台

83. 圣救世主祭台

84. 圣泰奥多罗祭台

85. 圣米迦勒祭台

M. 带有圣彼得铜像的圣马尔蒂诺礼拜堂

N. 附属圣器收藏室（14 世纪）

O. 神父寓所

P. 老秘书处

Q. 新秘书处

R. 圣托马索礼拜堂，后改为洗礼堂（15 世纪）

S. 西斯都四世礼拜堂和新的牧师合唱台

T. 冬季合唱台（15 世纪）

U. 大圣器收藏室（15 世纪）

V. 图书馆（15 世纪）

Z. 教皇宫（自 1151 年有记载）

建筑结构：其中有些结构如今已不复存在，但是我们可以根据彼得罗·马利奥和马菲奥·万卓的记载将它们复原，还有一些保存至今、目之所及之处便能辨别出来。

阿尔法拉诺最后完成的那一步将使所有近距离观赏这件非凡艺术品的人感到惊奇。为了突出体现老教堂围墙的厚度，这位神职人员通过"与古老手抄本中微小画所用的工艺"类似的方法为平面图贴上了金箔[18]。

从平面图的标题来看，它与我们已知的完成于1571年的那张是同一张的说法似乎说得过去，翻译过的标题如下："这是一张完整且修正过的平面图，其上展示了一座历史悠久的神殿，它建在罗马的梵蒂冈，供奉着最重要的使徒圣彼得。仁慈的君士坦丁帝王建造了它，降福的教皇西尔维斯特为它祝圣，赫赫有名的教皇们为它增建了许多极美的礼拜堂，后来因为这座古老的圣殿处在倒塌的边缘，儒略二世将它拆除；为了永远纪念它，蒂贝里奥·阿尔法拉诺，这座圣殿的神职者，将其古时的样子原原本本绘制下来，画法仔细且构图匀称，之后将平面图置于佛罗伦萨人米开朗基罗·博那罗蒂设计的新教堂图纸之上，1570年。"[19]

可惜阿尔法拉诺绘制经过擦去再重写的平面图很脆弱，上面只保存了文章的前几行字，所以无法考察到完整的信息。但是另一份阿尔法拉诺亲笔所写的手记证实了上面的标题摘自另一份绘在"大板子"上的圣彼得大教堂的图解[20]。现在来看，后者似乎与保存在圣彼得历史档案馆中的一张平面图吻合，这不仅是因为它们巨大的面积（1172毫米×666毫米），还因为后者在某个时刻被黏在了一块冷杉木板上，也因此保存至我们的年代。

1576年，阿尔法拉诺绘制的另一幅老教堂平面图中仅仅剩下了标题和给红衣主教亚历山德罗·法尔内塞（Alessandro Farnese）的献词，他在1543至1589年间担任圣彼得大教堂的总本堂神父[21]。这段献词中提到阿尔法拉诺在新完成的平面图中"用字母和数字标记出著名的地点，这样方便辨识"。此外，他还撰写了与这张图配套的小册子，上面为图注补充了短小的历史信息。通读小册子不难发现，阿尔法拉诺在1576年绘制的平面图及时更新了大教堂的变化，因为教皇格里高利十三世，即格里高利·博康巴尼（Gregorio Buoncompagni）为了庆祝1575年大赦年对大教堂进行了许多改造。图中可以看到新增的两个连在一起的长方形教堂轮廓，但是我们并不知道是否老教堂的平面图就如纳塔莱·博尼法乔后来印制的图解一样清晰[22]。

1590年，在版画公布后，更不用提在老教堂最后一面墙也被推倒后，这一标有丰富注释的老教堂平面图对于那些有着各式各样的头衔，但对想了解梵蒂冈这座圣殿建筑历史的人们来说就成了标本和样张。

至少在纸面上，在"对新老圣彼得大教堂的描述"（Descriptio Divi Petri Veteris et Novi Templi）这个是印在开头的标题中可以看出这份图解连贯地展示了雄伟老教堂的变迁，米开朗基罗的建筑方案在它面前仿佛被驱逐到了边边角角，因为新的大教堂将不再和君士坦丁时期那座雄伟的殿堂有任何关系了[23]。

上面的那段话如果拿到建造新圣彼得大教堂的年代去说，那么在那时的人眼中，这种想法多少有些另类。教皇西斯都五世（1585—1590年在位）刚好赶上了工程的加速期：从1586年9月开始，随着埃及方尖碑重新被放置在古基座上，建造新教堂的任务就成了教皇柏瑞蒂（Peretti，即西斯都五世）城市规划项目中的其中一项，与此同时，既定的施工节奏能保证在1590年春天前将穹顶上灯笼式天窗基座的那一圈完成[24]。我们不禁要问，是否正是因为这些年修建工作如火如荼地进行加重了阿尔法拉诺对老教堂遗迹未来命运的担忧，所以他才将自己的心血——那幅老教堂的平面图，交给像纳塔莱·博尼法乔这样有名望、有资质的雕刻师制作成铜版画。[25]

阿尔法拉诺花了至少二十年时间才逐步完善了古圣彼得大教堂的平面图，这也代表了他对老教堂的研究成果。当年他从杰拉切坐船来到罗马开始这项研究，身旁还有贾科莫·埃尔科拉诺（Giacomo Ercolano，1495—1573），他是圣彼得大教堂的助理牧师，也是阿尔法拉诺"最亲爱的教父"。最近的研究发现，是埃尔科拉诺培养了教子对文物古董的热爱。事实上我们已了解到，在

大教堂牧师会有纪念历史的传统，在大环境的熏陶下，埃尔科拉诺在1543年后完成了对马菲奥·万卓所著《圣彼得大教堂旧事集》（ *De rebus antiquis memorabilibus Basilicae S. Petri* ）的誊写[26]。后来阿尔法拉诺在教父的要求下于1558年誊写了彼得罗·马利奥约1160年写成的那本最老的《梵蒂冈大教堂详解》（ *Descriptio Basilicae Vaticanae* ）。他选用的范本即使不是最初原作者写的那本，也肯定没有借鉴罗马诺（Romano）在1192年左右对原版的修订[27]。阿尔法拉诺不仅钻研了马利奥和万卓所著的书籍，还从老一辈口中获得了许多对老教堂的鲜活记忆，这促使他记载、理顺，并且一遍又一遍地修正所获的关于老教堂生命最后一个动荡世纪的信息和"值得记录的内容"。阿尔法拉诺对马利奥和万卓著作的补充材料如今可以在梵蒂冈图书馆编号为"Arch. di S. Pietro, G.5"、他的一本作品集锦中找到丰富的信息，里面的资料种类各异：有首次和二次起草的图样；有各个图解的标题和题词；有阿方索·察科尼（Alfonso Ciacconio）寄给他的大教堂的调查问卷；给朝拜者普及文化用的意大利语和拉丁语对照图表、"值得记录的内容"的笔记、书本摘抄、圣物名录、关于圣彼得和圣保罗大教堂测量方法的笔记以及很多其他的文件[28]。

当我们研读这所有的资料时，就会感受到阿尔法拉诺终年的调查研究是有一个发展过程的，它的成果体现在两点：一个是1582

年完成了《新老梵蒂冈大教堂的建筑结构》
（*De Basilicae Vaticanae antiquissima et nova structura*）；另一个是 1589 年至 1590 年间的版画形式的大教堂图解。与遗失的 1576 年版平面图和保存下来的补充历史信息的小册子的情况相同，以上提到的著作和图解之间也是相关联的，因为《新老梵蒂冈大教堂的建筑结构》可以作为版画版图解非常全面的参考资料，书中的图示和文字展示了阿尔法拉诺数十年间调查和观察所得的大量信息[29]。

这本书毋庸置疑是优秀的参考资料，但也不应让这一优点掩盖了它本身就是完美而实用的著作的事实，阿尔法拉诺在书的序言中也是这样说的。他想要通过不断对比新老大教堂中的"圣地"，告诉人们这座大殿没有失掉它所汇聚的无数珍宝中的任何一件，也没有任何一件遭到损坏[30]。

《新老梵蒂冈大教堂的建筑结构》中标注的用于参照平面图来看的字母着实帮助了我们识别举行宗教仪式的地方，辨认每个祭台上的铭文以及每件圣物不同的存放处，了解墓葬建筑（包括礼拜堂、坟墓、坟墓地板层）、碑文、君士坦丁时代老教堂的遗迹以及所有纪念碑的位置，其中这最后一个是那些赫赫有名的人物（教皇、红衣主教、贵族、国王和皇帝）在跨越一千多年的时间里因对圣彼得的忠诚而留下的：阿尔法拉诺在书中讲述了所有这些物件在那些动荡年月中所经历的反复迁移。大教堂的平面图和对应的著作不仅包含了对无数信息的系统性论述，还体现

了作者编写时的独特视角，因此它们就像是复杂的文化产品。如果这样去定义的话，那么单纯将其视作是对老教堂的描述性作品就有些局限了。

抛去克劳萨默和弗雷泽（Frazer）的评论，我们能肯定的是，在阿尔法拉诺的研究中，建筑学数据并非不如记载宗教仪式的重要，并且他没有割裂"物质"与数百年才逐渐成型的宗教传统之间的联系[31]。

秉承着这一点，当我们分析那收集了阿尔法拉诺各类笔记和记录的大部头文集时就能找到正确的方向。手记种类的丰富意味着它们的不同用途，阿尔法拉诺在大教堂工作的数十年中，他曾用这些资料为朝圣者编过意大利语和拉丁语写成的含义简单且清晰的短文，还绘制过用来放在大教堂祭台栏杆上的"说明表"[32]。浏览他编写的宗教教学类的小册子，会发现阿尔法拉诺非常擅长根据不同的受众而调整文章内容，并在其中以恰当的方式融进历史和神话知识，同时又避免赘述口口相传的奇闻异事中的那些无稽之谈。

教皇格里高利十三世定 1575 年为大赦年，当然这一事件就给予圣彼得大教堂的神职人员们一个额外的任务，那就是阻挡住来势汹涌的朝圣者们；事实上，阿尔法拉诺就记载过这一盛况："所有人都去圣彼得大教堂中参加圣礼，谁要是没能在这里忏悔一番，他必定是很不满意的。"[33]

也许正是在这个时候，1571 年完成的那幅平面图黏在了支撑它的木板上，同时它印

有最新的格里高利十三世题名的首页也装饰上了绘有圣面和圣徒彼得和保罗的版画。

但是这幅平面图是供谁观看的呢？给那些"……跪倒在地……口中大声念着我因为对上帝的爱而犯了不可饶恕的罪"的忏悔的朝拜者们吗？又有多少人能看懂这份如此珍贵、如此讲究的资料呢？

自 1571 年图解问世到 1590 年出版了大教堂平面图，在这么长的时间跨度中，唯一能确定由阿尔法拉诺绘制这些图纸的受益人的可靠依据只有图纸上的致辞了：如果启发他开始这项工作的是担任神职工作的便利，那么这份心血的受益者就只是大教堂的总本堂神父以及他主管的牧师会。从 1590 年完成的标题为"对新老圣彼得大教堂的描述"（Descriptio Divi Petri Veteris et Novi Templi）的图解中我们能推测出这一点，上面有对总本堂神父埃万杰利斯塔·帕洛塔（Evangelista Pallotta）的致辞，内容流畅且恭敬，还有写给西斯都五世这位曾"让圣彼得大教堂的荣耀与天同高"[34] 的教皇的赞美诗，然而它只有四句话。

从广场或小庭院到大教堂前廊

大台阶通向竖立着大教堂的人工平台，从台阶一直到保罗三世建在老教堂内部的"隔墙"，阿尔法拉诺 1590 年版的平面图在这块区域中主要展现了老教堂建筑方面的无数小细节，可以将它们与从 16 世纪到 17 世纪前十年间绘制的不同角度的视野图对照着看。阿尔法拉诺无疑对大教堂这个区域的知识掌握得最为丰富，且信息都是第一手的；这些知识能帮助他在理论上复原老教堂在几百年光阴中早已改变的一些布局。所以我们在阅览他的绘图时要注意加以区分哪些布局是通过推断得出的，哪些又是通过实际勘测得出的。只需要将平面图中四面有柱廊的老院子的部分与多梅尼科·塔塞利十六年后在同一个视角绘制的图进行对比，就会发现阿尔法拉诺是如何猜想着画的了。事实上，大教堂在古代有一个带柱廊的庭院，后来它被改造成了广场，四周是不同时期的建筑物，在南边和北边的建筑物比那排中世纪的柱廊高出许多米。阿尔法拉诺说他曾在圣彼得大教堂中神职者房间里住过很长时间，那些屋子就在中世纪的老柱廊对面，茱莉娅小教堂也建在这一边。另外，小教堂对面曾经的北柱廊被西斯都四世（Sisto IV，1471—1484 年在位）和英诺森八世（Innocenzo VIII，1484—1492 年在位）修建的教皇宫还有罗马宗教法庭和薪俸管理处推事们的"大卧房"取代了[35]。另一个推测着复原的例子是阿尔法拉诺眼中被伯拉孟特式尖顶笼罩的老后殿正面。在 1590 年版的平面图中，我们能辨认出老门廊的十二根带葡萄藤蔓装饰的石柱都在墩座墙的斜坡前排成一列，事实上我们已知，在 1514 年之前门廊就没有最外侧的石柱。在同一张图上就能找到证据，阿尔法拉诺将"圣柱"（十二根柱子中的一根）迁移到了中殿与后殿耳殿相隔拱门北边的支柱附近了[36]。

但这并不代表阿尔法拉诺记载的史料就像克劳萨默和弗雷泽所说的"没有其他人的可信"，与其他文本或图片形式的资料一样，它只是需要结合作者编纂时的步骤来加以研究罢了。

阿尔法拉诺图解资料的复杂性和层次性显示出这位神职者是在试图回答一个在这个远超瓦尔特·本雅明（W. Benjamin）提出的艺术作品"机械复制时代"的当今还未解决的问题，那就是如何将包含了历时性变化的建筑完整建模。

说明了这一点，我们也简单地看过了蒂贝里奥·阿尔法拉诺的平面图和多梅尼科·塔塞利的绘图，现在是时候登上古老大教堂的石阶了。

在16世纪的风景画中，那个被称作广场或小庭院的形状不规则的空地被北面的莱昂尼那城（città Leonina）城墙划定了界限。广场那边修建有大理石材质的台阶，它的高度超过了为建造大教堂填平的高度差（平面图 A）。朝拜者和旅行者们曾一边登着台阶一边数着级数，他们将自己对这里的记忆保留下来：15世纪中叶，英国人约翰·卡普格雷夫（John Capgrave，在1447年后参观罗马）说石阶有29级，"每级有好几步宽"，而巴伐利亚人尼古拉斯·墨菲（Nicolaus Muffel，1452年参观罗马）说他记得有28级[37]。

教皇庇护二世（Pio II,1458—1464年在位）推动的修复工作将大石阶前方空间扩大并且改得更加合理，阿尔法拉诺后来记载新的大台阶共分为五大组，每组有七级，中间用更宽广的平台分隔开。16世纪的画作印证了这一点，阶梯节奏的确变得平缓且有间隔，即使骑马上去，坡度也会让人感觉舒适[38]。对这座庞大阶梯的整修工作最早的记载是在6世纪，由教皇西玛克主持。当时对大教堂的整修工作覆盖面很广，西玛克命人在庭院入口处修建了两座侧边的台阶，并且用木棚子保护起来[39]。250年之后，也就是774年到776年之间，有记载称教皇哈德良一世（Adriano I，772—795年在位）修复了主楼梯[40]。

在大石阶的顶部是一片宽广的平台，它一直延伸到庭院的入口通道处（平面图 B）。这块区域象征着接近大教堂的第一站，同时因为位置居高临下，人们能将下方的小庭院一览无余，所以这里一直是举行欢迎仪式或人们短暂停留的地方。在这里，中世纪时期从拉特兰大教堂赶来圣彼得大教堂庆祝弥撒的神职人员与教皇见面；在这里，教皇等待前来加冕或是完成朝圣之旅的君主们；最后在这里，刚刚当选的教皇在圣职受任典礼结束之后，离开圣彼得大教堂之前，在公众面前接受冠冕。那冠冕就是一顶白羊毛做的尖顶礼帽，在古代它象征着教皇的世俗权力[41]。

举行这样的仪式就需要一个像样的宏大布景。早在教皇庇护二世修建如今的祝福凉廊之前，这里的建筑外观就已经很庄严雄伟了。

克劳萨默和弗雷泽认为阿尔法拉诺绘制

的平面图中平台区域的信息是最可靠的[42]。平台是在东面包含大教堂庭院在内的整体结构的一部分，它同时建在两个平台上，被三座由立柱支撑的筒形穹顶穿过，因此就像是一个具有两面性的建筑（平面图 D 1—4 号）。

在海姆斯凯克的一幅画作（维也纳阿尔贝蒂娜博物馆藏，约作于 1532—1536 年）中可以看到大石阶和庭院的东侧面，在入口处的通道上方和古老的马赛克图案之间，我们能辨认出三个同样高的拱门的部分结构。

回到阿尔法拉诺的平面图中，入口处的建筑物被一个起隔板作用的大拱门前后一分为二，拱门由支柱支撑着，按他的话来说，拱门的下方"画满了各式各样的救世主、圣彼得和圣保罗的肖像"[43]。在南边的支柱旁

边是塔中圣母祭台，在皇帝加冕的那一天，他会到这里接受大教堂教士赐的牧师头衔。贾科莫·格里马尔迪曾在这个祭台上读到过教皇英诺森二世（1130—1143 年在位）时期的铭文，人们将那个更古老的供奉圣母玛利亚的礼拜堂的特权和献祭仪式都转移到了塔中圣母祭台这里，而那个小礼拜堂就建在入口处建筑物的上层[44]。

这本书讲到这里，我们能总结出圣彼得大教堂庭院入口处建筑的原始布局，即相比两翼中部加高，入口处建筑形态雄伟，带有三个筒形穹顶，同时上层还建有一间礼拜堂。我们也探讨了关于这座宗教性建筑中世纪初期的入口处的一系列问题[45]。

入口处北边毗邻的一块地方在 8 世纪时就

9.A. 滕佩斯塔和 M. 布里尔绘，圣额我略·纳齐安乔迁，约 1580 年，梵蒂冈教皇宫藏，南边三号室

10. 贾科莫·格里马尔迪绘，塔中圣母礼拜堂的正面和圣彼得大教堂庭院入口处通道，梵蒂冈图书馆藏，编号：Arch. Cap. S. Pietro, H. 2, f. 62r

被用作修建钟楼，在整个中世纪，那座钟楼顶部的小室和塔尖被重建或修缮了许多次[46]。但是不能排除至少在 12 世纪之前，入口建筑旁侧曾建有两座钟楼的可能性，但是只有北边那座，也就是更大些的钟楼坚持屹立到了 1610 年 10 月，之后便塌倒一地了[47]。

　　贾科莫·格里马尔迪对庭院入口及其正面进行了细致描绘。在他笔下，入口处安装有三扇大门，中间那扇最高最宽，后来为了筹备教皇尼古拉五世的大赦年活动，人们在 1449 年将它们修缮了一番。三扇大门的两旁都曾经立着花岗岩石柱，在庭院拆除后这些柱子就被弃用了，之后在 1612 年又被完美地砌在了贾尼科洛山的帕奥拉喷泉上[48]。

　　没人知道装有下楣的大门是什么时候取代了半圆拱的筒形穹顶，但可以肯定的是，教皇哈德良一世时期有几扇铜制大门从佩鲁贾运过来并装上了铰链，这位教皇的传记作者称"大门看起来颇有气势，上面带有奢华的装饰"[49]。这些铜制的门扇在 13 世纪初仍把守着大教堂中四面是柱廊的庭院。关于它们，彼得罗·马利奥描述了一个细节：门扇上可见银色的铭文，马利奥翻译说它罗列的是查理曼大帝捐献给维泰博省和翁布里亚大

11. 多梅尼科·塔塞利·达·卢戈绘，老圣彼得大教堂的正面及庭院，梵蒂冈图书馆藏，编号：Arch. Cap. S. PietroA. 64 ter, f. 10

12. 被称作克罗纳卡的西蒙·德尔·波拉尤奥洛绘，圣彼得大教堂喷泉，1480 年，现藏 GDSU 桑雷利捐赠区，编号：157v

区教会的财物[50]。

在三扇大门的上方，入口处建筑物正面的外侧装饰着描绘人物的马赛克画。它在阿尔法拉诺和格里马尔迪生活的年代保存状况就非常糟糕了：不仅是因为装饰画长年露天，持续遭受环境因素的影响，修建祝福凉廊也使它的马赛克不断地脱落[51]。

尽管保存得不怎么样，但格里马尔迪还是对装饰画中人物肖像进行了一番仔细描写，也记录下画作附带的一些残存的题词："以黄昏的天空作为背景，天使们托举着如圆盾般保卫着救世主浩瀚星云，四位德高望重的老者分作两组，手举花环朝向圆盾。"[52]格里马尔迪接受了朋友庞培·乌戈尼奥（Pompeo Ugonio）在补充完整题词上给他的一些建议，以下就是根据题词复原的内容："Chr(ist)e ti[bi] sit [honor / Pavlvs] qv[od

/ decor[at opvs]"（大意是主赐予保罗荣耀装饰这里）。很显然，这样的解读是为了与《宗教名录》中的记载相一致，书中写道是教皇保罗一世（757—767 年在位）在"圣母阶梯钟楼（即塔中的圣母钟楼）前"修建了一间有着非凡装饰的礼拜堂[53]，但是格里马尔迪对题词做出的大量补充也不是没有依据的。他称自己在复原时不仅考虑到缺失字母所占的空间，还考虑到字母是古拉丁语书写字体但形状显得笨拙或不恰当的因素。以《启示录》为灵感创作肖像画与乌戈尼奥和格里马尔迪认为它绘于中世纪初期的论点吻合，这样的话，礼拜堂和钟楼在年代测定上也应与其相近，并且《宗教名录》记载钟楼的美化和安钟的工作是在斯蒂芬二世时期完成的，这位教皇是保罗一世的继承人，也是他的兄弟[54]。对于入口建筑物朝向庭院一侧墙体上的中世纪初期的装饰，我们只获得了少量信息。保罗一世的传记作者曾提到过新建的圣母阶梯礼拜堂（即塔中圣母礼拜堂），说它有救世主前期（ante Salvatorem）主题的装饰画[55]。所以是否庭院"正面的内墙上"也绘着有关基督教的画作呢？如果是，那么这一面的装饰画将比正面保罗一世时期完成的马赛克图案的年代更加久远。

从建筑学的角度看，到 8 世纪中叶时，圣彼得大教堂的庭院应该早已是一个柱廊环绕的正方形空地模样了，然而演变成这样的建筑布局却花费了很久时间。毫无疑问，从君士坦丁时期就开始筹建一个四面柱廊的院子，我们能从两点看出：当时人们预留出一片广阔的人工平台来迎接未来的大教堂建筑群，并且庭院和大教堂的比例相一致。那么庭院最初是什么样的呢？

阿尔法拉诺在平面图中通过推测还原了这个部分，一些学者也认可他在图中表达的观点，即在古时候庭院的四周不是被一面连续的墙封住的，而是建有由支柱支撑的拱廊，因此庭院是开放式的（平面图 E5—13 号）[56]。

似乎阿尔法拉诺的判断是基于直接观察曾经支撑拱廊的建筑元素，就像塔塞利在水彩画中画的那样，在"助理牧师间"的对面（即左侧的建筑物之间），我们能看到三个拱门的局部结构。

庭院以前可能只是在南侧和北侧开有柱廊，但它在教皇辛普利西奥和西玛克任职期间逐渐演变成了最终的结构。一段曾刻在圣

13. 圣彼得大教堂庭院中喷泉局部——松果，梵蒂冈博物馆，松果庭院藏

彼得大教堂内后收录到文集中的铭文显示庭院的两翼是辛普利西奥下令修建的[57]，同时另一段庭院南侧的铭文则记载了西玛克在装修庭院时是多么慷慨[58]。也是在后者的传记中，庭院第一次被叫作"quadriporticus"，即四面有柱廊的院子，这个学术用语终于给了我们理由去将它想象成一座在广阔天空下四周都建有柱廊的庭院[59]。除了将主台阶拓宽和增建副台阶，西玛克的创举还包括为庭院布置碎块型工艺的装饰，就是用马赛克拼成各种事物的样子，大教堂庭院中的装饰图案有羔羊、棕榈树和十字架，它们都栖息在拱廊穹顶的穹隅处。铭文的最后写道，西玛克将所有的拱廊拼接（compaginare）在一起。"拼接"一词指的可能是接合拱廊处的石材和地板[60]，或

14. 古圣彼得大教堂正面的教皇格里高利九世马赛克肖像,罗马博物馆珍藏

15. 古圣彼得大教堂正面的圣母马赛克肖像,莫斯科普希金博物馆收藏

者指更宏观的庭院和其临近空间的环境上融为一体[61]。这样想的话,在庭院入口两侧装配副台阶就与教皇建在"同一个地方的左右两侧"的府邸存在着某种关系。如果这样解读是正确的,那么西玛克所做的工程就是在根据教皇府邸对大教堂建筑群入口结构进行重新调整。对于教皇府邸,我们可以将它视作梵蒂冈教皇宫最古老的核心之所[62]。

有资料显示,大教堂前廊区域(平面图F)大块的大理石地板是在教皇杜努(Dono,676—678 年在位)任职时期铺设的[63]。这位教皇的传记作者笔下新地板(也被称作"atrium superiorem",译为高层庭院)的坐标暗示了就地板来说前廊处在一个比庭院更

高的位置。事实上我们知道,直至哈德良一世时期,要想去前廊都要先登几级台阶的[64]。后来两者间的高度差被填平了,用一条石板路取而代之,连接了四面柱廊的庭院和大教堂的地板。

1608 年,当庭院被拆毁时,它的模样像一个大理石板铺就的广场。格里马尔迪在拆除工作进行时得以深入观测它的建筑特点:在几拃(罗马拃,1 拃 = 0.2234 米)深的填料层下方,他看见了一层不起眼的白卵石。

格里马尔迪得到的信息不足以复原出一个基本合理的地层。但无论怎样,他给出了至少三种方案:1. 铺在石头层上的泥土;2. 石头层;3. 填料和大理石板[65]。

要是这位神职者也去研究了喷泉附近土层的情况，那他一定是对此有极大的兴趣，那座喷泉历史非常悠久，它建在庭院的正中间，为来到"彼得的门槛"的朝圣者们输送活水（平面图 E 11 号）。

从 4 世纪后半叶到中世纪初期的结束，这座喷泉得到了持续的修缮和美化，但是它供水系统的特点和全部用普通材料（大部分是铜）组合而成的事实在那个时代是很罕见的，这显示出喷泉配备的超前性[66]，极有可能是斯蒂芬二世将喷泉建成了克罗纳卡和弗朗西斯科·德·奥兰达画作中的样子[67]。一座铜制的、外观奇特的亭子笼罩住喷泉，它装饰有基督的象征符号，下方由八根斑岩柱子支撑，其中两根带有罗马帝国皇帝上半身的浮雕[68]。大理石的柱顶横檐梁处固定着古老的半圆形栅栏，上面用树叶、海豚和一对镀金的铜孔雀作为装饰[69]。下方真正的喷泉包括两部分，硕大的铜松果（高约 4 米）以及用于汇聚水流的池子，围起池子的是雕刻了面面相对的狮身鹰头鹰翼怪兽的古老薄板[70]。就像约翰·卡普格雷夫在 1447 年后所记述的那样，水是从松果顶部和鳞片的尖端涓涓涌出的[71]。

卡普格雷夫事实上提到过以前松果上安装了小铅管，"通过这些小管子水可以流到许多细细的喷水口，让需要的人都能来汲水"[72]。格里马尔迪从小住在大教堂附近，常年的生活体验让他熟知大教堂中每一件新奇的事，他却记得安装在亭子四角的海豚的

吻突部位是出水口，雨水可以从那里倾泻而下。他也见证了大松果被转移到梵蒂冈花园中的时刻，在它被抬起来的时候，格里马尔迪立刻注意到下面有三个清晰可见的巨大铅管，并且他认为铅管上还带有哈德良一世修复的水管接头[73]。事实上，就是这位教皇恢复了萨巴蒂诺水渠（acquedotto Sabbatino，即图拉亚纳水道 Aqua Traiana）的运载能力，水渠的一条副线服务于圣彼得大教堂的水利设施，比方说神职人员和贫困者使用的厕所，大教堂的洗礼堂以及不得不提的庭院喷泉[74]。

让我们将目光从喷泉和它喷出的水花中收回接着往上看，在那前廊屋顶的上方，大教堂正面的马赛克正在向我们炫耀它的流光溢彩。

在 1606 年的春天，多梅尼科·塔塞利为了临摹大教堂的正面和装饰，使画面看上去完整且和谐，他很有可能是从总本堂神父住处的窗子边上完成绘画工作的。在那时，这间屋子就建在与塔中圣母礼拜堂毗邻的南侧（平面图 D 4 号）[75]。

在大教堂被拆除的前夕，在塔塞利眼中，它正面的轮廓还是那么富有中世纪气息，唯一的变化只是人们在 16 世纪晚期为它增添的一对巨大的涡卷形装饰，它们傲然挺立在高处。

大教堂的正面最上方是一件大十字架，材质是大理石的，一般认为它属于君士坦丁时期，正面的顶盖是一面带圆花窗的山墙[76]。似乎在 8 世纪初期，人们为了在山墙边沿的

16. 弗朗西斯科·贝雷塔绘，乔托的马赛克画《小船》复制品，马赛克曾镶嵌在老圣彼得大教堂庭院中，1628 年，梵蒂冈大教堂，圣格里高利八角形厅

突出结构下方增建一个深深的"凹弧饰"用以保护马赛克，将山墙整建过一次。

大教堂正面墙上的半圆形窗子用哥特式的透雕细工装饰，它们共有两排：第一排在前廊屋顶的顶端，第二组与大教堂侧面开的为中殿采光的那些窗子一样高，一幅 16 世纪的佚名画作（国家书画刻印艺术研究所藏，编号：vol. 2502）记录下窗子的奇特构造。双层过梁勾勒出窗子的拱背线，同时也将它的年代确定为中世纪[77]。

哥特式的镂空透雕装饰是 13 世纪新建的，是为了顺应英诺森三世时对大教堂后殿区域所进行的改造工程，之后格里高利九世又完成了对大厅和正面的改造[78]。

塔塞利和格里马尔迪记录下的这个镶嵌装饰的年代恰恰就是格里高利九世任职时期，在当选教皇前他已经在大教堂中做了七年的总本堂神父[79]。马赛克画描绘的是他本人跪拜在耶稣的双脚旁，这个主题取代并更新了更古老的教皇利奥一世时期表现《启示录》中神显现情景的模式[80]。

除了弃用标志性的神羔羊与坐在宝座上的耶稣的组合，13 世纪的马赛克在人像方面突出的变化还有在耶稣左右两侧分别引入圣彼得和圣母玛利亚：这种耶稣在中间、圣母玛利亚和圣彼得分立两旁的肖像画被称为"Deesis"，而这幅 13 世纪的马赛克画可以说是对"Deesis"题材的罗马式和圣彼得大教堂式的创新。

在这方面，格里高利九世的马赛克画在极大范围内证实了装饰画在肖像方面的取材特点，即从 10 世纪起，在大教堂的庭院中，人们倾向于选用资助它的教皇作为装饰画中的人物形象，并且这只是它的特点之一[81]。也许可以这么说，最初的马赛克画中基督教和《启示录》的标签弱化是由于瞻仰圣彼得的宗教仪式不断普及，人们关于它谈论得也更多。因此，大教堂正面装饰画中对神羔羊的崇拜主题让位于教皇向圣彼得和圣母间至高无上的耶稣俯首献上"臣从式"敬意的场景图，同时庭院中具有西玛克时期艺术特点的马赛克画（前面提到的羔羊、棕榈树和十字架）也被抛弃，取而代之的是尼古拉三世（1277—1280 年在位）时期人们在前廊的正面增加的一幅描绘圣徒彼得和保罗事迹的完整组图[82]；最后，在入口处修建的"正面的内墙"，通向庭院的三扇大门上方，人们在 14 世纪的第一个十年中用著名的马赛克画《小船》（平面图 E8 号）换掉了这里原来的救世主主题老画。这就好比说从前基督教时期到中世纪初期这么多世纪岁月中，那种将大教堂庭院和它华丽的喷泉想象成极乐之土（Paradisus）的美梦终敌不过信仰和历史给人的理性[83]。

马赛克画《小船》是雅格布·斯特凡内

17. 阿诺尔夫·迪·坎比奥作，圣彼得大理石像，曾经放置在大教堂前廊入口处的小柱廊处，后置于梵蒂冈地下洞窟，如今收藏在地下洞窟出口的走廊内

斯齐（Jacopo Stefaneschi）委托乔托所作。雅格布是维拉布洛圣乔治圣殿（chiesa di S. Giorgio al Velabro）的红衣主教，同时还担任圣彼得大教堂的牧师。乔托从《马太福音》第 14 章 22 到 32 节的事件中得到启发，在《小船》中描绘了耶稣救助彼得、帮助载有门徒的船平安驶过风浪的故事[84]。

在历史中那个充满斗争的时刻（指从

1309 年开始教廷迁往阿维尼翁），圣彼得的疑虑和他发出的呼喊"主啊，救救我"，门徒们激烈的肢体动作，还有基督施以援手时坚毅的体态，这些元素被安插在宏大的场面中，通过激动人心的氛围将"这条船"所代表的古老教会学含义戏剧化。新世纪的来临是动荡的，红衣主教斯特凡诺斯基这位"非凡大事件的历史学家和装饰家"（A. 弗罗斯特）为乔托的马赛克画题写了评论性献词，它听起来就像是在安抚罗马教会："当你让彼得行走在流动的波涛中 / 你告诫他要有信，当彼得犯了错时，你将他扶回正道 / 你还重新赐予他美德与恩典 / 所以我们也在此向你，或者说向神，祈祷能到达我们的彼岸"[85]。

在大教堂中世纪庭院中的这幅马赛克画上，我们尚且看到圣彼得被选为整个"神的显现"场景的第二主角（《小船》讲述的《马太福音》故事原本含义就是神的显现），那么自然不必惊奇在 13 世纪末或 14 世纪初，圣彼得大理石像被摆在与前廊拱门顶部等高的地方。[86]

众所周知，这尊圣彼得大理石像是阿诺尔夫将一尊古老的缺失了头部的哲学家雕像改造后得来的，阿诺尔夫"遵循古代西罗马帝国地区广为流传的圣徒肖像的样子"为它重塑了头部，圣彼得的双手正做出赐福的动作，并且紧握着有象征意义的钥匙[87]。按照阿尔法拉诺和格里马尔迪的描述，雕像被摆放在大教堂正前方小柱廊的一个显眼位置，与庭院入口、大教堂入口（"银门"）以及那时还

开放的圣徒祭台排在一列（平面图 E12 号）。

格里马尔迪多次称大教堂正面前的小柱廊为"神龛"（tabernacolo），这座小柱廊和庭院里的喷泉一样是个非常独特的建筑装饰，二者都应用了古代建筑中具有很高价值的材料，让它们重新焕发出生机。红色大理石柱子支撑着延伸进庭院的一座尖顶亭子；在其内部，大门安装在前廊白色大理石的柱子之间和非洲大理石做的门槛之上，它带有边框和裸露的下楣，上面的边饰图案都是花朵与蕨类的叶子编织在一起的样子[88]。大门是铜制的，共有两个门扇，上面布满小圆盾形状的镂空，同时下半部分的铜十分厚实，根据这样的做工可以判断出，门扇来自某座古代建筑[89]。圣彼得大理石像曾被放在了大门下楣的顶部，这个位置正好在前廊中央拱顶的下方[90]。小柱廊紧靠着铜门扇遮蔽住的拱门，这可以是促使格里马尔迪将其定义为一种神龛的原因。除此之外，亭子的装饰也使得小柱廊看起来更像祭台上的天盖：亭子正面有尖尖的顶，上面装饰着一幅圆框肖像画，画的是救世主耶稣在圣徒彼得和保罗之间的半身像，亭子内部的筒形拱顶（也有可能是交叉穹窿）装饰有福音书作者四联像。石柱脚下还有两尊"极老"的大理石圣徒雕像，"但已近磨损"。人们后来在中世纪晚期的一对人物造型支架中辨认出了这两尊雕塑，它们被从庭院转移到了梵蒂冈地下洞窟，接着在上个世纪又被安置在教皇宫。对这对圣徒造型的支架的年代测定以及它们的建筑

18. 贾科莫·格里马尔迪绘，大教堂正面前的小柱廊，铜门及圣彼得大理石像，梵蒂冈图书馆藏，编号：Barb. lat. 2733, f. 145r

用途指出它们原本的位置与格里马尔迪所记载的不一致[91]。

　　或许这样解释就能说得通：在某个无法确定的时间，这对支架曾被安装在小柱廊的底部，于是它们就很容易被大教堂来来往往的人踢到，这也就解释了雕塑所受到的磨损。

　　我们手头只有一个线索可以用来测定"神龛"的年代。格里马尔迪观察到亭子靠在前廊正面的一幅画上对它造成了损毁，这幅画是尼古拉三世时期所绘组图中的其中一幅，所以他顺理成章地认为"神龛"是在这幅描绘圣徒的组图完成之后修建的。

　　但应该在其后多少年呢？在1462年，即庇护二世任职期间，阿诺尔夫的圣彼得大理石像已经安装到位并且很受人们的崇拜。我们根本没有相关知识来测定小柱廊的确切年份，所以就仍被拴在那个泛泛的"1280年之后"止步不前。另一方面，格里马尔迪笔下的"神龛"在外部特征中有些烦琐而多余的地方，这提醒我们不要排除相较于"圣彼得大理石门"，格里马尔迪将小柱廊的年代推晚的可能性，因为建筑结构不会说谎。另外我们可以想象一座由大门、铜门和从哲学家雕塑改造出的圣彼得像组成的建筑物如何才能在不损坏尼古拉三世时期组图的同时，与独立地象征着这座供奉着圣彼得的大殿入口的"古式"集合体协调一致[92]。

　　将这道门槛也越过去，就到达了大教堂的前廊（平面图F 14—20号）。前廊铺着白色大理石的地板，高度与大厅的一致。在最大的出口（银门）近旁，一个斑岩圆盘装饰表明这里是宗教仪式的中停站[93]，铺设了大理石地板与花格平顶天花板的前廊可以与大教堂大厅的光彩相媲美。圣器收藏室设在柱廊南边的尽头，每当有宗教仪式举行时，在助手的帮助下，教皇都会身穿祭服入内祭祷。

　　大教堂共有五扇门，其中三扇对着中殿，两扇对着小径。事实上，最初的时候最北和最南端的殿都是不透光的（平面图F15—19号）[94]。

　　中世纪时期，人们根据几个世纪以来的风俗习惯和宗教礼仪给圣彼得大教堂的门起

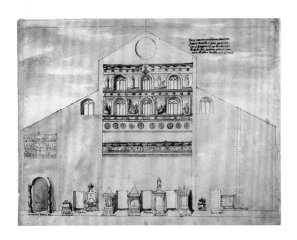

19. 多梅尼科·塔塞利·达·卢戈绘，老圣彼得大教堂正面的内墙以及它的五扇门，梵蒂冈博物馆藏，编号：Arch. Cap. S. Pietro A. 64 ter, f. 18

了不同的名字：对着北侧小经的那扇叫作圭多尼亚门（Guidonea），这个名字来源于对指引朝拜者前来参拜"彼得的门槛"的那些人的称呼，通常情况下人们也会从这扇门进入教堂。对着大教堂最大的殿——中殿的三扇门大小一样，名字分别是罗马大门（Romana）、银门（Argentea）和拉韦纳门（Ravenniana）。之所以叫"罗马门"，是因为罗马女子只能从这个门进入圣殿，这个规定沿袭了女子只许参观北边殿的古老习俗；银门位于中央，因其表面那层珍贵显眼的金属层而得名；之后是后改为圣博尼法乔门的拉韦纳门，因为拉韦纳人、伦巴第人和托斯卡纳人曾第一次从此门进入。最后，南侧的小径对应的是审判门（Iudicii），后来改为圣安德鲁门，这扇门比圭多尼亚门稍小但式样相似，名字的由来是因为它通向所谓的"主教拱廊"（porticus Pontificum），这个地方指的是大教堂的南殿，中世纪初期开始这里就是无数教皇的安息之所[95]。关于这一点，罗马教皇们是通过一项在当时被认为是教皇最后一次训导的"公开法案"提早选定大教堂作为安葬地的[96]。

随着圣彼得最初的继承者们都传奇般地葬在了离圣徒之墓最近的地方，5 世纪之后的罗马教皇们也追随长眠于此。正因如此，教皇利奥一世安葬在了大教堂的圣器收藏室，格里高利的遗骨埋葬在前廊的南侧（平面图 P、F 14 号）[97]。

从牧师彼得罗·马利奥在 12 世纪查明的、古老文集中记载的，还有少数在碎片化保存下来的碑铭中，我们可以想见在当时大教堂的门廊已经被永无休止地用作教皇专属的陵墓了，并且还不止于此。在前廊的墙壁上有一些早期的铭文，它是文件性质的，认可了圣彼得大教堂的财产和权利。几百年过后，积攒的铭文已经涵盖了各种各样关于教义和宗教虔诚的内容。在大教堂的门上方绘着世界圣工会议的代表人物，还悬挂着一些圣像油画；柱廊的石柱上绘有圣像，这样一来就增加了可做祷告的空间，并且在 13 世纪时，在大教堂的入口附近增添了一套描绘圣徒完整故事的组图[98]。

从银门到圣徒祭台

《宗教名录》记述的教皇哈德良一世与法兰克人的国王——查理曼大帝的历史性会面充满了无上的庄严与荣耀："查理曼国王走到了圣彼得大教堂脚下，他一面吻着每一级台阶，一面登上这雄伟的阶梯，当国王到达庭院大门前的平台时，发现教皇正在等候着他，于是他拥抱了教皇，执起教皇的右手，最终两人在全体教士的颂扬和赞歌声中走进圣彼得赐福的神圣殿堂。"[99]七十年后，另一场仪式相似但气氛却更具悬念的会面在大教堂重演，这次的主角是路易二世和教皇色尔爵二世（Sergio II，844—847年在位）。

对这次会面的记载重复了一些哈德良传记作者的话，但是由于色尔爵二世还未确定自己的这位客人是否图谋不轨，所以进大教堂的环节被描写得节奏缓慢[100]。在大阶梯顶端，色尔爵二世和路易二世在彼此拥抱和最初的见面完毕后，两人便进入庭院，接着走到了被故意关上的主要大门（银门）前，后来这位"看门人教皇"亲自用双手把它大打开了。

从7世纪末开始，大教堂这扇中间的大门便有了这个和它全身亮闪闪的镀银相匹配的名字（平面图F 15号）[101]。银门是教皇霍诺里乌斯一世（Onorio II，625—638年在位）下令修建的[102]，规格与菲拉里特门（porta del Filarete）大致相同，后者于1445年被安装到同一个入口通道[103]。门扇上用压花工艺

书写的赞扬圣徒彼得和保罗的长篇颂歌引人注目，它制作精良，工艺不俗。门扇是木头做的，上面覆盖了975磅（约319千克）被削成薄板的金属，人们将这些细条形金属片用钉子固定到门扇上[104]。通过测量得到门扇表面的近似面积为22.5平方米，由此推测金属板的厚度应该是1.3毫米。

银门高品质的制作工艺使它成为一件具有标志性的艺术品，同时也让人们记住了出资赞助了它的教皇霍诺里乌斯一世。他花了太多心血在这件银门上，以致坊间传言，教皇为了凑足修门的资金不惜通过徇私舞弊以及滥用教会管理权力的方式，克扣了原本计划投到驻罗马拜占廷军队上的钱[105]。

846年，撒拉森人的劫掠将银门严重毁坏，教皇利奥四世（847—855年在位）时期银门上的金属得以修复，可能是通过补全并重新加工那些在抢劫中幸存的仍钉在门扇上的金属片将其复原的[106]。

利奥四世不仅修补了银门，还同时推进了对大教堂前廊天花板的修复工作[107]。尤其要提的是天花板的花格平顶被粉饰一新，这证明教皇对这个古色古香的建筑装饰给予了很高重视[108]。事实上，还有一些更为奢侈的修补项目，在装修一些教堂大厅的天花板时就用到了数量庞大的金箔，比如在教皇西尔维斯特二世（999—1003年在位）时期，为了让拉特兰大教堂中殿的天花板显得更明亮，为此花费的金子就有500磅（163.5千克）[109]之多。

20. 梵蒂冈地下洞窟，教皇本笃十二世修复屋顶的纪念性碑文，1341 年，碑文内容："† benedictvs pp xiitholosanvs fecit fieri de novo tecta hvivs basilice sub annodomini mcccxli magister pavlvs de senis me fecit."（大意：教皇本笃十二世在其执政期的 1341 年为大教堂安装了新屋顶）

21. 老教堂屋顶上发现的带有狄奥多里克国王印花的瓦片，梵蒂冈博物馆藏，编号：Barb. lat. 2733,f. 101v

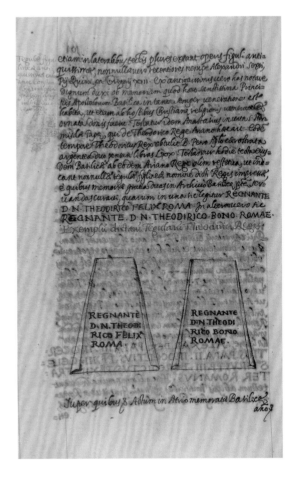

　　为了不让屋顶的桁架座身裸露在外，圣彼得大教堂的大厅屋顶在古时候也是这样装饰的；事实上，西尔维斯特二世的传记作者就提到 "camera basilicae ex trimma auri"，意思是"大教堂的屋顶覆盖了金箔"[110]。

　　对于大教堂屋顶装饰是木材雕刻的花格平顶，我们有了教皇哈德良一世时期的证据，当大教堂的老屋顶已经处在最坏的情况时，人们重新安装了新的，而且按照老屋顶的式样"雕凿木头"（exemplo olitano），并用各种颜色在上面作画[111]。

　　尤其是在中世纪初期，对古代保存下来的数量庞大的建筑物的保养修复工作使工匠们在技艺和建筑材料选择方面展开了激烈竞争[112]，所以上一段中的记录也让我们从这种现象中意识到屋顶到底具有何种价值。关于这点我们知道，在修复圣彼得大教堂桁架时，需要更换的横梁足足有 80 罗马尺，差不多是 24 米！哈德良一世曾找查理曼大帝帮忙，让他派一位能估算所需建筑材料的工匠[113]来罗马。关于更换大教堂内最大殿和耳堂附近的七条大梁，教皇本笃三世（855—858 年在位）的传记作者用他特有的强调式口吻把人们的注意力再次吸引到出色的桁架

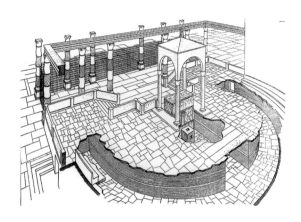

22. 高出地面的圣台和格里高利一世环状教堂地下室的复原图，阿波罗·盖提、费鲁阿、乔希、基施鲍姆作于 1951 年

23. 塞巴斯蒂安·韦罗绘制的其参与古圣彼得大教堂侧殿半圆形结构处圣餐仪式时的设施布局，1581 年，弗里堡州立大学图书馆藏

修复所必需的独特技艺上（procaci artificio luciflue renovavit，大意："大胆且会增添光彩的修复技艺"）[114]。同样对大教堂维护工作感到惊奇的是人称"罗马无名氏"的巴托洛梅奥（Bartolomeo，?—1357 或 1358），通过他的记述，现代读者不仅能构想出那座失落的古代晚期大教堂曾拥有的辉煌和庞大的规模，还能了解在这些维护工作中出现的技术上的具体困难以及工艺大胆且独特之处。

在记录了教皇本笃十二世（1335—1342 年在位）赞助的圣彼得大教堂桁架修复工作的那一章中，巴托洛梅奥讲到木工就骑坐在需要更换的大梁上，看到这些人如此危险地工作，他不禁惊呼："我可不要成为他们中的

一员"。紧接着巴托洛梅奥描绘了一根君士坦丁时期的巨大横梁，它已经腐朽了，"上面有一些空腔，既是因为年代久远，又因为有动物会啃食大梁，在里面安家；要是驱赶的话能发现超大的老鼠，还有貂鼠、狐狸以及它们的窝，看到的人肯定会惊掉下巴……"[115]。

巴托洛梅奥花费大量笔墨描写的还有为大教堂安装屋顶的工程，屋顶的铜瓦片（tegulae aereae，意为"金瓦"）是从帝国时期的建筑物上取得的。教皇霍诺里乌斯一世在得到希拉克略（Eraclio）皇帝授权后，将维纳斯和罗马神庙的镀金铜瓦片揭了下来，瓦片将被运到梵蒂冈用于"覆盖整座大教堂"：这么做显然是精心设计好的，因为维纳

斯和罗马神庙的建筑覆盖面积是古罗马异教圣殿中最大的，所以选它才能满足古圣彼得大教堂的需要[116]。在整个中世纪时期，大教堂的屋顶斜面经历了数不清的维修工作。就像格里马尔迪所记述的那样，在屋顶被拆除分解的时候，人们发现了一些刻有教皇名号的铅瓦片，其中有英诺森二世、亚历山德罗三世（1159—1181 年在位）、英诺森三世以及本笃十二世。除了数量众多的铜制无楞瓦，人们还在屋顶的侧边斜面上发现了带有希腊语铭文的陶土瓦片，以及带有狄奥多里克国王名字的瓦片，格里马尔迪取走了其中的一些将其存放到大教堂的档案馆作为纪念[117]。

相较于其他地方，从地板最能看出大教堂在上千年的岁月中经历了多少变化。格里马尔迪说地板是"全大理石"的，但是被分割成了小块。在一些位置，他好像发现了第一层地板的残迹，说它"似乎来自君士坦丁时代"，尽管格里马尔迪描述的地板多彩外表和蠕虫状纹样工艺的特征更贴近中世纪大理石作品的特点[118]。

在他那个年代，能看到的老地板应该已经被无数的坟墓以及数十座或围在围栏中或罩在天盖下的辅助祭台弄得支离破碎了。中世纪进程中影响到梵蒂冈大教堂的"礼拜仪式碎片化"（F.A. 鲍尔）现象，使这座大教堂与罗马城早期基督教大教堂一样见证了祷告空间以及那些被祝圣后有特殊宗教用途的空间的扩大[119]。然而坟墓以及附属的这些建筑物在几百年的光阴过后，似乎并没有在大

24. 圣彼得尊座（秃头查理宝座），梵蒂冈大教堂藏

殿的地板上留下可辨识的痕迹（平面图 F 15 号和平面图 G 21—23 号）[120]。

中殿有一些大小不一、颜色各异的圆盘装饰，它们分布在一条直线上，与位于银门前面的圆盘装饰处在同一轴线上。从大教堂入口直到"隔墙"，潘维尼奥和格里马尔迪一共数出三个圆盘：第一个在门槛后方不远处，是埃及大理石做的；第二个在圣体祭台附近的地方，材质是斑岩，面积很大；第三个仍旧是埃及大理石做的，位于管风琴祭台旁边[121]。

遗憾的是，我们没有找到任何有关最大殿西侧圆盘装饰的资料，这边很早时就被新工程侵占了[122]。但格里马尔迪在古老的后殿

即将消失之时（1592年），没有忘记记载下其他四只处在教皇宝座和圣徒祭台之间的灰色花岗岩圆盘：它们中的三只大而圆满，曾位于宝座之前，但第四个离得有点远（平面图 H 25 号）[123]。

圣彼得大教堂中的圆盘装饰就像是为这里举行的最神圣宗教仪式准备的舞台布景，在早期基督教仪式中也有它们的存在，以上两点说明这些巨大的圆形大理石已在大教堂的地板上躺了很久[124]。可是我们没有任何相关资料能佐证，甚至都不能得出在大殿中的圆盘装饰从君士坦丁时期开始就在属于它们的位置上的结论。如果事实果真如此，就需要知道这些自古以来就存在的圆盘装饰，是否在某种程度上定位了中世纪一些有关神启的宗教仪式[125]。

对于教皇宝座前方的几个花岗岩圆盘装饰来说，它们的历史肯定追溯不到大教堂建立之初，因为从6世纪末到7世纪初这段时间里，后殿区域以及作为它支点的圣墓在结构上有了根本性的转变。

圣徒祭台，"建在隔板上的柱廊"和圣台围起区域

从中世纪开始到古圣彼得大教堂最终倒塌的17世纪前几年，大教堂一直是"一个不断自我修复的庞大机体"[126]。如果不把教皇哈德良四世（1154—1159年在位）[127]时期耳堂北边半圆形回廊的加高工程算在内的话，

那么对君士坦丁时期那幢建筑做的唯一一项大幅修改便是在柏拉奇二世和格里高利一世任职期间，对圣徒纪念堂附近区域的布局变动（平面图 H24—28 号）。

因为大教堂是纪念圣彼得的殉道者教堂，所以很早以前它就在教皇宗教仪式历法中获得了享有盛誉的位置，即使最初的人们在此处的纪念活动和修建坟墓的偏好使得它不那么适合举行常规的宗教仪式。在那时之前，人们庆祝弥撒仪式用的是一个移动祭台，对于越来越注重仪式场景的等级和有序观念的宗教仪式来说，它已经显得不合适了。

所以在6世纪末期对后殿相关区域进行改造是势在必行的了[128]。对当时的建筑师来说，他们需要一套别出心裁的解决方案，这套方案应该在保证圣徒纪念馆位置不动的情况下，既不会影响圣墓周围频繁的祈祷活动，也不会影响宗教活动的有序进行，最终的解决方案应当既简单又有效[129]。

仍旧将圣徒纪念堂作为几何中心点，后殿半圆形结构的内接区域面积扩大为两倍，同时将地板降低（–0.64米），并创造出一座三面环住君士坦丁时期神龛的墩座墙（+1.45米）。

神龛高出墩座墙地面的部分就成了一个固定的祭台（2.60米 × 1.50米 × 1.25米），与此同时，祭台朝向殿的东面周围没有束缚，可以通过一个与老地板平齐的"圣墓窗格"（fenestella confessionis）到达内部。墩座墙下方，幸亏有一座被打通的半圆形回廊，神龛的西面也是可以到达的，回廊打通的位置

25. 拉斐尔画派，君士坦丁献土，1520—1524，梵蒂冈博物馆藏，君士坦丁厅

是在后殿弧形的中间，从这里引出一条直线通道到达神龛的背面。

大教堂地下室回廊的入口是呈下降趋势的斜坡，它位于后殿与耳堂边房的交汇处。这里还建了能让人们登上墩座墙的台阶，圣墓窗格的左右两边各一座。

建筑结构的改变势必会导致君士坦丁时期华盖需要被部分拆除的命运，它那装饰有葡萄藤花纹的柱子呈一条直线地排列在墩座墙前面，柱子的上面架着一根横梁。大教堂地下室里另增建了一个小祭台，它位于君士坦丁时期纪念堂脚下附近。同时墩座墙的上方，大祭台

已然固定且与圣徒之墓融为一体，它被一座由四根斑岩柱子支撑起的天盖笼罩着[130]。

最后，也许在柏拉奇二世或是格里高利一世时期，教皇尊座就已经固定在了与新祭台同一轴线的后殿最后的顶端位置，它的两侧是围成半圆形的教士们的席位（平面图 H 25—26 号）[131]。

人们对这座古代保留下来的大殉道者圣殿突然产生的特殊需要促使他们想出了上文中关于建筑结构的解决办法，它在中世纪时大获成功并且成为典范，被罗马以及之外的地方借鉴，在其他具有类似功能的宗教建筑

建设中发挥了作用[132]。

毫无疑问，圣彼得大教堂改造工程从历史背景来看，这是一次有关图像学和建筑学的尝试，并且堪称典范。

在其他改造中，值得被记住的是"建在隔板上的柱廊"的出现：它是祭礼装饰品，从名字和功能可以看出它指的是墩座墙前方，处在同一条直线上，矗立在一根横梁下的那一排葡萄藤雕花石柱。这个特殊的"建在隔板上的柱廊"结构构成了一块不遮挡视线的建筑分割线，划定了留给主祭牧师的区域。

有了《宗教名录》中的记载作为证据，我们发现"建在隔板上的柱廊"是一个真正的新术语，它的诞生多亏了圣彼得大教堂中相关结构的尝试[133]。

从严格的词汇学角度看，这个词可以追溯到农耕社会，它的意大利语和拉丁语分别是"pergola"和"pergula"，在技术行话中，拉丁语"pergula"指的是"支撑葡萄藤的木架子"[134]。意大利俗语"pergola"基本保持了前者的含义，就是指那种为攀缘植物和葡萄藤准备的藤架[135]。

在《宗教名录》中，这个词

是在讲述教皇格里高利三世任职期的文字中出现的，内容有关一间由这位教皇祝圣，用来供奉救世主、圣母和其他所有圣人的礼拜堂，它位于大教堂中殿与后殿耳殿相隔拱门的南支柱旁（平面图 40 号）[136]。礼拜堂的名字正是一个简简单单的"pergola"，这说明在当时，这个词已经具有特定的含义和约定俗成的用法。现在人们对这个词的理解只局限于生产活动中的葡萄藤架或者是常见的装饰陈设品。

可以想象，在这装饰架子上吊着的东西（灯具、香炉等）就好像攀缘植物盘绕于支架。可是《宗教名录》中最初提到这个术语时指的是大教堂中的另一个陈设品，那将会把词意引向别的可能。

恰恰是格里高利三世将格里高利一世放置在墩座墙前方排成一列的六根君士坦丁时期葡萄藤雕花石柱的数量加倍（平面图 H 28 号）[137]。如果仔细研究，就会发现在君士坦丁时期（可以在萨

26. 圣柱，曾是圣彼得大教堂老的"建在隔板上的柱廊"中的一根，梵蒂冈珍宝博物馆的圣器收藏室藏

玛格象牙圣骨盒上看到石柱著名的形象），以及后来的格里高利一世时期，当为最初的六根柱子修建顶饰时，它们已经在有文字记载下这个术语之前就创造出了"建在隔板上的柱廊"[138]一词。

至于格里高利三世，他成功地从总督尤迪克（Eutichio）处要得了六根做工类似的石柱，之后将它们固定在原先的六根葡萄藤雕花石柱东边，并在上面架起用雕刻着人物形象的银片包裹的横梁，这是一项足以配得上他自己名号的创举[139]。

因为它们造型的独特性，与这些葡萄藤雕花石柱有关的事在几个世纪过后俨然变成了无人能解的谜。在大教堂中柱子一直占据着充满荣耀的位置，它们极具独特性的形状已近乎成为圣彼得大教堂千年岁月变迁的象征，甚至在建造巴洛克风格的华盖时启发了贝尼尼[140]。

去读一读菲拉里特（Filarete）描绘的这些葡萄藤雕花石柱吧，从他惊叹的语调中可以赏析这些雕塑作品的不俗之处，也能领悟一番"pergula"这个术语有着广泛含义的原因。就算是今天，如果要定义在西罗马帝国中世纪宗教建筑中用来划分圣地界线的那种用竖式支柱支撑起横檐梁的结构，这个词也再合适不过了[141]。

以下就是菲拉里特的描述："要是你们曾踏进罗马的圣彼得大教堂，看过那些柱子……它们造型奇特。我相信那些看过柱子的人一定会将它们与他见过的某棵爬了常青

藤的树联系起来，因为柱子上紧绕着藤枝形状的装饰。也许树上还有鸟儿和别的小动物，就像那人曾好多次见过的那样……最后观者会喜欢上那些柱子，正如我之前说的，它们真的十分迷人；一些从耶路撒冷来的人说，缔造出这些石柱的大师才华超群。"[142]

在教皇利奥三世的传记中，"pergula"一词终于被用来指一系列葡萄藤雕花石柱外加它们各自的梁结构。在石柱的最内侧，利奥三世挂上了十八盏用纯金和宝石装点的灯。[143]如此豪奢的灯具配件再次强调了十二根葡萄藤枝蜿蜒盘绕的螺旋形石柱的重要地位，它们在"彼得的门槛"处象征了这座圣殿的天国入口。[144]

至于当初格里高利一世为什么要在大教堂后殿墩座墙前面放置六根排成一列的石柱，人们提出一个推测，认为他不仅受到了君士坦丁为拉特兰大教堂捐赠的巨大山墙（fastigium）的启发，还受到了在土耳其圣索菲亚大教堂以及拜占廷早期圣殿一个被称为"templon"的、设立在祭台和殿间的隔板结构的启发[145]。其实，在当选为教皇之前，他曾以罗马教皇使节身份在君士坦丁堡住过很长时间，在那段日子里，格里高利一世一定对查士丁尼全盛时期的宗教仪式布置熟记于胸[146]。

这里说到另一个历史节点，第一次反对崇拜圣像的危机爆发时，格里高利三世坚决（或者是故意挑衅）要继续坚持偶像崇拜：就像查士丁尼时期圣索菲亚大教堂里的

"templon"那包裹了银的横梁一样，事实上格里高利三世命人在圣彼得大教堂"建在隔板上的柱廊"的横梁上，"从这头到那头"，到处镌刻了耶稣、圣徒、圣母玛利亚以及圣女们的肖像，还在上方悬挂了无数盏灯[147]。关于这些灯，它们中的一些被称作"百合"，而保罗·西伦齐亚里奥（Paolo Silenziario）笔下圣索菲亚大教堂"templon"上挂着的恰是树木形状的灯具，前者的名字就像是在暗示着后者[148]。

传记中记述格里高利三世在圣彼得大教堂"建在隔板上的柱廊"后增添第二排葡萄藤雕花石柱的段落与另一个词汇的产生也是紧密相连的，那就是"presbyterium"，它的意思是一块围起来留给低级教士和唱诗班的区域[149]。

在讲解大教堂内地点、物件和布置时，《宗教名录》的编纂者（他们都是教会的官员）通常会采取朝向大殿的教士视角[150]。

因为史料中曾记载了格里高利三世的"新"石柱将墩座墙脚下排成一列的君士坦丁石柱数量增倍，所以我们可以将所得的信息与《宗教名录》中的话语做对比[151]。

格里高利三世的传记作者是这样指出一系列新石柱的安置地点的："柱子们都放置在圣台对面、圣墓前方、圣墓左侧和右侧各三根，旁边是做工相同的其他老柱子。"

根据之前讲的原因（《宗教名录》其他段落也符合），"左侧""右侧"两个方位应该是朝向大殿视角的方向。另外编纂者还指

出，新的葡萄藤雕花石柱的坐标（第一排"建在隔板上的柱廊"旁边，"presbyterium"区域和圣墓之间）来强调施工的大胆。从技术上讲，因为可操作的空间狭小，加上石柱体积庞大（高约4.75米），所以搬运步骤复杂，需要十分谨慎小心[152]。

这里提到的"presbyterium"与读者想的后殿中那块半圆形的祭台区域没有任何关系。[153]通过前文，我们已熟知葡萄藤雕花石柱的位置，那么这块"留给牧师"的区域显而易见应该包括墩座墙，超过了中殿方向的"建在隔板上的柱廊"。因此，根据《宗教名录》编纂者们的意图，"presbyterium"这个词指的是圣台被圈起来的区域，在举办宗教仪式时，有唱诗班和低级教士在里面。

在圣彼得大教堂里，这个被围起来的区域从耳堂深入到中殿，同时还在南边合并了柏拉奇二世时期对诵读福音书准备的读经台（平面图H 29、32号）。[154]

人们经常会提起格里高利三世，因为这位教皇为梵蒂冈大教堂内宗教仪式的有序高效举行做了很大贡献；事实上，一份最古老的安排圣墓处日常祷告[155]的文件就是这位教皇写的，一些带有在拱门下结了果实的棕榈树图案装饰的隔板碎片也是在他任职时期制造的，根据它的表现形式和修建方式，这些隔板属于年代最早的罗马中世纪初期的代表性雕塑作品。如果认为它们就是教皇传记作者提到的圣台被围区域的隔板似乎也说得通，那个区域是对从柏拉奇二世和格里高利

27. "建在隔板上的柱廊"结构包含的十二根葡萄藤雕花石柱中的八根，如今在新教堂的遗迹长廊保存，从左依次数，四对石柱分别藏于圣安德鲁长廊、圣维罗妮卡长廊、圣海伦娜长廊和圣朗吉诺长廊

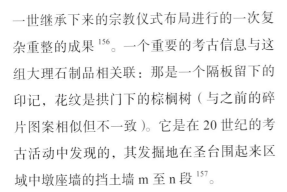

28. 格列高利一世时期的大教堂隔板，590—604
年，梵蒂冈地下墓穴藏

29. 格里高利三世时期的大教堂隔板，731—741
年，梵蒂冈地下墓穴藏（1985年从苏联运来）

30. 利奥三世时期的大教堂隔板碎片，约800年，
梵蒂冈地下墓穴藏

31. 印有格里高利三世时期隔板的反向图案的墩
座墙正面发掘照片（作者阿波罗·盖提、费鲁阿、
乔希、基施鲍姆，1951年）

一世继承下来的宗教仪式布局进行的一次复
杂重整的成果[156]。一个重要的考古信息与这
组大理石制品相关联：那是一个隔板留下的
印记，花纹是拱门下的棕榈树（与之前的碎
片图案相似但不一致）。它是在20世纪的考
古活动中发现的，其发掘地在圣台围起来区
域中墩座墙的挡土墙m至n段[157]。

灰泥上留的印记证明了当时人们将隔板
前后反着重新应用到扩大墩座墙区域的工程
中的事实，那项工程与利奥三世在800年所
做的类似。修建工作完成后，墩座墙的入口
被修改了，前面的斜坡不见了，取而代之的

是与圣墓轴线垂直分布的楼梯。

史料记载，在查理曼大帝加冕礼前夕，
利奥三世在墩座墙和圣墓窗格前的区域花大
手笔铺设了斑岩和珍贵的金属，并且用排列
别致且不挨在一起的新隔板将圣台围起来
的越过"建在隔板上的柱廊"的地方装扮
一新[158]。

教皇柏拉奇二世或是格里高利一世还有
利奥三世任职期间大教堂陈设布局在变动后
的最终结果是：墩座墙（包括带有天盖的祭
台、尊座和放置木椅子的阶梯席位）、建在
隔板上的柱廊、圣台围起来的区域（包括读

32. 圣徒祭台分层结构图（阿波罗·盖提于 1951 年绘制）

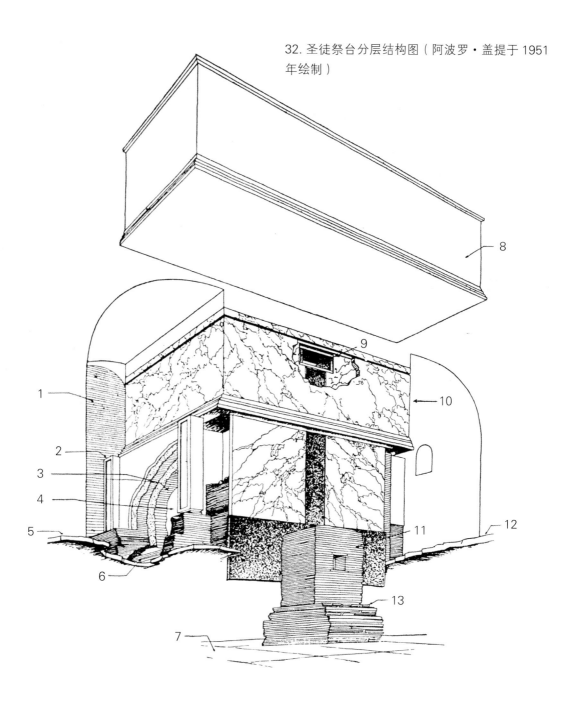

图解从左到右依次为：

1. 未遮挡圣墓的入口拱门
2. 科斯莫蒂式小支柱
3. 君士坦丁时期的墙
4. 有雕刻的墙壁
5. 君士坦丁时期大教堂的地板
6. 君士坦丁时期大教堂的孔雀大理石地基

7. 克雷芒礼拜堂的地板
8. 克雷芒七世祭台
9. 6—7 世纪祭台的圣墓窗格
10. 卡利克斯特二世祭台
11. 圣墓祭台
12. 君士坦丁时期大教堂的地板
13. 大教堂半环形地下室的地板

经台）。除了其风格有所调整之外，这些陈设没有什么变化，它们都安然无恙地度过了整个中世纪[159]。

在这些改造工程中，由教皇卡利克斯特二世（Callisto II，1119—1124年在位）发起的工程尤其值得关注。他去除了圣徒祭台上中世纪早期覆盖的珍贵金属层，重新为它披上用孔雀大理石薄片制成的外衣。从某种意境上看，祭台好像散发出忧郁的气息，"甚至让人觉得它被侵犯了"[160]。圣徒祭台比格里高利祭台的体积要大一点，它从此定格在

中世纪早期天盖的斑岩石柱间，躲藏在铁栏杆的后面[161]。

教皇卡利克斯特二世的传记作者曾记录了一次对大教堂地板细致得不能再细致的重铺工程，字里行间也许暗指了格里马尔迪观察到的那四枚躺在祭台和尊座间的灰色花岗岩圆盘装饰的铺设（平面图 H 25 号）[162]。如果真是那样，卡利克斯特二世也应对尊座进行了更新，虽然开始得较晚。文献中描述这尊座就像宝座一般，它筑在六级台阶之上，有着斑岩面板和狮子头形状的扶手[163]。这次

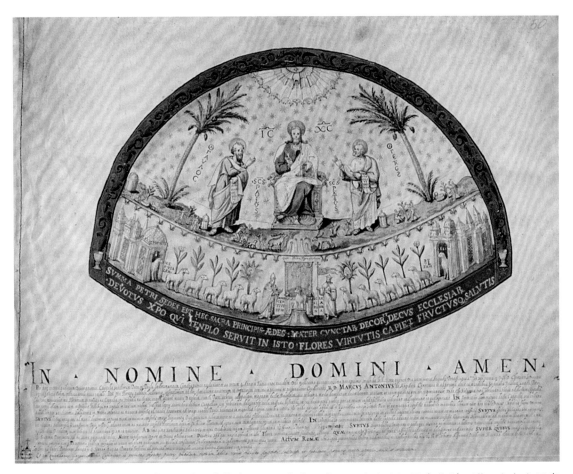

33. 绘在羊皮纸上的损毁前的圣彼得大教堂后殿马赛克图案，下方有公证员金蒂利亚诺·戈尔戈里奥的公证，1592年，现藏梵蒂冈图书馆，编号：Arch. Cap. S. Pietro A. 64 ter, f. 50

更新是对圣彼得大教堂后殿墩座墙区域（唱诗台前方）一次复杂的调整，尊座彰显了这位于 1122 年签订《沃尔姆斯宗教协定》（il concordato di Worms）[164] 的教皇心目中拥有特权所该有的模样。另一方面，卡利克斯特二世的创举并没有使英诺森三世对大教堂的更新意愿减弱，后者可能是在 1216 年后殿半圆形屋顶的马赛克修复完成后，又重新着手调整宗教仪式的摆设，为教皇宝座增添了尖的顶饰（受到圣彼得尊座的启发）。从那时起，教皇宝座便成为罗马教皇至高无上权力的象征[165]。

一段位于后殿马赛克人物下方的铭文将圣彼得大教堂的地位抬升至"所有教堂的始祖"，指出教皇作为"圣殿的教士"，他将摘采"美德之花与救赎之果"。[166]

后殿的马赛克和其他画作

从肖像学角度讲，在后殿拆毁（1592 年）前，有一幅图解完备地记录下了英诺森二世时期后殿的这幅马赛克装饰，并且还由罗马市政府的一位公证员为其做了公证[167]。原始的马赛克保存下来的部分只有后殿装饰带的三个片段（英诺森三世和罗马教会象征人物的上身像，长生鸟图案），而后殿半圆形屋顶上以神的显现为主题，描绘了圣徒彼得与保罗之间威严基督的马赛克则没有留下痕迹[168]。

我们没有找到任何实物线索能帮助探查是否教皇英诺森三世的修复工作只局限于

重新制作了马赛克的下半部分以及对应的铭文，如果不是，那又覆盖了整块装饰的多大面积。[169]

大教堂正面有一幅世界末日中神的显现装饰画，是此后不久由格里高利九世更新的。与这幅画一样，英诺森三世时期后殿半圆形屋顶处的装饰画也表现出了独特的仿古特点，它模仿了那种最古老的肖像位置布局，就像我们从熟知的传递福音讯息的情景画中看到的那样（Traditio legis，参见 390 年左右的所谓阿纳尼石板以及 5 世纪的萨玛格象牙骨灰盒）[170]。

值得注意的是，在记述英诺森三世的事迹之前，《宗教名录》只记载过一次对这幅马赛克的维护工作，它于 640 年开始，并且提到了教皇塞维林（papa Severino，640 年在位）。塞维林的传记作者对这一事件惜字如金，只是说教皇"更新了后殿中赐福圣徒彼得的马赛克画，因为它已被毁坏"[171]。

教皇塞维林的任期非常短暂（只实际统治了两个月），对这个令人哀伤的事实有所了解的人一定难以相信这位教皇曾实施了这样一项荣耀非凡的装饰工程，就是在霍诺里乌斯一世去世后拉特兰大教堂的财宝又戏剧性地遭到拜占廷人抢掠之后[172]。事实上，教皇塞维林在几乎整个历史进程中就只扮演他上任教皇传记中后事的一个补充而已。因此我认为圣彼得大教堂后殿马赛克的更新工作在霍诺里乌斯一世在任时期就开始了，也许这位教皇还没来得及看到马赛克完工便去世

34. 古圣彼得大教堂后殿马赛克中教皇英诺森三世的肖像，罗马博物馆藏

35. 古圣彼得大教堂后殿马赛克中罗马教会象征人物的肖像，罗马博物馆藏

36. 古圣彼得大教堂后殿马赛克中长生鸟肖像，罗马博物馆藏

37. 阿纳尼，奥达尼公墓中一块刻有传递福音讯息情景画的石板

了。霍诺里乌斯一世对后殿装饰画进行的修复似乎与大教堂屋顶的宏大修复工程以及人们认为的他赞助了银门珍贵金属外皮（参见上文）这两个事件在时间上是连贯的。此外，正是刻在银门的铭文中人们找到了暗指（并非泛泛的）贴金屋顶和马赛克装饰的地方[173]。不言而喻，我们没有办法推测霍诺里乌斯一世发起的马赛克更新工作是否也包括对人物的更改；要是作于4世纪后半叶的后殿装饰带上的铭文原原本本地出现在哈德良一世写给查理曼大帝的一封信中的话[174]，那就看似不可能了。

然而可以确定的是在英诺森三世时期，后殿的中心是那幅传递福音讯息的情景画，里面的耶稣形象曾经似乎有着帝王风范，后来取而代之的是坐在宝座上的救世主，宝座周围喷涌出四条天堂中的河流。

这个变化应归功于谁实际上不得而知，

但是在继承下来的更为古老的画面布局中，对新肖像学元素进行重新排列，就一定会在形象修改的过程中总是将教会和教皇英诺森三世的概念融入其中。

尤其是考虑到后殿神的显现题材装饰画维护了一个传统，即相对于神来说，画作赞助人（即教皇）的形象会出现在次要位置[175]，所以在后殿装饰带楣板中心插入教皇和罗马教会象征人物肖像的做法就与传统相悖。英诺森三世的肖像成功跻身于构图的中心点在视觉上对抗了"教皇是耶稣代理人"的思想体系，教皇佩戴顶饰和白羊毛披肩，不仅增加了作为基督学象征的长生鸟，还有与他保持神秘婚姻关系的女性形象此时正举着象征圣彼得大教堂的旗帜款款地向他走去[176]。

关于耳堂北侧边房墙壁上装饰的马赛克的信息更加模糊，在海姆斯凯克的一幅画（现藏斯德哥尔摩国家博物馆，安可斯菲特收藏637号）中我们能发现组图的一些含混的线索。因为耳堂留下来的废墟暴露在日光下近一个世纪，组画历经了数不尽的风吹雨打，所以残存的部分和格里马尔迪年轻时看到的样子已难以分辨。我们甚至都不确定格里马尔迪是否亲眼辨识过那组"表现了无数圣彼得故事的马赛克画"，还是只是引述在马菲奥·万卓的著作中读到的话[177]。

说到中殿里大量描绘《旧约》《新约》场景的组图，格里马尔迪只记得大厅东侧有部分保存到保罗三世"隔墙"修建时期的组图场景[178]。这位神职者记述了人们是如何在柱

38. 多梅尼科·塔塞利·达·卢戈绘，博尼法乔八世墓葬礼拜堂的祭台天盖，梵蒂冈图书馆藏，编号：Arch. Cap. S. Pietro A. 64 ter, f. 24

廊雄伟的下楣上方竖立起高高的装饰着壁画的中殿墙壁，又是怎样在更高的天窗之间绘上了圣人与先知。

壁画如今已经支离破碎了，原本每个组图包含 46 幅画，它们分布在两个区间中，外面有灰泥做的框子。这一系列叙事组图从中殿与后殿耳殿相隔拱门开始，向着大教堂正面的内墙处延伸。

《旧约》的场景图（从创世记讲到以色列人出埃及）沿着北墙分布，塔塞利在 1605 年用图解将它们记录下来时，那时组图保存得最为完好；《新约》的场景图占据着南墙，

而这面墙并不稳固，因此威胁到了灰泥层上壁画的保存。南墙这面的画作有一个独特的地方：与第六个柱间对应的壁画不再分为两个区间，因为故事进行到耶稣受难时，那张《耶稣受难图》的面积足以覆盖四幅图，所以原本的布局就有了间隔[179]。

格里马尔迪在记载仍可分辨的场景图中的人物时，曾引用了一些铭文中的句子（"动物们进入方舟……亚伯拉罕的三位访客"等），这诱使人们相信他读过与场景图匹配的解说性铭文[180]。设想在柱廊的大横檐梁上方曾有开放的走廊，格里马尔迪能从这里近距离观察古老的壁画，这种假设也说得过去。格里马尔迪所绘水彩画中大部分细节或许都要归功于这次亲身体验，它们帮助补全了多梅尼科·塔塞利绘制的中殿人物组图。

这些图画中原创的肖像画和圣彼得大教堂中殿的壁画一起，为11世纪至13世纪间完成的重要装饰组图提供了灵感。壁画的年代大致在教皇利奥一世任职时期，是从灰泥边框中场景画的特殊布局以及17世纪水彩画中肖像画的仿古特征看出来的[181]。然而，即使在这种情况下，能幸存到17世纪最初几年的壁画都是通过修复和对已知内容大规模后期绘制的结果[182]。

尤其是在教皇尼古拉三世时期，人们为古老的教皇圆框肖像画增加了一行，无论是在圣彼得大教堂还是圣保罗大教堂，从5世纪中叶起，这种肖像就一行行地绘在它们的柱廊上[183]。尼古拉三世时期增加的圆框肖像画绘在中殿墙壁上第一层叙事组图的底部，人们使它与原来的那行肖像画平行，另外大教堂正面的内墙上也增绘了这种肖像画。

柱廊横檐梁的光滑面上装饰的是原始的教皇圆框肖像画，与13世纪的那行不同，它是马赛克做的：格里马尔迪在描述一个带状镶嵌装饰和讲到明智做法是不要在大理石表面起草壁画的时候，间接提到过这些肖像画[184]。对于建筑的绝妙之处，也不要忽视了在大教堂正面的内墙上，也有马赛克的教皇圆框肖像画，它们装饰着一节光秃秃的柱顶横檐梁，这节横檐梁被砌在与柱廊的横檐梁连接的墙上[185]。通过对高度超过90厘米的柱顶横檐梁光滑面面积进行大致测算，以及对塔塞利水彩画中总状花序装饰与圆框肖像边饰比例关系的推测，我们对圣彼得大教堂柱廊上的马赛克教皇肖像画的尺寸有了概念，它们应该与城外圣保禄大殿（basilica Ostiense）中的圆框肖像直径一致[186]。

大教堂正面的内墙上还有其他装饰。在中殿天窗之间，与窗子齐高的地方绘有四位福音书作者的形象，上面一排的窗子之间是四位圣人，瓦萨里（Giorgio Vasari）从中认出了圣徒彼得和保罗。在一位可能是圣彼得的画像与中间窗子同一排，在其右侧的圣人旁边，有一个呈屈膝姿势的教皇形象。最后，与顶饰的圆花窗在同一轴线的是一幅耶稣的圆框圣像，画中的耶稣左手托着金球，正在赐福。这幅圣像阻断了层拱的完整性以及下方窗子的边框。格里马尔迪认为这组装饰是教皇格里高利九世命人绘制的，但是根据洛伦佐·吉贝尔蒂（Lorenzo Ghiberti）和乔尔乔·瓦萨里的说法，装饰的年代应该更晚，且是出自彼得·卡瓦利尼（Pietro Cavallini）之手，画中人物"非常清爽"（瓦萨里），并且"……尺寸极大，比人体实际尺寸还要大很多；有两个人物……绘画水平卓越，重点突出"（吉贝尔蒂）[187]。1296 年，仍旧在大教堂正面的内墙处，人们在大教堂拉韦纳门（平面图 62 号）的旁边修建了教皇博尼法乔八世的葬礼礼拜堂，上面马赛克画的作者被认为是 13 世纪末罗马绘画界的一位大师[188]。

在塔塞利的绘图中可以读到格里马尔迪对建筑的描述，它为复原这位来自卡埃塔尼（Caetani）家族的教皇的礼拜堂外观提供了许多基础支持[189]。博尼法乔八世的石棺在离地十拃的高度，这样神父在以圣博尼法乔的名字命名的祭台前祷告时，抬起双眼就能看到教皇的墓。格里马尔迪认为礼拜堂是阿诺尔夫·迪·坎比奥设计的，依据是"他的名字刻在上面"，此外他还将马赛克装饰归功于雅各布·托里蒂（Iacopo Torriti）。有可能这位神职者记忆中的铭文在墓葬被辨识出时已经不在原位了，但是在 16 世纪末的一本文集中铭文重新浮出水面，之后乔瓦尼·巴蒂斯塔·德罗西（Giovanni Battista de Rossi）将其发表[190]。石棺的造型是一张用于葬礼的床，床边悬着褶皱状的缎纹布，上有卡埃塔尼家族的徽章，在石棺的下方也有一行这样的徽章。雕塑展现了平躺着的教皇，他头戴王权徽章

装饰的三重冕，飘带在面庞两侧垂着。壁龛最里面覆盖着帘幔，有辅祭站在躺着的雕塑最左和最右边将帘幔挽住，可以在图中勉强分辨出他们相对于教皇被缩小的形象。教皇的葬礼床上方是托里蒂绘的马赛克画[191]，画的是博尼法乔八世，他手握圣彼得大教堂的钥匙，头戴三重冕，屈膝跪拜在圣母子前面，两旁的圣彼得和圣保罗将他引向天堂。圣母图旁边的缩写将她定义为上帝之母，下方绘着宝座，上面支起一件镶着宝石的十字架，这是对英诺森三世时期典型的尖顶教皇尊座的更新。

当讲到祭台天盖的外观时，格里马尔迪说它有"大理石制日耳曼工艺尖顶"以及"由微小的石块组成的马赛克画显示了制作的精良"，这使我们想到了城外圣保禄大殿和位于特拉斯提弗列的圣塞西莉亚教堂中阿诺尔夫设计的天盖，它们的特点都是现代感强烈的哥特式。

蒂贝里奥·阿尔法拉诺提到，直到 1574 年礼拜堂都是用栏杆围起来的，在格里高利十三世为了大赦年推动的重要修复工程进行期间，护栏先是被减少，后又彻底清除。中世纪时期在大教堂中心有明显护栏分隔的礼拜堂逐渐增多，变成了预留的或私人的地方[192]。

最后要讲的一个细节是在格里马尔迪生活的年代里，礼拜堂右侧的墙壁上有一座教皇博尼法乔八世的肖像浮雕：这幅半身像一定是阿诺尔夫的作品，它是否最初就被放在

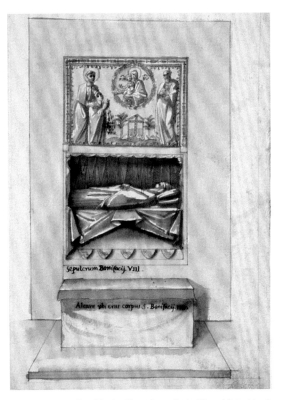

39. 多梅尼科·塔塞利·达·卢戈绘，博尼法乔八世祭台和石棺，梵蒂冈图书馆藏，编号：Arch. Cap. S. Pietro A. 64 ter f. 25

40. 阿诺尔夫·迪·坎比奥，赐福的博尼法乔八世，曾放置在老教堂正面的内墙处，如今在教皇宫内收藏

41. 阿诺尔夫·迪·坎比奥，博尼法乔八世葬礼礼拜堂中躺卧姿势的雕像，曾放置在老教堂正面的内墙处，如今在梵蒂冈地下墓穴内收藏

礼拜堂仍需要讨论[193]。此外它不仅是第一座在教皇还在世时便放在教堂中的雕刻肖像，还是第一例教皇右手赐福、左手紧握钥匙的肖像。博尼法乔八世这样做的目的是想和圣彼得大理石像保持一致的姿势，也许是根据这位教皇的意愿，圣彼得像被放在了大教堂前廊入口处，把守着这里[194]。

一些礼拜堂和辅助祭台

从教皇西玛克开始，圣彼得大教堂就开始成为具备一座主要为圣徒修建的纪念物以及一些为其他圣人修建辅助纪念物的圣殿[195]。

圣彼得大教堂能加强其作为崇拜的目标和发挥宗教仪式功能重要地点的程度应该感谢西玛克。为了更好地了解是何种原因使西玛克做了如此有利于大教堂发展的事情，我们需要记住他正是在所谓的"劳伦齐奥教会分裂"事件给罗马带来深重灾难的时候当选的。事实上，神职者和贵族在长达数年的时间里都分成两派：一派支持西玛克，另一派支持他的对手劳伦齐奥（Lorenzo）。在这次教会的长期分裂中，圣彼得大教堂的宅邸成了西玛克的必需品，因为502年时，和他对立的宗派占据了拉特兰大教堂的主教府[196]。

因此，如果教皇在大教堂内部花心思突出洗礼堂的重要性就不是什么偶然了。至少从达马苏时期开始，洗礼堂就位于耳堂北边房的半圆形回廊（平面图 I）。很有可能在当年环绕圣洗池的区域修建有两座分别供奉福音书作者圣约翰和施洗约翰的礼拜堂。此外在耳堂西墙附近是第三座礼拜堂，它供奉的是受难耶稣（平面图33—37号）[197]。可以清晰地看出，三座小礼拜的布局仿照了拉特兰洗礼堂的，使圣彼得大教堂的圣洗池与复活节和圣灵降临节时所行圣礼的规模和需求匹配。在那些年中，西玛克被禁止在拉特兰主教府附近举行宗教仪式[198]。

同样是这位教皇，他将信众对圣彼得的兄弟圣安德鲁的崇拜合法化，崇拜仪式的地点是两座在南侧与大教堂并排的皇家陵墓中靠东的那一座。陵墓内部圆形的壁龛充当了供奉无数殉道者的附属祭台，信众来这里祈祷（平面图K70—76号）[199]。这个创举为在接下来的几个世纪中必然会发展出的另一个现象铺了路，即围绕着这座圣殿逐渐扩大的"家族式教堂纪念物"

（Memorialkirkenfamilie）[200]。在斯蒂芬二世和保罗一世任职时期，第二座毗邻大教堂的皇家陵墓也成了崇拜仪式的地点，传说中圣彼得的女儿彼得罗妮拉（Petronilla）的遗骨也被转移到了这里（平面图L79—84号）[201]。就这样，圣安德鲁的圆形壁龛以及新的圣彼得罗妮拉教堂使这座供奉圣徒的大教堂的首要崇拜仪式的规模不断扩大并且多样化。

至于君士坦丁时期大厅内部留给附属宗教仪式的空间，也开始随着大教堂主教主持弥撒和丧葬的偏好而扩大。

遗憾的是，我们缺乏关于这些礼拜堂实质上接受信徒和朝拜者团体的详细信息[202]。

42. 教皇利奥一世的遗体被发现，罗马瓦利切里亚纳博物馆（Biblioteca Vallicelliana）藏，编号：G. 4, p. 1164

但可以确定，在君士坦丁时期大教堂宽敞的大厅中，各式各样的附属礼拜堂和祭台或封闭（用实墙隔离），或半封闭（用围栏、栅栏、建在隔板上的柱廊、祭台天盖等隔离），它们恪守着这座宗教建筑的内部规则，分隔了在俗教徒与神职人员，男人和女人。就像贾德森·J.埃默里克（Judson J. Emerick）所观察到的，正是这样的布局保证教士能够严格管理宗教活动的进行，同时神父也能在上帝和信众之间扮演首要角色，"或者更确切地说，是在信众和帮助信众进入上帝天堂的圣人们之间"[203]。

另外，圣彼得大教堂附属祭台的这一现象也是罗马教会对圣物崇拜所持的态度所致。从7世纪后半叶到8世纪，殉道者陵墓不可触摸的原则不再严格，圣人遗骨移来后会举行落成仪式，一些学者认为在那段时间跻身教会高层的教皇"几乎都是叙利亚－希腊血统"[204]，这有利于遗骨的转移。说到这里，有叙利亚血统的教皇色尔爵一世（687—701年在位）曾十分妥当地将"赐福的"利奥一世的遗骨从圣彼得大教堂的圣器收藏室转移到了大厅中，由此在耳堂南边房内筑起了一座教皇礼拜堂，它是大教堂内保存最久的礼拜堂（平面图38号）[205]。

耳堂的这个部分距离圣彼得墓很近，在这里我们还能找到其他供奉教皇的礼拜堂，其中有圣玛利亚礼拜堂（保罗一世）；圣哈德良礼拜堂（哈德良一世）；圣普洛切索与圣马尔蒂尼亚诺礼拜堂（教皇巴斯加一世，817—824年在位）还有圣西斯都与圣法比盎礼拜堂（巴斯加一世时期修建，色尔爵二世时期投入使用）（平面图43—46号）。在南殿，即所谓的"主教拱廊"，分布着神圣而又著名的墓葬，比如格里高利一世的，他的遗骨是以他名号命名的格里高利四世（827—844年在位）从大教堂前廊移过来的（平面图47号）。为了转移遗骨便新建了一座礼拜堂，它从大教堂正面的内墙处一直延伸到第五个柱间，空间大到能放置三座祭台[206]。

这些墓葬礼拜堂装饰有大理石、马赛克和贵重金属，它们看起来就像是那些被建在隔板上的柱廊分隔开或者被雄伟的天盖笼罩住，抑或是躲在围栏后面，带有从大教堂厚厚的墙上挖出的后殿祭台一样。教皇们虔诚渴望圣人能庇护自己，他们的遗骨安葬在祭台中，来祈祷的信众络绎不绝，这就为大教堂增添了新的宗教仪式[207]。

要感谢教皇约翰七世（705—707年在位）以及他修建的礼拜堂，崇拜圣母的仪式才以一种庄严而近乎胜利的姿态被引进大教堂中。在中世纪时期的圣彼得大教堂，崇拜上帝之母（Madre di Dio，也称Theotokos或Deipara，都是母亲的意思）的趋势以惊人的速度发展着：只需列举从老教堂转移到新教堂的圣母像便能了解到当时梵蒂冈大教堂中圣母崇拜的传播之广，力度之强[208]。

约翰七世选择北殿靠近入口最边上的位置作为自己的礼拜堂（平面图39号），并且坚决要葬在圣彼得大教堂内部，他是第一位这样做的教皇[209]。

那个祝圣过的供奉上帝之母（Theotokos）的礼拜堂上面装饰的马赛克组图尤为引人注目，人们最近决定要对礼拜堂进行一次建筑学修复，这项工作需要有 17 世纪的文献记载，雕刻装饰残留的部分（包括重新利用的塞维鲁王朝时期的建筑结构和一对从老建筑上运来的葡萄藤雕花石柱）作依照；除此之外，还需要原始资料中的笔记和铭文片段，以及一本古老文集中流传下来的教皇墓志铭的内容[210]。

对建筑的三维数字化复原为我们展示了一个建筑分解的范例，从古代演变过来的在空间巨大的教堂中形成的"宗教仪式碎片化"是建筑分解的缘由。

这间礼拜堂长约 12.20 米，宽约 8.70 米，它的南边界线是中殿的前三个柱间，连接柱间的墙高约 3.20 米，一堵前景墙建在礼拜堂的西边，上面开有一扇门作为入口。门上方放置了一面刻有很大字母的带柄牌匾，表明这座墓葬礼拜堂的主人已作古，牌匾上写着："圣母玛利亚的虔诚信徒约翰"[211]。

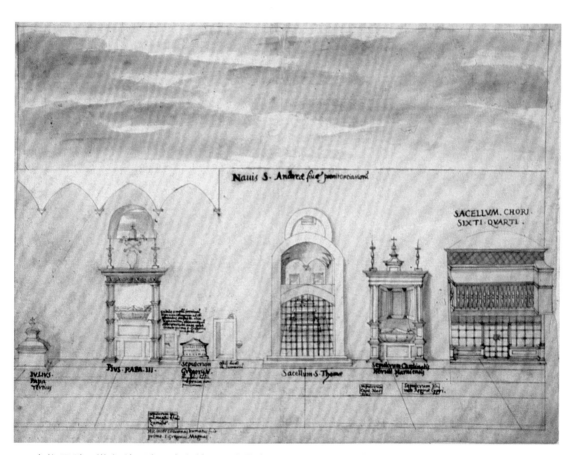

43. 多梅尼科·塔塞利·达·卢戈绘，圣安德鲁殿，即南小殿最前面的空间，梵蒂冈图书馆藏，编号：Arch. Cap. S. Pietro A. 64 ter, f. 21

44. 多梅尼科·塔塞利·达·卢戈绘，"圣面"殿，即北小殿最前面的空间，梵蒂冈图书馆藏，编号：Arch. Cap. S. Pietro A. 64 ter, f. 20

　　礼拜堂内部的墙壁上覆盖着大理石片，它与雕刻着可以追溯到塞维鲁王朝时期稠密枝条图案的壁柱饰交替出现，约翰七世的小工作间中一些雕刻石板上的花纹也是模仿壁柱装饰的。

　　供奉圣母的祭台紧靠着东墙，也就是说它建在大教堂正面的内墙处。祭台的一块残存部分现保存在地下洞窟里，在格里马尔迪的记述中，当时这块残存还黏在礼拜堂的墙壁上。

　　这块墙壁碎片是孔雀大理石材质的，两边有精致的线条装饰，上面刻有 783 年的铭文，很有可能是在查验祭台里的圣母遗物时加在圣墓窗格那一面的。铭文中用《旧约》中的修饰词代表玛利亚，即"上帝的圣殿"和"至圣所"[212]，这是在拜占廷赞美诗集中用来称呼将救世主抱在怀中的女性形象的。

　　祭台上方是一座拱门缘饰，支撑它的一对葡萄藤雕花石柱与圣徒祭台附近的柱子相似。从巨大的壁龛到屋顶桁架（也就是直到 13.83 米的高度）的区域中装饰着三组马赛克画，它们描绘了拯救灵魂的故事，从圣母领报讲到耶稣的死亡与复生[213]。

人物组图的中心是一个从大教堂正面的内墙上挖出的壁龛，它的两旁是一对黑色大理石柱子，里面摆放着圣母的马赛克圣像以及作为赞助者的教皇肖像。从格里马尔迪的话语中我们得知在这幅圣母像中，我们女王形象的"布雷契耐夫人"（指圣母）腹部隆起，正在等待一个新生命的诞生，在肖像的面前仪式性地挂了帘帐。

核对过格里马尔迪的绘画，在对葡萄藤雕花石柱的尺寸和圣母像的模样（保存至今）有所了解，并且考虑了当代安装在老祭台前面的"圣门"（Porta Santa）体积之后，我们可以得出一系列尺寸关系，这样就能更好地评估装饰物部分给人带来的视觉冲击力了。

马赛克画离地至少8米，之所以选在这么高的地方，是为了确保观者在看到约翰七世墓的同时也能看到这些组图（尤其是能看到圣母）。教皇的坟墓是一个凸起的墓冢，所陈设的位置离祭台有一定距离，并且将教皇的墓志铭标示出来。墓志铭表达了约翰的虔诚，是挽歌体的两行诗，它用两种风格的语言交织书写，一种是维吉尔体，一种是《阿卡西斯托斯》（Akathistos）赞美诗，即拜占廷宗教仪式中最著名的一种赞美圣母的圣歌。

以下是头四句诗：

"枢机主教约翰愿意埋葬在这里并且安眠在圣母脚下 / 约翰将灵魂交由圣母庇护 / 她如未结婚的处女一般 / 却孕育了救世主"[214]。

45. 贾科莫·格里马尔迪绘，约翰七世礼拜堂的马赛克图案及圣母壁龛，梵蒂冈图书馆藏，编号：Barb. lat. 2732, ff. 76—77

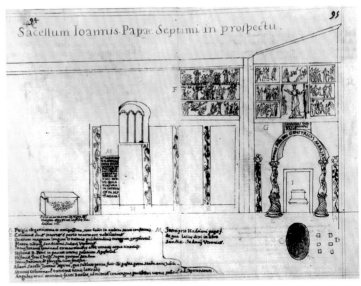

47. 约翰七世礼拜堂，梵蒂冈图书馆藏，编号：Barb. lat. 2733, ff. 94v—95r

46. 修复后的约翰七世礼拜堂圣母像，佛罗伦萨圣马可教堂藏（照片来自硬石工艺博物馆）

墓志铭中提到了玛利亚的角色是保护者（"在圣母的庇护下"），这解释了教皇为什么选择葬在这座祭台脚下，它里面应该保存着一件令人敬仰的圣物，也许是圣母那件珍贵异常的披风（Maphorion）的碎片[215]。

另一间古老的用于供奉玛利亚的礼拜堂似乎表现出一些与约翰七世礼拜堂相似的地方：由格里高利三世建在中殿与后殿耳堂相隔拱门的南支柱附近的礼拜堂（平面图40号）[216]。自它建成之日起，这座礼拜堂便在大教堂中担负着重要的功能。

随着时间的推移，这座礼拜堂的名声越来越响，它成为众多教皇的埋葬地，并且至少从12世纪中叶开始，这里就放置了牧师会唱诗台。坎柏思（Kempers）和德·布拉奥推测在13世纪末，作为祭台背壁装饰的曾是斯特凡内斯奇三联画屏[217]。

格里高利三世在建这间礼拜堂时，是想在这里供奉救世主、圣母以及所有圣人的，但是在他死后的原始资料里却记载这个礼拜堂中只供奉玛利亚[218]。遗憾的是，我们没有太多线索，拼不出它的外观。礼拜堂在几个世纪中历经了复杂且零散的变迁，要从建成追踪到1507年最终拆除，这不仅需要仔细研读中世纪时期的史料，也要研读当代的[219]。但是我们可以从《宗教名录》中了解到礼拜

48. 约翰七世墓葬礼拜堂的铭文，梵蒂冈地下洞窟藏

49. 已经安装在约翰七世的礼拜堂中的 8 世纪壁柱饰，梵蒂冈地下洞窟藏

堂在建成之初，里面用作宗教仪式的空间是怎样布局的。实际上，格里高利三世的传记作者提到过"建在隔板上的柱廊"，它被建在放置圣墓的祭台前面，还提到了灯具和陈设品。此外，这位作者还列举了教皇为装饰圣母像献出的一些珠宝首饰。所以说这幅圣母像不是教皇派人制作的，他只是通过赋予圣像一套真正的首饰让玛利亚拥有女王的形象。这套珠宝包括冠冕、耳环和金项链，它们都是皇室级别的珠宝，类似的还有比如越台伯河的圣母大殿中（chiesa di S. Maria in Trastevere）玛利亚佩戴的那些[220]。那么这幅受人尊敬的圣像画在哪里呢？

在格里高利捐赠给礼拜堂的众多灯具中，有一盏是挂在"后殿"里的[221]。这盏吊灯所代表的仪式含义使我们相信圣母像就放在这里，并且礼拜堂就在中殿与后殿耳堂相隔拱门的旁边，这使得放置圣像的壁龛位置没有选择的余地，圣母像应该自古就在分隔柱廊巨大的支柱对面。

尽管距离礼拜堂的年代稍远，但还是值得阅读神职者马菲奥·万卓写的记录（约1452 年），他在里面提到"礼拜堂的墙壁上有一幅圣母画像，她的怀中抱着圣子"。我们既不能确定万卓是否亲眼看到了这幅画，也不知道他看到的是不是格里高利三世时期

（上页）

50. 建在约翰七世祭台边的葡萄藤雕花石柱，如今在新教堂的至圣圣体堂

51. 乔托和助手绘，斯特凡内斯奇三联画屏，局部（绘有圣彼得的那一扇），约 1320 年，现藏梵蒂冈博物馆画廊

52. 圣歌集开篇的历史装饰画，壁龛里的圣母子，梵蒂冈大教堂圣博物馆，茉莉亚教会合唱队 xiv.5，圣歌集，编号：f. 150r，梵蒂冈图书馆藏

的原版，但是另一份资料在圣像方面似乎印证了万卓的话。

　　这份资料指的是一本 13 世纪晚期的圣彼得大教堂教士们用的圣歌集，这本集子开篇的历史装饰画的形状代表着罗马古历中 8 月第一个礼拜日的首字母。画面上是一个金色

背景的壁龛，里面是抱着圣子的圣母全身像。在圣歌集中保存下来的图画中，单是这幅被贴上了金箔，这也许意味着画作主题的重要性，又或者因为圣像的特殊地位。另外，弗朗西斯卡·曼扎里（Francesca Manzari）曾细致地描述过这幅圣像，说玛利亚怀中圣子

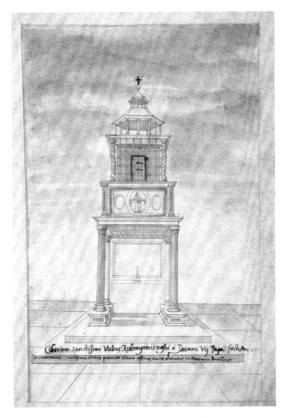

53. 多梅尼科·塔塞利·达·卢戈绘，圣面天盖，梵蒂冈图书馆藏，编号：Arch. Cap. S. Pietro A. 64 ter, f. 30

54. 乌戈·达卡尔皮，维罗尼卡在圣徒彼得和保罗之间展示印有圣面的裹尸布，约 1525 年，圣彼得大教堂管理机构藏

的容貌是"成年耶稣的缩小版"，可能是作者按照某个更古老的耶稣画像画的，虽然那个模型经过了中间画作的中和[222]。

之前讲过，格里高利三世修建的礼拜堂在中世纪时期变成了放置教士会唱诗台的地方，所以这幅看上去在礼拜堂壁龛中被信众崇拜数百年的圣母像，在 13 世纪 70 年代到 80 年代（根据曼扎里测定的圣歌集年代）被复制到教士们用的乐谱手抄本中是说得通的。

在中世纪初期的罗马，一个由柱子支撑，依靠在墙壁上用来为圣像增光添彩的拱门（或者建筑物顶部）是很不寻常的。鲍尔对此记载了一个特别有意思的例子，那扇拱门的年代可以追溯到 8 世纪的最初几年，它在所谓的玛利亚圣台的南墙上，中间是圣母像，所以整体形成了一个壁龛[223]。

如人们所见，圣彼得大教堂中最雄伟的先例便是约翰七世修建的圣母礼拜堂。

这位教皇就埋葬在圣母脚下（"sub pedibus dominae"）承受玛利亚目光注视的事，格里高利三世不可能视而不见。如果西伯·德·布拉奥（Sible De Blaauw）猜中了，如他所言，格里高利三世选择埋葬在大拱门（东侧）的南支柱脚下，那么这位教皇长眠的地方也位于一幅圣母像下方[224]。

从圣面到圣门

早在彼得罗·马利奥生活的年代（约1160 年），约翰七世墓葬礼拜堂中的墓志铭就已不可见。对于格里马尔迪也是如此，他在描述礼拜堂地板时，提到了白色大理石，一个斑岩圆盘装饰和绿色蛇纹岩石板，让人感觉他目光所及之处是一块重新铺设的中世纪地板。也许它正是在礼拜堂中建设第二个祭台时铺设的，而这座祭台是为"圣面"准备的（平面图 39、63 号）。

随着这块神秘裹尸布的到来，上帝之母礼拜堂迎来了它生命中的第二个阶段[225]。

"维罗尼卡圣面布"是在 10 世纪末出现在大教堂的，但是信众对它的崇拜是在 12 世纪逐渐凸显的。13 世纪初期，人们为圣母礼拜堂增添了新的马赛克装饰（圣彼得组图）。而在这个时候，一座天盖已经耸立在礼拜堂中央一段时间了，天盖配有六根柱子支撑的加层贮藏所，用以保护裹尸布[226]。贮藏所安装的黄铜门上刻有铭文，年份是教皇西莱斯廷三世（Celestino III）时期的 1197 年[227]。这一次我们还是要感谢格里马尔迪，他抄录了铭文的内容，并且记录下黄铜门的尺寸"高三拃，宽两拃"，他甚至担心大门最后的结局是被熔化然后用到其他工程中（这怎么可能呢！）[228]。

通过格里马尔迪的水彩画及描述，以及对收藏在梵蒂冈地下洞穴属于这座建筑的一些信息不详的小柱子的甄别，克劳森

55. 汉斯·布克梅尔绘，穿主教服的彼得，背景是大教堂中打开的圣门，1501 年，奥格斯堡圣凯瑟琳国家美术馆藏

（Claussen）得出了结论："天盖是在 12 世纪晚期完成的，虽然下边的部分清晰地显示出文艺复新时期维护的痕迹"[229]。

十盏灯昼夜不息地照射着这座圣物箱建筑，它的祭台在大教堂内举行的宗教仪式中占有越来越重要的地位，这两点足够说明这座建筑独特的加层贮藏室结构是为了回应朝圣者的崇拜。这证明了这种建筑模式在大教堂中的长久生命力，直到文艺复兴时期，用于保护圣安德鲁头颅的天盖（庇护二世修建）以及保护命运之矛的天盖（英诺森八世修建，1484—1492 年在位）都采取了它的样式[230]。

此时，维罗妮卡圣面布与圣彼得墓在大教堂中的最高神圣地位已不分伯仲，从那时起又过了不久，因为北殿的这块地方在千年

历史中已积淀了深厚的宗教底蕴，所以被选为大赦年开幕地和圣门所在地。

从 15 世纪中叶开始，宣告大赦年的训令事实上是在重申这场大事件代表的赦罪原理，因此选择"圣面"天盖的对面作为圣门的位置具有明确的含义[231]。所以大赦年的大门就在 15 世纪开在了葡萄藤雕花石柱之间，原来是圣母祭台的位置。可惜我们无从知道作为老教堂最后一项建筑工程的圣门具体是什么时间修建的了。

贾科莫·格里马尔迪认为最有可能完成这件创举的是教皇尼古拉五世与西斯都四世，但那时他就抱怨过在档案馆中找不到任何佐证这一观点的资料[232]。

然而，一个暗示性的线索将其指向这位姓德拉罗维尔（Della Rovere）的教皇西斯都四世。他来自方济各会，对圣母怀有特殊的崇敬之情。西斯都四世为罗马带来了圣母诞生节（9 月 8 日），还为圣母受胎节祝圣了一座建在大教堂南侧的礼拜堂，他曾立遗嘱要埋葬在这里。就像约翰七世在 8 世纪初做的那样，西斯都四世也倾向于葬在祭台脚下，在彼得罗·佩鲁吉诺（Pietro Perugino）创作、装饰祭台的名为《天使光辉下》的湿壁画圣母像旁[233]。

阿尔法拉诺时期，在鉴定西斯都四世礼拜堂的祭台时，在发掘出圣物的同时也出土了一份于 1479 年恰逢祭台祝圣时起草的圣物列表。表上第一个列的就是那件著名的圣母披风碎片，它也被称为"Maphorion"[234]。

这让人不由得心生疑惑，是否在 1475 年大赦年前夕，西斯都四世为了给圣门腾地方移走了约翰七世礼拜堂的祭台，却将里面珍贵的圣物留下来放到自己墓葬礼拜堂的祭台中呢？

如果像雅克·勒高夫（Jacques Le Goff）所总结的，"神圣的东西是坚韧的"，一个祝过圣的地方无论社会文化怎样发生改变都会保有它自己的气场，那么从君士坦丁走来的圣彼得大教堂继续充满活力地前行了整个中世纪，这印证了古老规则和悠久传统的传承，这个传承甚至延续到了文艺复兴的前夜。

圣彼得大教堂：
穿梭于图像的历史

起　源

位于梵蒂冈城内停车场下方的古老墓穴，在上层阶级的家族墓旁边是一些用瓦片覆盖的穷人的坟墓，
我们推测圣彼得墓的情况也是如此，大教堂是在圣墓之上修建的

（下页）
大教堂下方的古罗马墓穴，图中是一条东西走向的小经，近景是 F 号墓穴

现今大教堂大殿和洞窟剖面图，以及下方古罗马墓穴的正视图和平面图：P区对面是圣彼得墓，上面放置着中世纪和现代的教皇祭台（K. 加特纳绘制）

KAI GAERTNER 1983

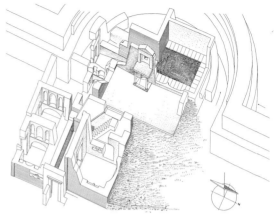

P区周围的三维立体图，展示了君士坦丁时期大教堂的圣彼得墓建筑（壁龛）（1951年，阿波罗·盖提和其余人等绘）

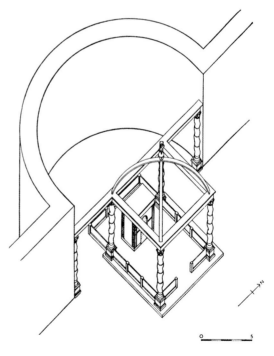

后殿前方带华盖的圣墓纪念堂复原图

大教堂平面图，标注了挖掘工作中显露出的原本的墙壁（K. 勃兰登堡、阿波罗·盖提等人绘，1951 年）

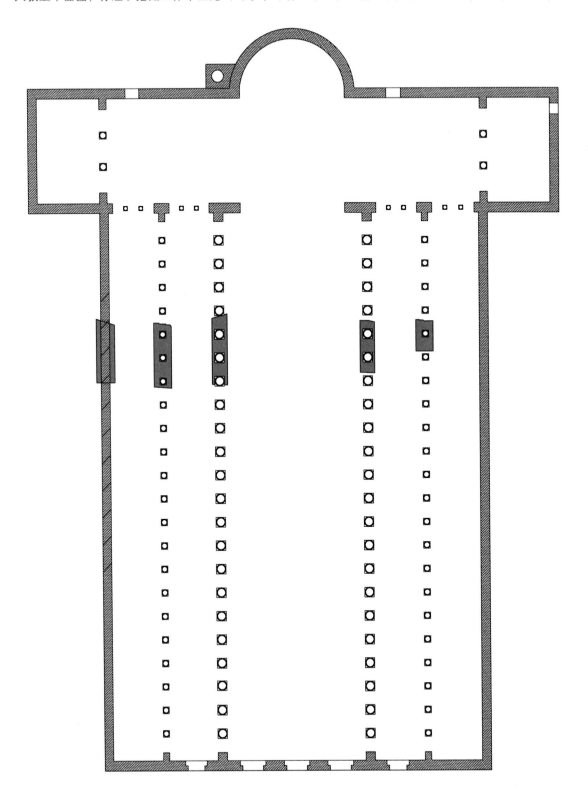

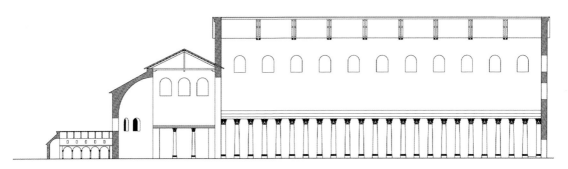

大教堂纵向剖面图，包括后殿旁阿尼西奥家族陵墓（K. 勃兰登堡）

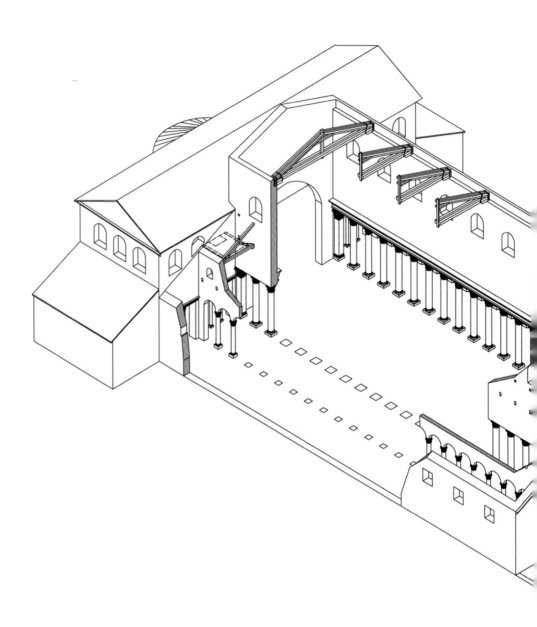

君士坦丁时期大教堂三维立体图（K. 勃兰登堡）

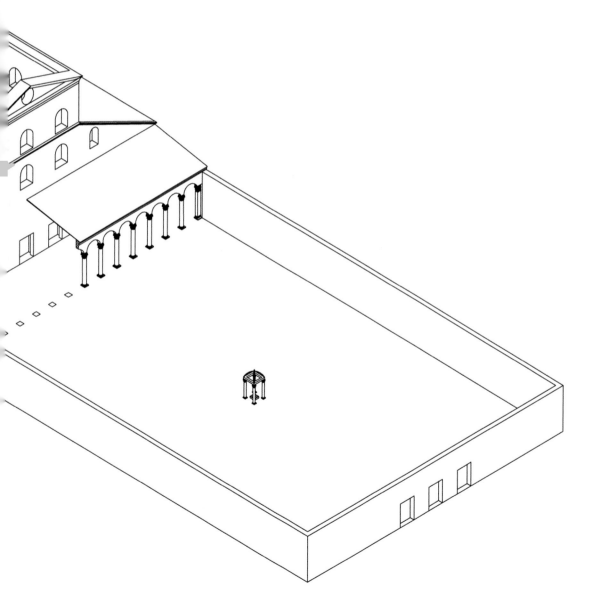

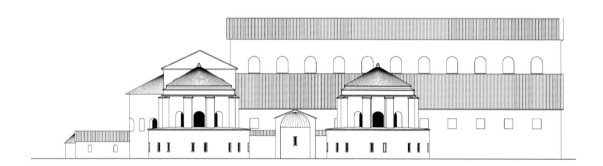

以入口为参考大教堂的左侧景象，南边建有三座大型
陵墓：圣安德鲁陵墓（塞维鲁王朝陵墓）、阿尼西奥
家族陵墓和狄奥多西王朝陵墓（K. 勃兰登堡）

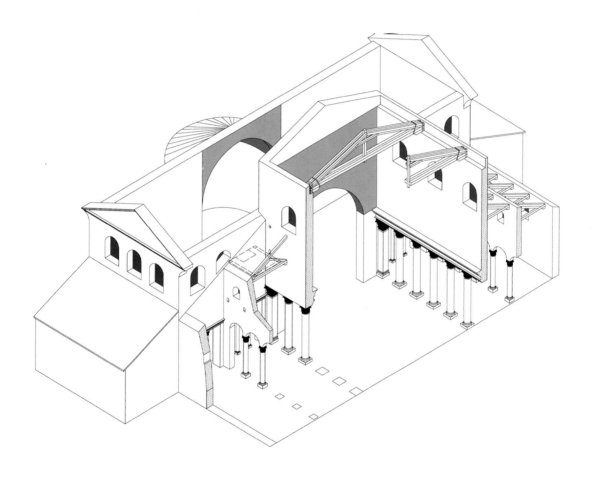

大教堂耳堂三维立体图，灰色区域代表马赛克装
饰（K. 勃兰登堡）

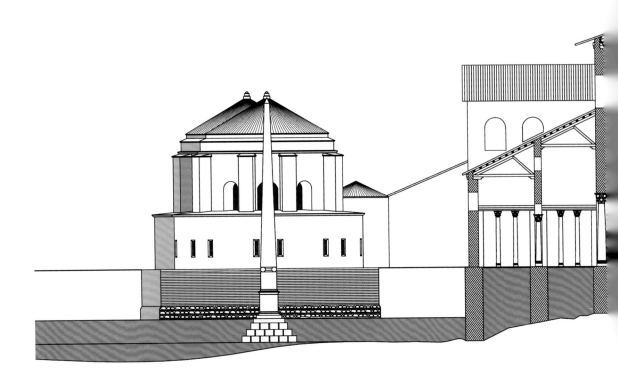

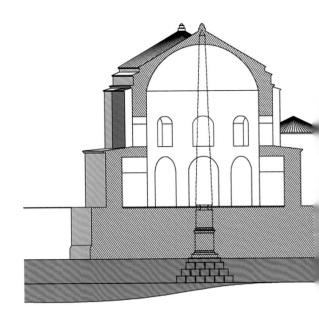

-5 -1 0 1 5 10 20 30 40

自西向东方向的大教堂剖面图（后殿附近），包括
圣安德鲁陵墓（塞维鲁王朝陵墓）和方尖碑（K. 勃
兰登堡绘，白令·利维拉尼补充修订）

自西向东方向的大教堂和地下墓穴的剖面图，中殿与后殿耳堂相隔拱门的马赛克装饰用灰色表示，后殿的用黑色表示。塞维鲁王朝陵墓（圣安德鲁）剖面图，陵墓在后殿一侧通过一座大台阶与大教堂连接。陵墓建在方尖碑支座上，方尖碑是 37 年卡里古拉皇帝从亚历山大运到罗马用以装饰竞技场分隔墙的，在大教堂下方的墓穴遗迹清晰可见（K. 勃兰登堡绘，白令·利维拉尼补充修订）

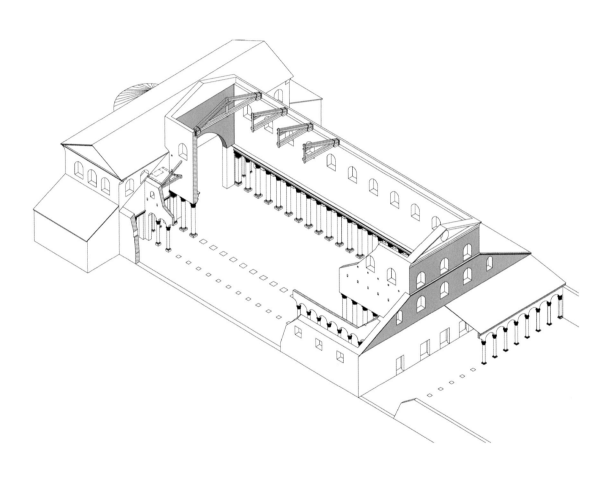

君士坦丁时期大教堂，灰色部分代表中殿与后殿
耳堂分隔拱门的马赛克装饰（K. 勃兰登堡绘）

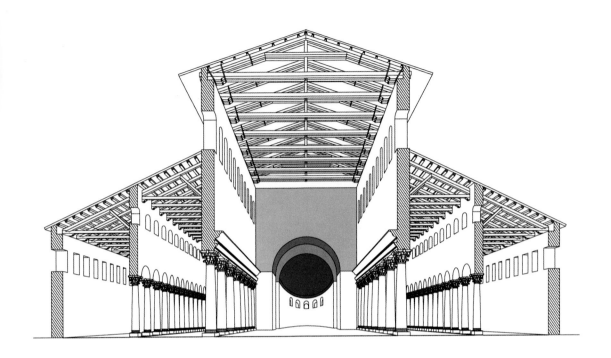

-5   -1 0 1   5   10   20   30   40

大教堂内部透视图，浅灰色部分代表中殿与后殿
耳堂分隔拱门及后殿拱门的马赛克，深灰色代表
后殿马赛克（K. 勃兰登堡绘）

中世纪

多梅尼科·塔塞利·达·卢戈绘，老圣彼得大教
堂的正面和庭院，梵蒂冈图书馆藏，编号：Arch.
Cap. S. Pietro A. 64 ter,f. 10. 大教堂前方是一座
颇具规模的庭院，自 4 世纪起，庭院中央便坐落
着一座喷泉，方便人们在进入大教堂前净手

多梅尼科·塔塞利·达·卢戈绘，老圣彼得大教堂大厅剖面图，梵蒂冈图书馆藏，编号：Arch.
Cap. S. Pietro A. 64 ter, f. 12

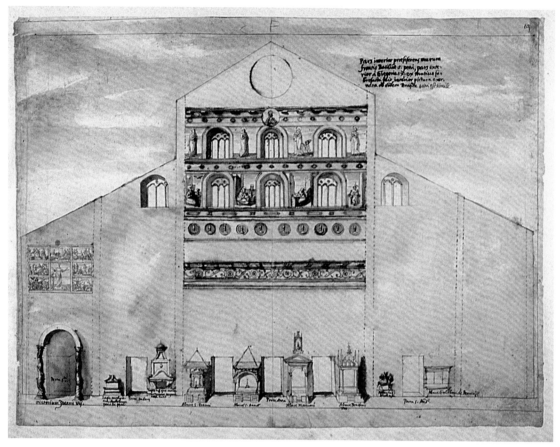

多梅尼科·塔塞利·达·卢戈绘，老教堂正面的
内墙及五扇门，梵蒂冈图书馆藏，编号：Arch.
Cap. S. Pietro A. 64 ter, f. 18

多梅尼科·塔塞利·达·卢戈绘，北柱廊从第
十一根柱子到大教堂正面的内墙部分；带有教皇圆
框肖像的边饰；《旧约》场景画；乔托绘的天使和
哥特式透雕细工窗子之间的先知形象，梵蒂冈图
书馆藏，编号：Arch. Cap. S. Pietro A. 64 ter, f. 13

多梅尼科·塔塞利·达·卢戈绘，到第十一根柱
子的南柱廊，包括柱间圣母祭台和至圣圣体祭台；
带有教皇圆框肖像的边饰；《旧约》场景画；大
幅《耶稣受难图》；损毁的《新约》场景画；哥特
式透雕细工窗子，梵蒂冈图书馆藏，编号：Arch.
Cap. S. Pietro A. 64 ter, f. 15

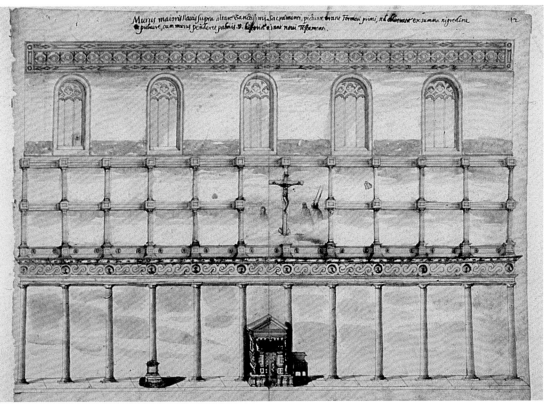

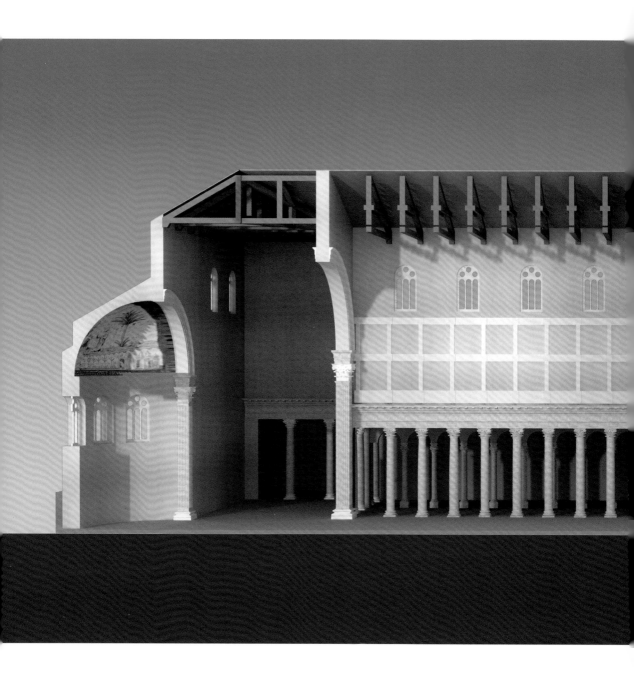

圣彼得大教堂中殿北墙的三维复原图，壁画是根据贾科莫·格里马尔迪编号为
Barb. lat. 2733 的水彩画具体化的（安达罗 2006 年制作），耳堂和中殿与后殿
耳堂相隔拱门的形状和体积可以参照前几页的示意图（84—93 页）

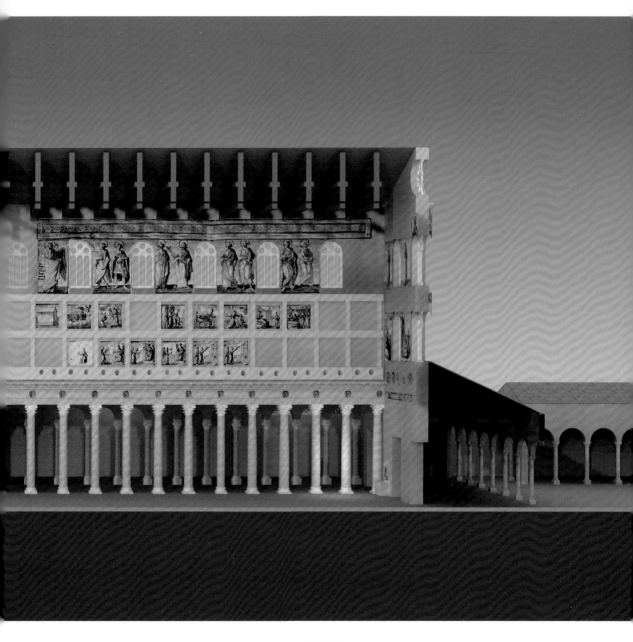

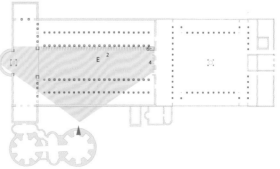

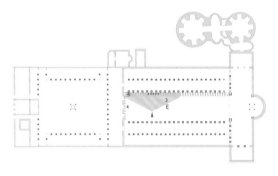

圣彼得大教堂中殿南墙的三维复原图，壁画是根据贾科莫·格里马尔迪编号为 Barb. lat. 2733 的水彩画具体化的（安达罗 2006 年制作）

SIXTVS·V·
PONT·MAX·

IAM TANDEM
CHRISTVM
LIBERE PRO
FITERI LICET

ANNO DÑI
MDLXXXV

ECCLESIAE DOS
A CONSTANTI
NO TRIBVTA

（上页）

拉斐尔画派，君士坦丁献土，1520—1524 年，梵蒂冈博物馆君士坦丁厅藏，这幅画重现了约 6 世纪时大教堂中的场景，其中可以看出对圣徒祭台的改造，它被部分移除，葡萄藤雕花石柱在墩座墙前排成一列，上方架着一根横梁

让·富凯绘，圣彼得大教堂中查理曼大帝的加冕礼，这是《法国伟大编年史》的插图，1455—1460 年，法国国家图书馆藏，编号：Fr. 6465, f. 89v，在这幅描绘中世纪时期大教堂的画中可以看到地板上的圆盘装饰

（下页）

705—707 年约翰七世墓葬礼拜堂的三维复原图（M. 卡皮切西和 G. 蒂贝内托绘制），在大教堂的入口右侧（在 107 页的复原图中）可以看到前面的四面是柱廊的院子

梅尔滕·梵·海姆斯凯克绘，圣彼得大教堂广场
景象，维也纳阿尔贝蒂娜博物馆藏，作品展示了
广场以及老教堂前面的大庭院与宗座宫的联系。
大教堂左边，一座伯拉孟特式新建筑刚开始施工，
只完成了一小部分

文艺复兴与巴洛克

彼得·库克·范·阿尔斯特绘,西南视角(从后殿看)的大教堂,梵蒂冈图书馆藏,编号:阿什比收藏 329 号,左边可以看到伯拉孟特修建的儒略二世唱诗台,透过拱形窗户能辨别出其中一根支撑拱顶的伯拉孟特式壁柱,建筑外侧被成对极细的壁柱分隔,它们也是伯拉孟特式的,画面右侧可以看到大教堂纵向古老的身体,同样古老的圣安德鲁陵墓和中世纪钟楼

梅尔滕·梵·海姆斯凯克绘，大教堂左侧景象，
年代久远的方尖碑和圣安德鲁陵墓仍矗立着，柏
林版画与绘画博物馆藏，海姆斯凯克－阿尔本

梅尔滕·梵·海姆斯凯克绘，在大教堂内部面向
左耳堂视角，斯德哥尔摩国家博物馆藏，在这座
伯拉孟特式建筑的中心（中间是圣彼得墓上的保
护性建筑）还残留着老教堂的部分结构

梅尔滕·梵·海姆斯凯克（或是其弟子）绘，在
大教堂内部面向后殿视角，柏林版画与绘画博物
馆藏，海姆斯凯克－阿尔本，编号：II, 52 正面，
老教堂纵向建筑已被清除，中间是圣彼得墓上方
伯拉孟特设计的开放式保护建筑

佚名，正在施工的北讲道坛（如今右耳堂的顶端），
柏林版画与绘画博物馆藏，海姆斯凯克－阿尔本，
编号：II, 60 背面

梅尔滕·梵·海姆斯凯克绘，在大教堂外侧向北看景象（如今的右耳堂顶端），柏林版画与绘画博物馆藏，海姆斯凯克 – 阿尔本，编号：I, 13 正面。画面聚焦了从儒略二世唱诗台到老方尖碑和圣安德鲁陵墓的施工区域，后面的建筑是混合的，人们正在仍然屹立的老教堂脚下修建新的建筑

（下页）

梅尔滕·梵·海姆斯凯克绘，左侧的圣彼得大教堂，柏林普鲁士文化遗产基金会，版画与绘画博物馆，柏林速写册，编号：II,51 正面

右侧清晰可见老建筑的入口，中间位置庭院之后是大教堂的纵向结构，庭院左侧最里面是新教堂的结构，在它之前仍可以看到古老的圣安德鲁陵墓和方尖碑

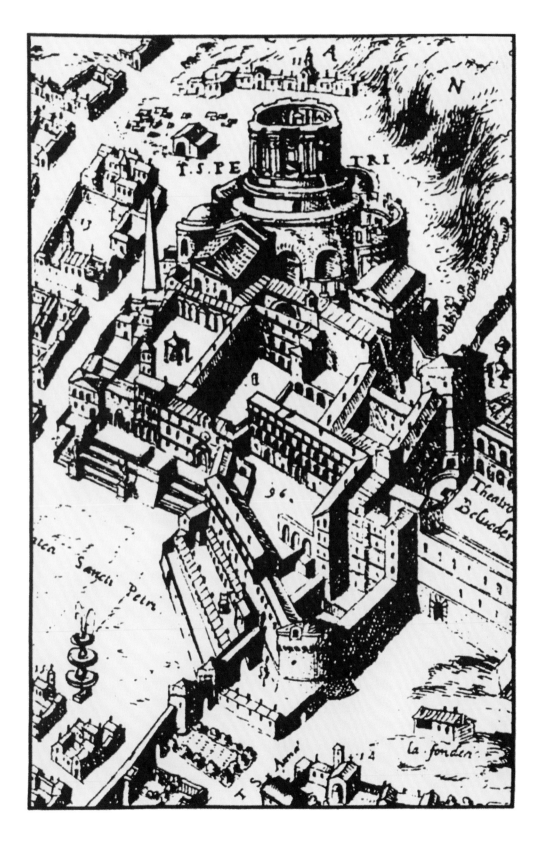

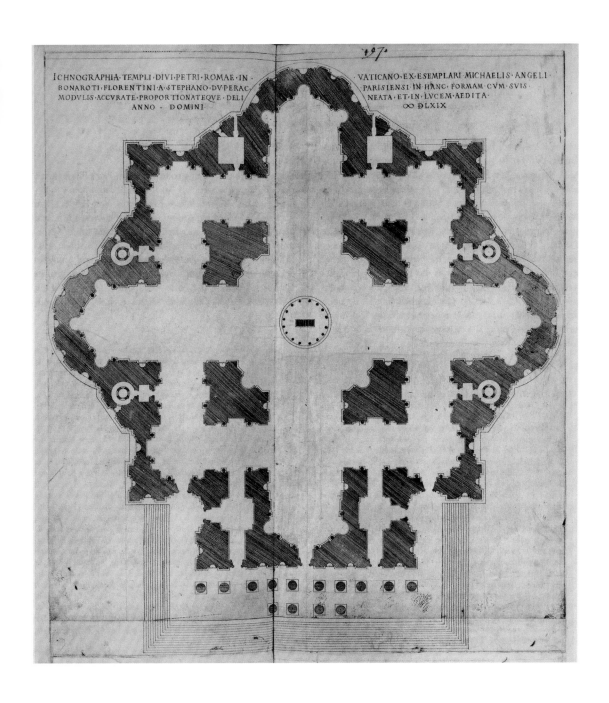

艾蒂安·杜佩拉克绘，米开朗基罗式圣彼得大教堂侧边立视图，版画，1569 年，这个新老教堂的混合体一直保存到 17 世纪：一头是老教堂正面，一头是新建的讲道坛，后殿和正在施工的穹顶

艾蒂安·杜佩拉克绘，米开朗基罗式大教堂的平面图，版画，1569 年

圣彼得大教堂，米开朗基罗设计的讲道坛，V. 卢基尼绘，版画，1564 年，米开朗基罗按照"壁柱—壁龛—壁柱"的规则设计大教堂外面的讲道坛，这一做法复原了伯拉孟特的设计

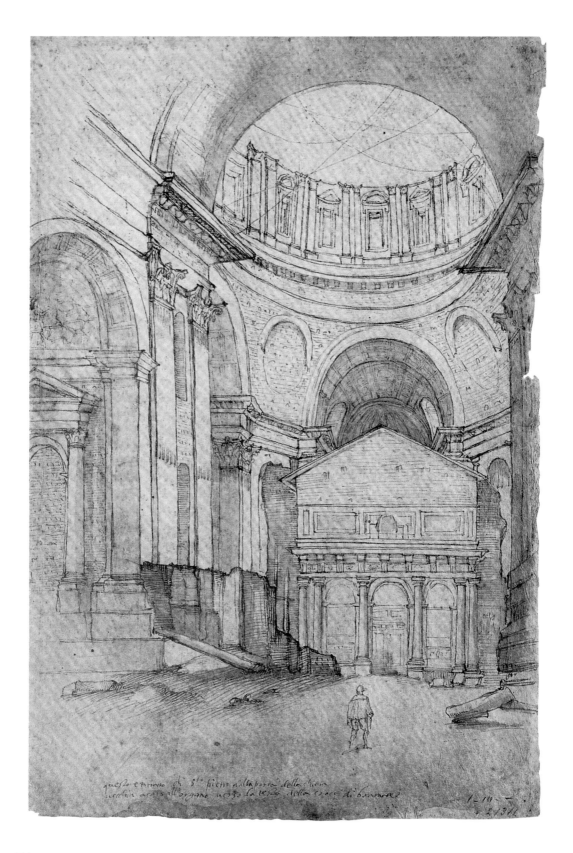

（上页）
詹巴蒂斯塔·纳尔迪尼绘，大教堂内部朝西的景象，
汉堡艺术馆，版画与绘画博物馆藏，编号：21311，
可以看到正在建设的支撑圆屋顶的鼓形柱

佚名，大教堂外侧东北视角，德国法兰克福施泰
德艺术馆藏，编号：814，已经建好的鼓形柱

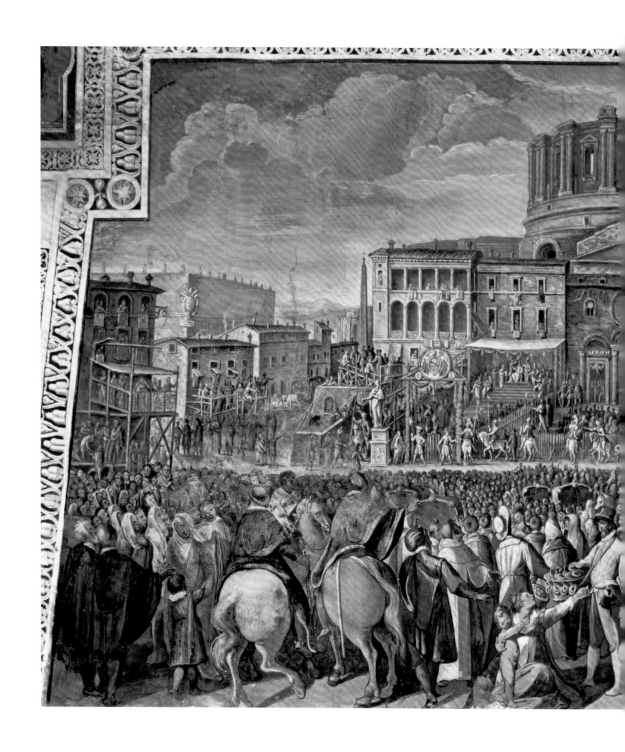

柏瑞蒂家族的教皇西斯都五世的加冕仪式，1585
年，梵蒂冈教皇宫藏，西斯廷展览馆，画面中显
示在大教堂左侧，因为西斯都五世的意愿，方尖
碑被一点点地移到了前面

（下页）

在方尖碑移位时期修建新教堂的工地和古圣彼得
大教堂的景象，1586 年，梵蒂冈教皇宫藏，西斯
廷图书馆二号大厅，在近前的建筑物之后，老教
堂的门廊紧邻着穹顶的鼓形柱

（右页）

米开朗基罗，穹顶设计图，里尔艺术与历史博物
馆藏，编号：inv. 93—94

米开朗基罗，穹顶设计图，哈勒姆泰勒博物馆藏，
编号：inv. A29

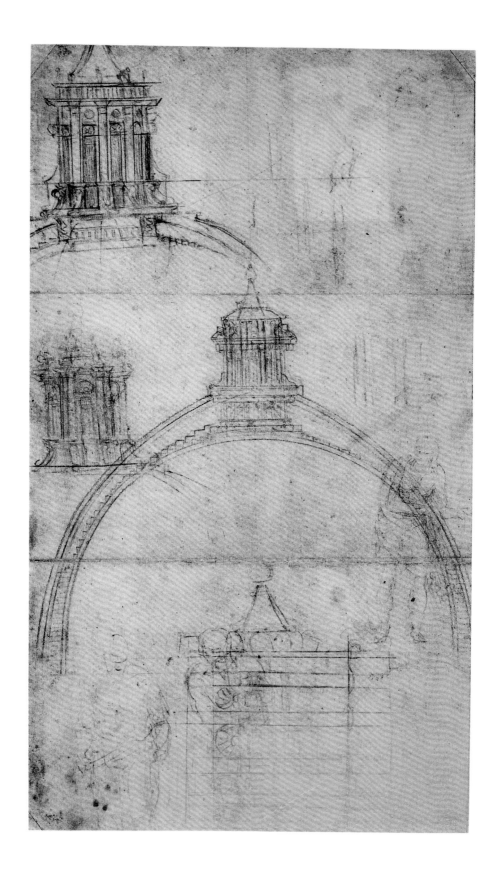

米开朗基罗设计的穹顶木质模型，圣彼得大教堂，
圣巴西流八角形厅藏

米开朗基罗设计的穹顶木质模型，圣彼得大教堂，
圣巴西流八角形厅藏

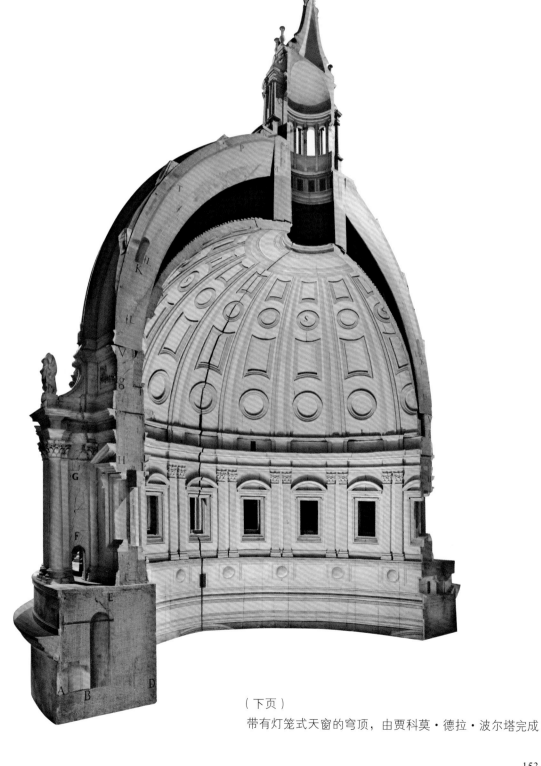

（下页）
带有灯笼式天窗的穹顶，由贾科莫·德拉·波尔塔完成

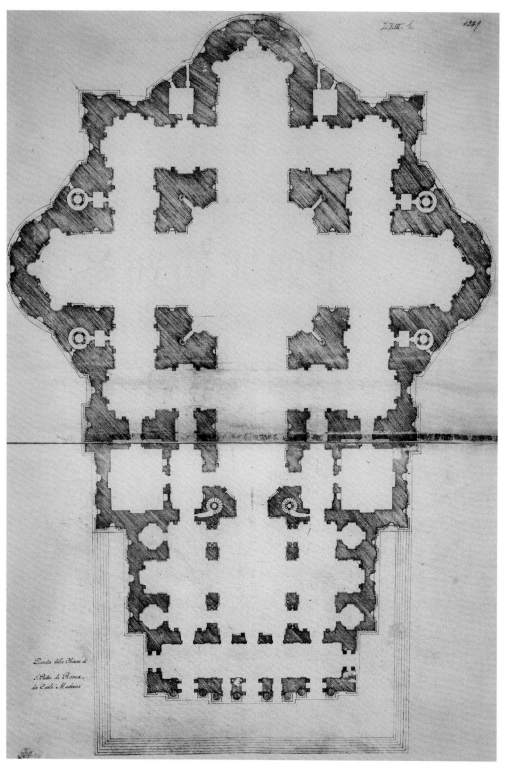

卡洛·马代尔诺绘，圣彼得大教堂设计图，佛罗伦萨，GDSU 藏，编号：264A，17 世纪初
新教堂的纵向结构和正面开始修建

佚名，正在修建圣彼得大教堂的景象，沃尔芬比
特尔奥斯特公爵图书馆藏，编号：cod. Guelf，可
以看到正在修建的由马代尔诺设计的正面

乔瓦尼·马吉和雅格布·马斯卡迪绘，梵蒂冈景
象细节，版画，1615 年

通过安东尼奥·达·圣加洛的巨型木质模型展示
出的两张建筑物的细节，如今模型被放置在圣耶
柔米八角形厅中

卡罗·吉利奥绘，圣彼得大教堂
内部，版画，约 1841 年，伦敦
私人收藏

艾萨克·凡·斯旺恩布尔赫绘（一般认为），教皇
的仪式队伍在圣彼得广场，油画，1628 年，哥本
哈根丹麦国立美术馆藏，丹麦地理数据署，编号：
SP366

大教堂正面已是最终样式，在新教堂前面可以看
到被移到广场中心的方尖碑，但是钟楼还没有
完成

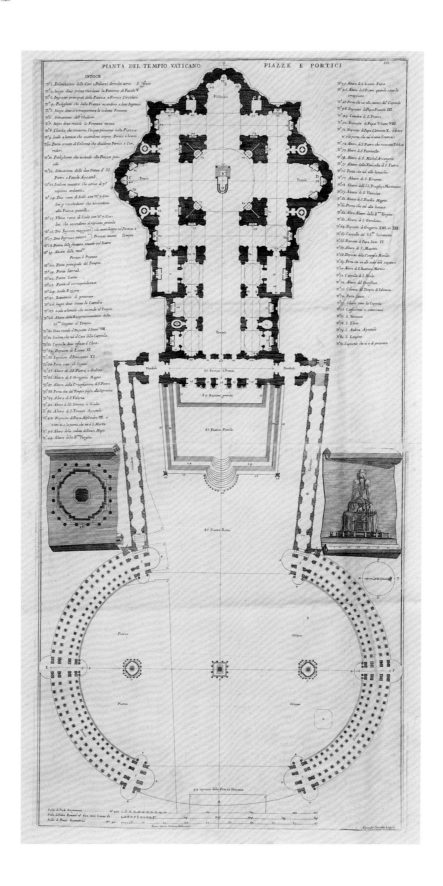

佚名，17 世纪，带有柱廊的圣彼得广场图，1665
年，都灵萨包达美术馆藏

（上页）

卡洛·丰塔纳绘，最终建成的圣彼得大教堂平面
图（取自《梵蒂冈神庙》1694 年著），贝尼尼设
计的雄伟柱廊使广场变得更为完整

乔万尼·保罗·帕尼尼绘，舒瓦瑟公爵离开罗马
圣彼得广场，油画，1754 年，柏林国家博物馆藏

以下页面：
圣彼得大教堂，广场和柱廊，面向西俯视视角
广场内和广场外两种视角下的贝尼尼式柱廊
大教堂正面全景图
大教堂内部中殿的全景图
贝尼尼设计的华盖，背景是圣彼得尊座
华盖上方的中央穹顶
穹顶外侧
面朝南俯视圣彼得大教堂，可以看到米开朗基罗
设计的中央穹顶、小穹顶、北讲道坛和耳堂
俯视广场和与梵蒂冈教皇宫和大教堂成一体的
柱廊

第三章
新生的圣彼得大教堂

赫里斯托夫·特内斯

引 言

经过了两百多年的时间，圣彼得大教堂才被建成我们现在所看到的样子。在这段时间里，不管是设想的建筑模式，还是真正一点点地实施下去的，都在不断地发生着改变。这并不稀奇，因为在那两百年间，世界发生了剧变，随之而来的是教会与世界的关系也有所改变。大教堂从尼古拉五世眼中的样子，演变成那座由亚历山德罗七世（Alessadro VII）完成的临时之作，这之间的路途是漫长而曲折的[1]。

现今的游览者是在回溯这段路途。迎接他们的是贝尼尼柱廊那两条"张开的臂膀"，他们第一眼认得的是马代尔诺设计的大教堂正面。在这之后，便是那半遮半掩、露出头来的米开朗基罗穹顶，并且想要到达整座建筑的中心就只有先穿过它纵向的身体。谁要是不知道支撑米开朗基罗穹顶的支柱和拱是伯拉孟特的作品，说明他从没了解过这里，从16世纪起，关于这一事实的记忆就有消亡的危险[2]。

历史学家从中感受到一种责任，他们要拒绝遗忘，并且串联线索讲述这座建筑的历史。人们可以在圣彼得大教堂自西向东发展的逻辑学基础上理解这座建筑，即从圣墓上方的穹顶跨越到前面的广场，然而这样分析会遇到三个特殊的困难。第一个就是这座建筑本身否认了自己的起源。它有一种超越时间限制的特性：儒略二世在奠基徽章上将新

教堂称作"Templum Petri"，即彼得圣殿，它就建在古老的圣墓纪念堂上方，注定要在千百年中见证罗马教皇的最高权力。这就是大教堂最基础的模式，新教堂的修建也同样在很大程度上定义了这个模式。天主教改革的思想家们甚至否认新旧教堂的本质区别：他们认为大教堂的结构改变了，但实质没有变[3]。因此每一项新工程都以整体修建为目的；建筑的构思不再综合其他方案引导出一个，而是交替着叠加消除，直到某一个已经完成的部分毁灭[4]。罗马教会的权力只有通过同质的建筑才能体现出来，而这权力却聚集在教皇一人身上，因此圣彼得大教堂的修建编年史是不能在其形态变革的基础上展示出来的，就像树的年龄反映在它的年轮上一样。因此，图解必须得是与叙述相联系的。

第二个困难与工程的长时间进行有关。这一庞大的建筑工程以小步向前迈进[5]，并且经常更换设计者，每一位还都有自己的想法。我们可以用构思过剩来表明这个过程所导致的后果：设计和建造彼此分离。于是就产生了一座圣彼得大教堂的"虚拟"建筑，在它面前，建筑本身好像在一些特定时刻成了脆弱的图像，它只包含设计者脑中的结构碎片。在特定阶段中（比如圣加洛制造他最后一个木制模型时），设想与工程间的联系看起来完全被打断了。然而与之相反的是，建筑中已经完成的部分为想象施加了限定，有时候想象会遵照这个限定，有时候不会，就像佩鲁齐一些方案中所体现的那样。不管

怎么说，那个想要书写圣彼得大教堂建筑历史的人都要考虑到自己的和先人的这两种方案，只有把它们联合起来做试验才能得出完整的方案。

雄伟的建筑诞生于建筑师和委托人的相互作用。然而他们之间的关系有可能多种多样，在圣彼得大教堂这个特例中，它曾多次变换。这里就出现了第三种困难：不时出现的决定权问题。建筑史学家倾向于以一般发展趋势的观点解释事实：在特定时期，"人们"会这样或那样认为。但是事实上，在一个建设项目中，人与机构能达成共识的情况是少之又少的；一些原始条款能帮助我们一窥幕后，在那里我们会遇到互相对抗的标准，如果还没到公开抗争的地步，之后我们会在建筑历史中再次搜寻到它们的踪迹。在圣彼得大教堂我们首先会和教皇打交道，他们政治上活跃，具有很大决策力，能指引大方向：尼古拉五世、儒略二世、保罗三世、西斯都五世、乌尔巴诺八世（Urbano VIII）和亚历山德罗七世。并且在他们交接的教皇空缺时期，也发生了能影响大教堂未来的重要事件，比如儒略二世的后继者们使革新者和保守者、愿望与事实原则之间达成了妥协；保罗三世之后，基督教会传统和纪念物崇拜的回归。另一方面，有些建筑师能在教皇当政时，一跃成为最重要的人物，更确切地来讲是要求掌控权：伯拉孟特、米开朗基罗、贝尼尼，他们用各自的艺术法则征服了这座建筑。另一些人则用颇具创造性的方式迎击他们委托

人的指令：圣加洛、马代尔诺。但是所有这些参与到工程中的教皇和建筑师们，他们的个人能力是远敌不过这项空间和时间上都无比庞大的工程的，同样敌不过的还有这些人可支配的财力。归根到底，这是一场注定失败的战争；儒略二世，这位大教堂的奠基人在他生命的最后几年就已意识到这点。事实上，在 16 世纪这段大教堂建造史中，所有的主角都注定达不到他们的目标。只有在接下来的一个世纪里，人们才根据那时的观念找到了完成大教堂的方法。也许贝尼尼与亚历山德罗七世能在修建计划中合作并不是偶然。

尼古拉五世

在如今的大教堂中已经看不到尼古拉五世留下的印记。从那个时期留下的史料中我们可以知道，在 1452 到 1454 年间，人们在"圣彼得讲道坛"开展了许多工作。结果就是老建筑后殿的西面建起了很高的地基；1505 年，米开朗基罗与儒略二世参观过这个地基也证实了它的存在。这次参观标志着新建筑的历史正式开始，而在新建筑下面尼古拉五世修建的地基也将消失[7]。

一座新的圣彼得大教堂

1447 年，萨尔扎纳的托马斯·巴伦度切利（Tommaso Parentuccelli）以尼古拉五世的名号登上了教皇之位，他是真正的"文艺复兴教皇"：在很多方面，尼古拉五世都

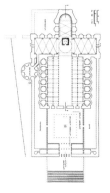

尼古拉五世，
约 1450 年

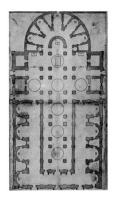

乔瓦尼·焦孔多，
1505—1506 年

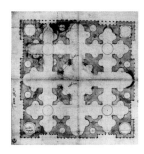

朱利安·达·圣加洛，
1505—1506 年，
GDSU 藏，编号：8A

伯拉孟特，
1505—1506 年，
GDSU 藏，编号：1A

安东尼奥·达·圣加洛，
1516 年（？），
GDSU 藏，编号：254A

安东尼奥·达·圣加洛，
1517—1519 年，
GDSU 藏，编号：34A

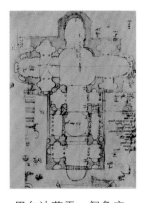

巴尔达萨雷·佩鲁齐，
1534 年后（？），
GDSU 藏，编号：16A

佚名，1534 年后（？），
维也纳阿尔贝蒂娜
博物馆藏

安东尼奥·达·圣加洛，
1539—1549 年
（布法利尼，1551 年）

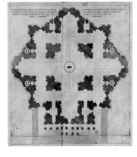

米开朗基罗，
1546 年
（杜佩拉克，1569 年）

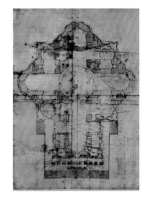

贾科莫·德拉·波尔塔（？），
1573 年后（？），
纽约 / 罗马美国学院

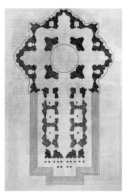

阿尔法拉诺（？），
1582 年后
（博南尼，1696 年）

伯拉孟特，
1505—1506 年，
GDSU 藏，编号：1A

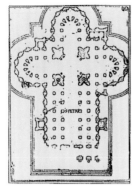

朱利安·达·圣加洛（？），
1506 年，伦敦索恩
博物馆藏

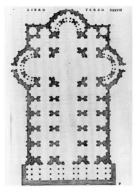

伯拉孟特，
1506 年
（赛利奥，1540 年）

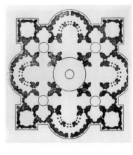

巴尔达萨雷·佩鲁齐，
1512 年后（？）
（赛利奥，1540 年）

安东尼奥·达·圣加洛，
1538 年，GDSU 藏，
编号：256A

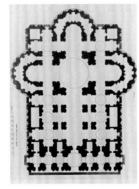

安东尼奥·达·圣加洛，
1538 年
（莱塔罗利，1882 年）

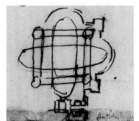

安东尼奥·达·圣加洛，
1538—1539 年，GDSU 藏，
编号：41A（det.）

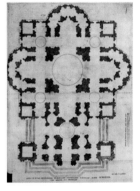

安东尼奥·达·圣加洛，
1539 年（兰巴克，
1549 年）

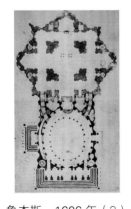

鲁杰斯，1606 年（？），
梵蒂冈图书馆藏，
编号：Arch. Cap. S. Pietro

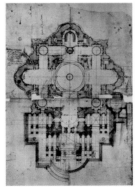

罗多维科·钦戈利，
1606 年，GDSU 藏，
编号：2635A

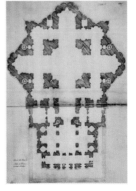

马代尔诺，
1607 年，
GDSU 藏，编号：264A

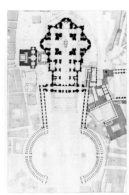

贝尼尼，1665 年
（卡洛·丰塔纳，
1694 年）

可被称为近代教皇保护和资助文化艺术事业的创始人。然而对于他来讲，留下来实施教堂修建计划的时间很少。我们能了解他实施的这些工程要得益于他的一些类似遗嘱的文件。他的传记作者，来自佛罗伦萨的人文主义学者贾尼·马内蒂（Gianozzo Manetti），参照演讲的风格整理了尼古拉五世的遗嘱，就像是在病榻前教皇对红衣主教们说的话，这封遗嘱在以后的历史中变成了继任教皇们的艺术和建筑政治的"大宪章"[8]。

这篇遗嘱中大部分内容是讲尼古拉五世在莱昂尼那城、梵蒂冈宫和圣彼得大教堂实施的工程。要是阅读完全部的描述，就很容易产生一个有些玄妙的"完美工程"的印象，它的实施不管是在那个时代还是之后都是经不起琢磨的。但是尼古拉五世真的开始了修筑工作，涉及面不只是宫殿，还有大教堂，并且因为他健康长寿，修筑工作方面也肯定都取得了不错的成就。然而即使是这样，一个人生命的长短也与浩大的工程所耗费时间不成比例：这个问题伴随着新圣彼得大教堂的建立长达两个世纪之久。

马内蒂广泛地探讨了他所作传记主人公的动机。尼古拉也许不是在个人雄心、渴望名誉或是虚荣心的驱使下才去实施这些工程，而是单纯想要加强罗马基督教会的权力以及提高教皇的威望，而达到这个目标最有效的办法就是修建宏大的建筑。马内蒂说，事实上如果人们面前没有出现这些近乎是永

恒的，或者更好来说就像是上帝亲手创造的建筑物的话[9]，他们是很容易对只建立在言语上的信仰产生疑虑的。

梵蒂冈大教堂继续保持着对基督教团体贡献最大也是最奢华教堂的地位。它能否满足尼古拉五世的需求，这就取决于当时的状况。在教皇们迁移到亚维农许多年后，圣彼得大教堂一直被人们所忽略，直到它破败不堪。在 1451 年，尼古拉五世亲自在一封训令中指出大教堂"濒临倒塌"[10]。我们可以把这训令看作一位急切想要建设的教皇的托辞，或者是一种夸张。大教堂古老的纵向部分实际上还未坍塌，当时不会，之后也不会，相反它是被伯拉孟特拆除的，而它东边的那部分甚至在这次拆毁中也幸存了下来，拆除工作当然不是很仔细；这一部分一直矗立到 17 世纪后期，此前它被用作举行弥撒。但是像阿尔贝蒂这样的建筑师宣称，大教堂纵向结构的墙体靠上的区域向南突出，仅依靠屋顶上的横梁保持在原位；任何微小的压力或打击都会导致这座建筑的坍塌[11]。毫无疑问，危险是真实存在的，但是为了避免危险的发生应采取其他措施，而不是建一间新的唱诗台边房。如果新建这件事被认为是最重要的，那就说明人们维护修复原本建筑结构的兴趣显然没有修建一些新东西的欲望强烈。

大教堂内部也没有提供可靠的信息。几个世纪以来古罗马帝国时期的轮廓已经被新建的建筑插件、附属建筑物和结构重组冲淡，并且建筑的重点从只有圣彼得墓发展出了一

个空间中的多个分散圣物。在中殿最西边，牧师会的唱诗台被扩大，阻挡了圣台的视线，圣台对面有铜制圣彼得坐像和巨大的管风琴；侧殿有新祭台、墓葬以及各样的纪念堂；外墙开辟出了礼拜堂和邻近的小间，它们的用途完全不同。所有这些构成了教会和信仰的全部历史，之后的编史工作者会留恋并追忆这段历史，但在当时它一定是沉重而压抑的。马内蒂说尼古拉五世的愿望是让大教堂彻底脱离圣墓，这也明显是很少有人喜爱他的原因[12]。

　　然而这座建筑最根本的问题不是内部的装潢，而是结构上的异常：它的神圣中心，耳堂和后殿，虽说本身面积不算小，但是相比大教堂的纵向部分，它还是太小了，尤其是太矮了，两者间的关系被反转了。实际上，根据西罗马帝国的礼拜仪式，君士坦丁时期大教堂的纵向部分是留给基督教团体的，西侧的空间留给教皇和他的教士，所以西侧在建筑学上应该处于主导地位。这里需要重新修建，并且工程发起人的职能与君士坦丁时期的不同，这个角色直接由教皇扮演，这是他作为"教皇君主"的新职能[13]。

修建方案

　　两份史料为我们提供了计划修建的建筑形态信息：一份是伯拉孟特绘制的平面图，另一份是马内蒂的描述。前者绘在 1505 年至 1506 年间完成的"大型红粉笔绘平面图"中，这幅图展现了尼古拉的修筑方案以及伯拉孟特新的构思，在图纸上重叠了一些老教堂的位置图。伯拉孟特是以尼古拉五世修筑方案作为自己构思的出发点，这点有助于精确复制当初教皇尼古拉五世的方案[14]。复制的比例尺是 1:300，测量单位（与之后的所有方案一样）是"罗马拃"；与在佛罗伦萨使用的"佛罗伦萨臂"不同，"罗马拃"与君士坦丁时期建筑的测量单位"罗马脚"是可以换算的（4 拃 ≈ 3 脚）。这份图纸不仅展现了尼古拉五世修建的唱诗台的周长，还有当时还未开始修建的耳堂的周长，有可能伯拉孟特手边的是一张 15 世纪的平面图[15]。

　　马内蒂非常细致地解释了整项方案，但是他的话语不能总让人轻易理解，他是位有文学修养的作家，却不是建筑师。马内蒂在解释方案时就像在写赞美诗；里面提到的尺寸数据差不多只局限于伯拉孟特平面图中标注的那些，有时候其数值还自相矛盾。很明显，马内蒂认为表现出建筑结构和谐的关系比记载准确的信息更加重要。

　　不管怎样，这两份资料间有充足的一致性，通过研究（从 1619 年菲拉波斯科时开始）分析得出的无数复原提议才得以最终得到一幅相对连贯的图像[16]，我们之后会对这图像有个概括。

　　老教堂的耳堂和后殿被拆除并且改为一个正方形结构，建筑结构构成了这个四边形的十字形对角线，这个十字形上边的三条边相等。正方形边长与原来中殿的宽度相等；所以这个四边形向西延伸了很长的一截，超过了老耳堂的墙，这样的话，圣墓上方祭台

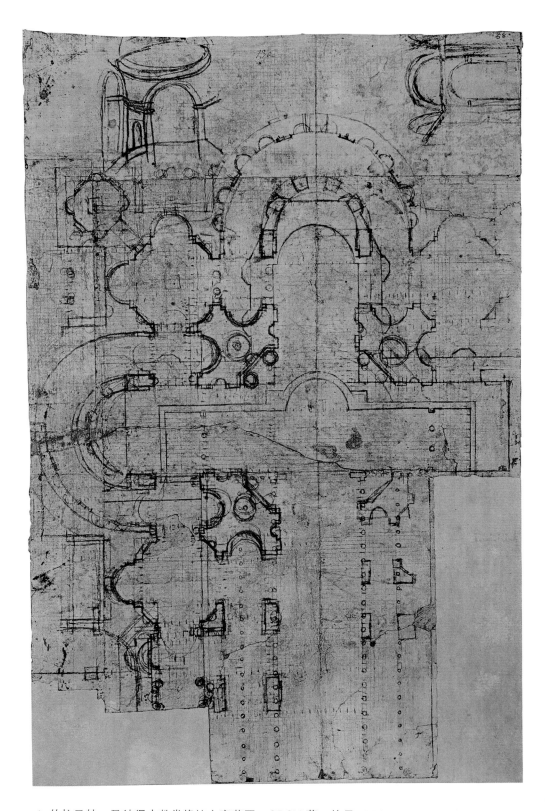

1. 伯拉孟特，圣彼得大教堂修筑方案草图，GDSU 藏，编号：20A

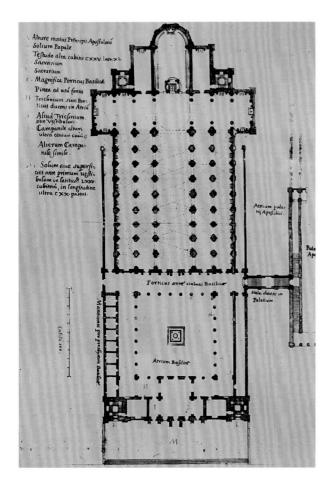

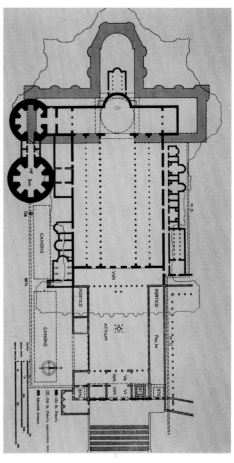

2. 马提诺·菲拉波斯科，尼古拉五世方案再现，1619 年，梵蒂冈图书馆藏，编号：Barb. lat. 2733

3. 托戈·马格努森，尼古拉五世方案重现（1958 年）

就处在穹顶下面，失去了它在后殿中心的重要位置；然而祭台不在穹顶的正下方，而是有一点偏离圆心，这个位置一直保持到了现在。对角线形成了一个十字形的四间边房的长度是相等的，都是 200 拃；西侧边房顶端的四分之一是半圆形后殿。在这一区域，没有预先设置侧边的礼拜堂或是其他附属的房间。围墙相当坚固，这样设计也许是考虑到要修筑防御工事，另外墙体也需要支撑拱顶。

在这个十字形架起的四边形上方应该竖立起一座半球形穹顶；同时组成十字形的边房上建有交叉拱顶，它们可能支撑在墙体前方雄伟的柱子上，就像古罗马浴场或是马森齐奥教堂中的那样（这里马内蒂描述得不是很清楚）。大教堂的纵向结构是直通顶端的柱廊分割出的五间殿，尽管从结构的角度看它是一体的，配备有相同的礼拜堂。侧殿上方应该会架着交叉拱顶，上方的墙壁上开有一些巨大的圆洞。大教堂前厅两侧挨着两个钟楼，改造的前厅形状是规则的。

分　歧

马内蒂夸赞规划好的布局就像自成一体的艺术品，没有违背从老教堂中独立出的主题。实际上，建筑方案由两个截然不同的部分构成：大教堂纵向结构是巴西利卡（basilica，古罗马时期用于处理事务、解决分歧、行使司法权的公共建筑，通常与广场相连）式的，西边的部分则是汇聚在一个圆周围。纵向部分和中心部分布局的紧张状态，以及是修建多间殿还是只建一间的分歧就在这里埋下了伏笔，这些问题将会贯穿之后数世纪的大教堂设计史中。一些真正新产生的原因并不包括在其中，它们也不在西侧结构重组中起作用：后者只是复原了一个从中世纪起就在西罗马帝国的宗教建筑中起主导作用的布局。马内蒂曾将尼古拉五世构思的大教堂比作是伸展开胳膊躺在地上的男人，或者说是一幅耶稣受难像。这个比喻，马内蒂只不过是重新拾起了中世纪的解释性传统；顺便提一句，马内蒂在之前用几乎相同的话语描述过佛罗伦萨的主教堂。那耸立在中殿和耳堂间正方形区域上方的穹顶也是中世纪的遗产，尤其是在意大利，这穹顶是宏大的宗教建筑不可或缺的元素；布鲁内莱斯基（Brunelleschi）也没有否认这一点，他在1420年左右为早期基督教时期教堂的类型重新赋予了生命（柱式拱、遮住大梁的木制天

花板）。至于建筑形态，尼古拉五世的新方案仍旧在传统轨道上移动。它的现代性只是体现在新规划的想法本身[17]：它不在于"更新"旧的，而是用新的换掉旧的。一个合理的建筑有机体应该克服过去造成的结构多样化，所有的尺寸和比例都应该服从统一的体系，同时它会减弱结构与建筑中纪念性设施的联系。圣彼得墓不再是大教堂中预先定好的中心；马内蒂甚至都没有提及它，伯拉孟特视它为新教堂内部一座可以随意转移的陈设品。

如果尼古拉五世像马内蒂暗示的那样在头脑中有对整座建筑的更新方案，那他应该清楚自己除了工程开始阶段外不会看到更新后的大教堂的事实。这里现出了第二条冲突线：作为工程策划人的发起者和建筑师的雄心以及他们各自使用手段的差异。根据尼古拉五世的构思，新教堂的规模应该与帝国时期的建筑相当，甚至要胜过它们。然而，有了近代这些前提，这样的想法需要很长的时间才能实现，所以就有排列出施工先后顺序的必要。尼古拉五世决定首先在整体的最西端开始施工，那部分包括合唱台、正方形区域和耳堂，如此便确定了大教堂将向着何种方向发展；纵向结构，门厅和正面都交由后继者负责了。在这一点上，尼古拉五世所做的也像是大教堂接下来修筑工作的前奏曲。来自皮科洛米尼（Piccolomini）家族的教皇庇护二世实施的方向与尼古拉五世的相反，是从大教堂入口开始重建，但这项工程没有

了下文。

从最西侧，也就是从君士坦丁时期的后殿后方开始修筑带来了一个不能低估的优势，即不需要介入到老教堂的建筑实体中去。只有两座分别建于4世纪和7世纪的卫星建筑物——普罗比诺陵墓和圣马尔蒂诺礼拜堂应该让位给尼古拉五世的唱诗台。大教堂的一位牧师马菲奥·万卓在尼古拉五世逝世后不久编纂了一部关于这座建筑的著作，在里面他表达了自己对这两座卫星建筑被拆毁的强烈不满，但是没有反对这些能料到的、并且会愈演愈烈的拆除工作的主题；也许万卓以为这个计划会停滞下来，因为尼古拉五世的后继者卡利克斯特三世（1455—1458年在位）没有将工程进行下去。另外，可不是所有同时代的人都会像马内蒂一样对尼古拉五世的计划怀有激情。比如说佛罗伦萨人波焦·布拉乔利尼，他是法院的高级官员，曾试图劝说教皇将教会的资金拿来抵抗土耳其人，而不是用来修建耗资巨大的建筑艺术品；在尼古拉五世逝世那年，著名的方济各会布道者乔凡尼·达·卡佩斯特拉诺（Giovanni da Capestrano）也提出了同样的建议。正是这些早时的愤慨，在五十年后影响了伯拉孟特和儒略二世继续工程的方式[18]。

出处问题

我们一直在用"尼古拉五世建筑方案"这个词，在它背后却藏着一件尴尬的事：我们不知道是谁真正构思的这个方案。在一份

与此有关的最古老的文献中，作者认为像这样规模的工程应该是莱昂·巴蒂斯塔·阿尔贝蒂的作品[19]。在1443年至1452年之间，阿尔贝蒂居住在罗马，是教皇朝廷的一员，也是尼古拉五世的亲信，他是在博洛尼亚求学时认识的尼古拉五世。1452年，也就是新的讲道坛开始施工的那年，阿尔贝蒂交付给教皇他所写论文《建筑十书》（*De re aedificatoria*）的第一版。然而马内蒂和其他那个时代的作家都没有将阿尔贝蒂与尼古拉五世在圣彼得大教堂所兴建的工程联系在一起，除了一位叫马蒂亚·帕尔梅里奥（Mattia Palmierio）的编年史家，但他给出的证据却指向反方向：阿尔贝蒂，这个在所有艺术领域都很敏锐且造诣很深的人，曾反对教皇继续这项工程[20]。

阿尔贝蒂在论文中多次谈到了大教堂，但只是讲到了建造技艺方面的事情。他评价了纵向结构的建造（在他看来，装有下楣的柱廊不足以支撑建在其上的高墙的重量），讲述了大教堂在那种环境下岌岌可危的境况，并且在工程快要结束时，提出了一些加固方面的建议；考虑到纵向结构的稳定性，他还在另一角度分析了侧边礼拜堂的功能[21]。从这些方面看，我们不认为阿尔贝蒂对君士坦丁时期的大教堂怀有积极态度，也不能期望他有：他对传统价值不感兴趣。总体来说，阿尔贝蒂认为巴西利卡式的形态就是在宗教建筑发展史上一条错误的道路[22]，也许这可以解释为什么他对教皇的意图有所保留：首

先，古建筑物的情况不是局部修整就能改善的，总之不会因此就竖立起一座符合阿尔贝蒂基本人文主义理论的神殿；其次，有可能是他曾多次表达过对大规模建筑群的排斥，因为这已经脱离了一个建筑师的掌控范围。在论文的第二章中有一段似乎暗指了尼古拉五世的建筑方案，阿尔贝蒂嘲笑那些轻率而急促地拆毁了老建筑、又筑起了新的巨型地基的人[23]。实际上，一个优秀的建筑师要是不能亲手完成一项工程，那他就不会预先决定要完成什么；一座由于资金短缺未能完成或是被后人损毁的建筑是对设计师名誉最大的损害[24]。

在其他能和尼古拉五世的工程联系起来的名字中，排在首位的是佛罗伦萨建筑师贝尔纳多·罗塞利诺（Bernardo Rossellino，1409—1464）。1451年，教皇召他去罗马，那时他似乎是负责梵蒂冈建筑的主建筑师[25]。在瓦萨里为罗塞利诺撰写的传记中，他评价尼古拉五世的修建项目就像是这位建筑师的创造，但恰恰是在讲圣彼得大教堂的工程时，信息变得模糊起来，或者说半遮半掩；图纸是无法用言语形容的宏大，但模型却是"效果不好"，另由其他"建筑师"重新设计。瓦萨里没有提他们的名字：只要作为雇主的教皇，他的顾问、设计师、建造师以及项目承包商之间的角色没有划清，那么罗塞利诺是否应该和其他人（贝尔特拉姆·德·马尔蒂诺 Beltrame di Martino，阿玛德 Amadei，尼洛 Nello，斯皮内利 Spinelli）一样被视作参

与了修建工作的问题就仍然没有答案。他们中的每个人都有可能用自己的方式影响了施工方案；那个阿尔贝蒂想象中的或是之前瓦萨里暗指的"建筑创造者"，从设想的他生活的年代开始，似乎在尼古拉五世的营造工程中根本就不存在。

后续历史

我们无从得知是否因为阿尔贝蒂的抗议导致1454年尼古拉唱诗台的施工活动有所减缓。不管怎样，教皇逝世后这些工作没能继续进行下去。之后登上教皇之位的是出身波吉亚家族的卡利克斯特三世，他停止了一切修建活动；这样就将解冻的资金用到了抗击土耳其人的武器装备上，在1453年苏丹穆罕默德二世（Maometto II）占领了君士坦丁堡以后，这些土耳其人就直接威胁到了欧洲本土。在之后的教皇是庇护二世，他的本名叫埃尼亚·西尔维奥·皮科洛米尼（Enea Silvio Piccolomini），是一位艺术爱好者。他将自己的爱好发挥在了圣彼得大教堂上，定了一个与之前教皇截然不同的目标：大教堂面向圣彼得广场的入口要有一种新面貌。于是庇护二世委托他的宫廷建筑师弗朗西斯科·德·博尔戈（Francesco del Borgo）修建了一个拥有三层凉廊的正面，它有十一根柱，能覆盖大教堂的整个宽度[26]。然而当庇护二世逝世的时候，只有北侧与教皇宫毗邻的四根柱开始修建；15世纪70年代接手这项工程的教皇们完成了祝福凉廊，之后在17世

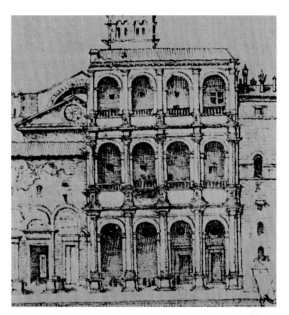

4.梅尔滕·梵·海姆斯凯克绘,从圣彼得广场看梵蒂冈,局部,维也纳阿尔贝蒂娜博物馆藏

5. 保罗二世的徽章,梵蒂冈图书馆藏,梵蒂冈纪念章存放柜

纪初,保罗五世为大教堂修建了新的纵向部分,并且移除了门厅古老的正面。

庇护二世的后继者是保罗二世(1464—1471 年在位),本名彼得·巴尔博·德·威尼斯(Pietro Barbodi Venezia),他仍尝试着继续尼古拉五世的工程计划[27],可能是保罗二世在 1470 年宣布 1475 年为大赦年这件事给了他这样做的动力。在 1470 年人们开始继续修建圣彼得讲道坛;文献中提及的建筑师有朱利安·达·圣加洛和米奥·达·卡布里那(Meo da Caprina)。教皇可能期盼着在大赦年之前能至少完成这部分的更新,这里第一次显现出工程计划与事实间的脱离,后者注定要在新圣彼得大教堂修建史上成为典型:所有的规划都停留在纸上方案的阶段,能付诸实践的只有一些片段结构,它们被迫与老教堂共

存到新规划的出现。保罗二世当时对完成讲道坛这件事相当有信心,甚至还铸造了一枚带有合唱台新边房内部标志的纪念徽章,但是这项工作在他的后继者西斯都四世手下就被搁置了。这位出身德拉罗维雷家族的教皇改造大教堂所做的第一件事,就是增加一间附加在老教堂纵向部分南侧殿的礼拜堂,里面将容纳一个牧师会合唱台,同时也将作为西斯都四世本人的陵墓。

这样看来,第一个为新圣彼得大教堂所做的尝试算是以失败告终。人们可能会说时机还不成熟,所付出的努力对开始一项如此庞大的工程来说还不足够。16 世纪时,其实一切都没怎么变。那个时代的成就就是伯拉孟特的作品了:只有在他身上,建设一个新的圣彼得大教堂的构思能在一段时间内得到

持续发展。然而尼古拉五世的工程显示出只依靠工程发起人一人之力，缺少一位具有艺术创造性的合作伙伴的局限性，就像尼古拉五世工程只留下了他唱诗台的基础墙一样。在之后的大教堂修建史中，它扮演了一个矛盾的角色。1506年，伯拉孟特在这基础墙之上竖立起了"儒略唱诗台"[28]，但是这座建筑还是融不进他的整体构思；1585年，唱诗台被替换成了与整体构思一致的西边房。但是在那之前，当儒略唱诗台仍旧屹立时，米开朗基罗在1546年被召来做工程指导，他把它误认为是伯拉孟特原创设计的遗留，并且选择它作为建造新讲道坛的参照。走过这段曲折的历史，最终尼古拉五世工程的一个元素成功地在新教堂中幸存了[29]。

儒略二世和伯拉孟特

在儒略二世在任期间新教堂的修建史开始了，它持续了一百二十年之久。这个时期建筑的很多部分都竖立起来了，这些部分我们至今仍能看到：今天仍支撑穹顶的四根结实的支柱，连接支柱的横向大拱以及立在它们之间的穹隅；人们建起了横向边房辅助支柱，这就确定了处在建筑中心部分的五个小穹顶的大小。这些元素构成了建筑的心脏，之后对建设方案的任何修改都不能影响到它们。伯拉孟特依照教皇的构思修建的唱诗台边房部分被改动，部分在1585年到1587年间被拆除[30]。

修建新建筑的决定

儒略二世的任职期只比尼古拉五世的多出两年。但如果儒略二世在尼古拉五世曾失败过的地方取得了成功，并不是因为他比前辈规划的方案更加实际，而是因为他对否认的事实没那么多顾虑。正如儒略二世在政治上是行动派一样，他对文化艺术事业的保护和资助也有个人性格的烙印：坚定信仰，有权力野心，冲动又易怒，严厉又宽宏大量，当代人对这位教皇褒贬不一，人们在谴责他毁坏老教堂的同时又敬仰他是新教堂的奠基人。然而即使是儒略二世也有可能失败，在某一时期似乎他已经失败了，如果他没能找到一位合格的、能驾驭这个庞大工程并且将它具体化的建筑师的话。归根结底，是伯拉孟特赋予了这座建筑一个之前从未有过的形态，使其得以世世代代发挥持久的影响力，使这工程平安地度过意识形态或是经济方面的危机。

像尼古拉五世一样，儒略二世在工程构思期间思考的也是梵蒂冈建筑的整体布局。他第一个要考虑的是扩建教皇宫，把它改造成一座现代的君主府邸；只有当这里最基础的几步完成之后，规划完观景中庭，儒略二世才将他的注意力转向大教堂。重要推动力的来源是教皇要为自己的陵墓找到合适的地点，他将修建陵墓的事项于1505年初委托给米开朗基罗[31]，它的大小和奢华程度要超过之前所有的陵墓。由于大教堂里满满当当地都是各式各样的陈设，再也找不出一块合适的地方，米开朗基罗（根据他的传记作者阿斯坎尼奥·康迪维所言）便提议重新拾起尼古拉唱诗台的工程，这个想法很快得到了教皇的首肯，爽快而坚决地提供了所需资金。我们没有可信的关于启动的方案是如何一步步成型的记载，但是幸亏伯拉孟特的合作者安东尼奥·达·圣加洛非常热心地收集文件，所以保留下来一些伯拉孟特自己绘制的草图和图样，这些文件为我们还原了他的部分思考。在那几个月中，伯拉孟特构思了三种不同的设计方案，但没有最终定论；直到1506年4月施工开始了，他的想法仍不确定，无法敲定一个具备所有细节的方案。所以接下来，我们会在有限的意义上讲一讲伯拉孟特的方案[32]。

伯拉孟特的三个方案

有可能这位建筑师比委托他做事的教皇更早意识到尼古拉唱诗台的扩建会差不多演变成对大教堂耳堂的重建。因此在伯拉孟特的第一份方案中不仅有老教堂的位置图，还有尼古拉的方案图，后者推测起来可能是一张简要但是标有刻度的图纸（根据当今的术语它被称为比例图）[33]。在其中一张展示15世纪方案现代化的构想的图纸[34]背面绘有两幅速写图：耳堂两翼也像唱诗台边房那样被后殿封闭起来；穹顶会延伸到尼古拉正方形区域之外，并且建有鼓形柱；将需要一个新的支撑结构；图纸中还勾出了一个附带螺

旋楼梯的正方形下层建筑，螺旋楼梯会通到小尖塔环绕的角落。伯拉孟特后来的构思没有体现在这两幅速写中：十字形结构的边房角落会修建四个带有小穹顶的房间，四个小穹顶和中间的大穹顶构成了一个梅花图案，它使正方形区域对角线的延伸感不那么生硬，这个构思在之后的设计中一直起到指引作用[35]。

于是西侧的大教堂中心部分与纵向部分之间的冲突就在此时显现了（在尼古拉五世的设计中就已经出现）；现在建筑师的主要任务就是让这两部分结构和谐共生。伯拉孟特在他的图纸（图7）上画了正方形网格；格子线很细，是用钢笔画上去的，每个正方形边长一"分"（minuto），也就是一拃的六十分之一[36]。多亏了网格的帮助，伯拉孟特才能自由地绘制，并且能保证其尺寸正确。我们从中可以看出绘制的三个阶段：首先伯拉孟特复制出尼古拉五世方案的轮廓；第二步，在右下角四分之一处绘制自己方案一的一部分；接着用方案二绘满剩下的图纸。其关键点在于大教堂穹顶的支柱，它们就像是连接大穹顶、小穹顶[37]和纵向结构的球窝节，支柱结构本身也被构想成一座包括支柱和拱顶的建筑。就在这些对建有壁龛和巨型支柱的或垂直或倾斜墙壁的尝试中，新圣彼得大教堂的建筑风格初具雏形。

到这里，为使教皇对修建方案满意，就需要绘制一张介绍性的图纸：如此我们想到了那幅最著名的"羊皮纸平面图"（piano

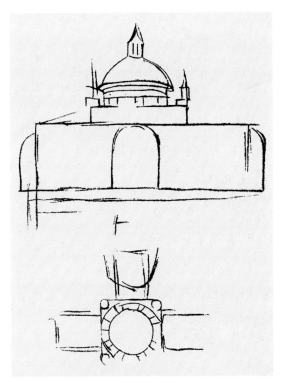

6. 伯拉孟特, 圣彼得大教堂设计草图, GDSU, 编号: 20A, 背面 (盖米勒, 1875—1880 年)

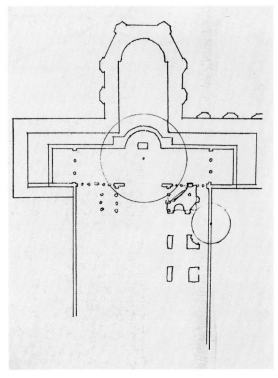

7. 伯拉孟特为圣彼得大教堂绘制的第一份方案 (特内斯, 1994 年, GDSU, 编号: 20A)

pergamena), 之前瓦萨里就曾赞赏它是 "非凡的图纸", 如今它被保存在乌菲齐建筑图纸收集册中, 编号排在第一个, 是 1A。相比建筑图纸来说, 羊皮纸平面图复制品的比例尺放大了一倍 (之前是 1:300, 这里是 1:150); 也许这就是那张我们推测伯拉孟特拥有的古老的建筑平面图比例尺, 羊皮纸平面图是叠在那张图上面的。幸好新旧建筑的轴线系统是一致的, 这样伯拉孟特图纸上那些主要的和附属的房间形态就能领会了。现在看起来, 伯拉孟特的方案已经成熟了; 穹顶的支柱已接近最终形态, 从小穹顶处衍生出大教堂中心部分的次要结构系统。梅花形结构以 "分

形" 图形的方式扩大 (与自己相似), 并以这样的方式构造出整座建筑。

大教堂的角落建有几间八角形的圣器收藏室 (与米兰圣萨蒂洛圣母堂的是一个类型)。巨大的墙体似乎是对空间形态的纯粹否定; 主次房间被凹陷环绕, 后殿的半圆形区域重新成为附属后殿和不同大小壁龛的所在地。伯拉孟特的图纸 (确定无疑是他绘制的, 因为圣加洛在纸后面清楚明白地写了)[38] 是用发亮的乌贼墨汁绘制的, 它具有令人无法抗拒的吸引力, 也难怪教皇儒略二世会把它收藏起来。1506 年, 教皇宣布重修圣彼得大教堂并铸造了一枚纪念徽章[39]。上面的图案

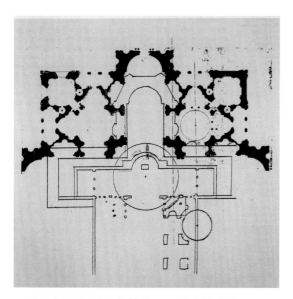

8. 羊皮纸平面图和老教堂平面图（特内斯，1994年制作，是 GDSU 编号 20A 和 1A 藏品的整合版）

9. 儒略二世的徽章，梵蒂冈图书馆藏，梵蒂冈纪念章存放柜

代表了他要改造的地方，即建筑的神圣中心，包括他的墓葬礼拜堂、耳堂和穹顶，或者说是从梵蒂冈山望去的景色，它的轮廓在画面前景中被勾勒出来。最终预备给徽章铸造工的图样与伯拉孟特提供的近似；轻微透视的景色与伯拉孟特图纸背面的第一张草图大致吻合，从这幅相关的平面图中的草图看，它展示的也是面向西的视角。对比之下就会发现，徽章上的穹顶体积更大，它比羊皮纸平面图中的实际尺寸大许多，似乎只有在这儿表现出与万神殿穹顶大小一决高下的思想[40]。

我们不知道为什么如圣加洛在羊皮纸平面图背面写下的简短记录所说的方案一"没有效力"，或者说它为什么没有完成。也许是因为这个方案并不是在所有地方都考虑周全，从建筑西侧到纵向部分的过渡难题也没有在这套方案中得到实际解决；也许伯拉孟

特意识到一座与万神殿中那座类似的庞大笨重的穹顶，需要一个比他第一张草图中脆弱的支撑系统更为坚实的下层建筑。伯拉孟特重新在方格纸上对可能的替代方法进行试验：可以用一对对柱子加固支柱，它们会从地面支撑鼓形柱基部的环形结构，并且会使向内突出又向外推挤的穹隅成为多余[41]。可以去除大量支柱的横向部分，这样小穹顶就能成比例地扩大。最后的这个构思只是停留在表面的灵光乍现，那就是扩充这每组两根，共四组的柱群数量，直至它们最终形成一个拥有 16 或 24 柱子的环，它将环绕穹顶所在的整个房间；要是这样的话，鼓形柱将会是完全由柱子支撑起来的。当回归到他第一套方案时，伯拉孟特没有将这一大胆的设想进行下去（柱子高度会超过 50 米，下楣会超过柱间不止 10 米）。这时他从图纸左下角四

10. 伯拉孟特，圣彼得大教堂修建方案，GDSU 藏，编号: 1A

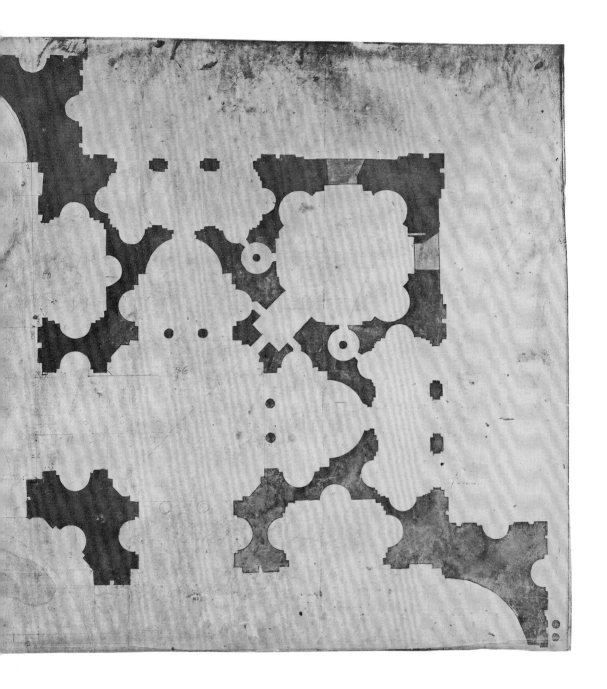

分之一处开始,按顺时针方向绘制他的第二个方案。

在这个时候,伯拉孟特典型的思维方式就是停下来重新掂量整体情况,而不是完善方案的细节。这样做的结果就是产生一个新的轴线网络:伯拉孟特脱离了大教堂纵向结构的束缚,专一地定位在尼古拉的方案中,结果就是所有大小尺寸的扩大[42]。方案一对空间的规划被保留了下来,但是墙体在羊皮纸平面图表面上的分布就好像在棋盘上的分布一般,现在都集中到了穹顶的四个支柱那里;支柱现在看上去就像是独立的结构,以自己为中心,它们即使失去了侧边的支撑也能承受住穹顶的重量。在支柱内侧有一座螺旋形楼梯盘旋而上,它是修建穹顶时为了方便运输材料而修建的。在转向十字形结构的边房的支柱旁边是一些巨大的壁龛,它们直径 40 拃(近 9 米),这与侧殿内部宽度统一。要是按照一般的 1:2 比例推测,壁龛的总高度会达到 80 拃,拱端托的高度会是 60 拃。这是老教堂中殿柱廊的规模,由于伯拉孟特的柱子在他的系统中充当了建筑内部立面的角色,这个巧合也许并不是偶然[43]。

最重要的革新工程要数在后殿周围修建的回廊了[44]。一个有独立支撑的半圆形结构将后殿墙面分解;伯拉孟特在这儿用柱子或是楔形支柱尝试了不同的形态,最终为这块空间成功设计出一个全新的结构。这样做的目的,与其说是为了实用性,不如说是为了美学形态的自然:西侧组成十字形的边房也

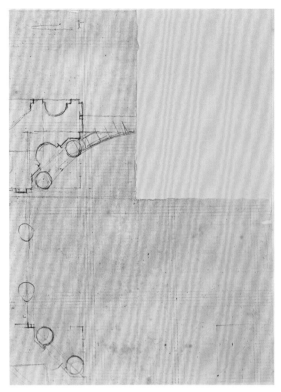

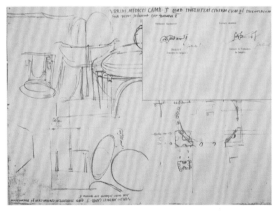

11. 伯拉孟特,圣彼得大教堂草图,GDSU 藏,编号:7945A,正面与背面

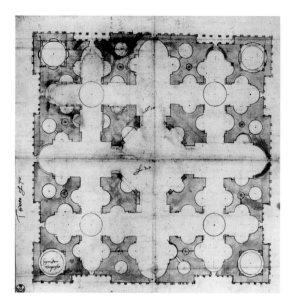

12. 朱利安·达·圣加洛，圣彼得大教堂建设方案，GDSU 藏，编号：8A，正面

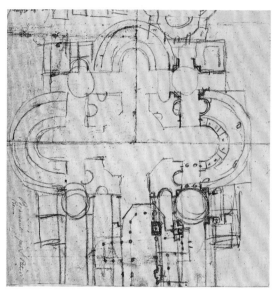

13. 伯拉孟特，圣彼得大教堂草图，GDSU 藏，编号：8A，背面（部分在正面）

修建了类似的结构，它们建有很多殿。这是向着集中式布局与整座大教堂一体化迈出的坚定的一步，正如我们所见，术语"回廊"没有在同时代的文章中出现，这两者是一致的。圣加洛称呼后殿为"大船"，回廊是"小船"或者"小圆殿"[45]。与方案一中相同，大教堂东部该怎样收尾仍没有答案，人们明显不认为它是个亟待解决的问题。讽刺作家安德烈·瓜尔纳（Andrea Guarna）在 1516 年还以嘲弄的口吻写道，伯拉孟特有可能只想在坟墓里思考应该把大教堂的正立面建在哪儿（"ubi templi ipsius ianuae poni"），并且他如果决定好了会在复活之后告诉大家[46]。

同时，伯拉孟特的老对头朱利安·达·圣加洛正在思索出一套反对方案。无论如何，他总有办法看到伯拉孟特的羊皮纸平面图，之后便依据自己的构思提供出一套经过改善

的方案草图[47]。新图一点都没有保留原图中对于美学的思考：主殿和偏殿交叉成 T 形，它们构成了彼此交错的生硬的网格状通道；穹顶、后殿和壁龛都规规矩矩地待在自己的位置上。

图纸中大穹顶的位置标有"20 卡纳（canne）"，这是为它设置的理想尺寸，与万神殿穹顶的相同，但是帽盖的设计明显是一座八边形尖顶塔亭，借鉴了佛罗伦萨主教堂穹顶的样式。朱利安通过整个方案的内部联系推算出穹顶的梅花形结构尺寸，将它放在一个正方形建筑体中，这个正方形的每条边都不受其他建筑的约束；在图纸中，正方形建筑体四条边的墙体被超过 150 个小方块细分，它们突出边线，无间断地连成了一排。

这不是伯拉孟特的本意。也许他被教皇邀请到某处，于逆光处拿着朱利安的图纸，

临摹它的轮廓并用一些线条勾勒出他对大教堂纵向部分施工的想法[48]。通过两小幅绘在图纸边缘的位置草图，我们能推测出他的灵感来源，比如他选择的两座米兰的教堂，圣洛伦佐马焦雷教堂和米兰主教堂——分别绘有中心部分和纵向部分的平面图，两者都建有很多间殿。同时伯拉孟特自己的方案得以进一步完善：大穹顶下方房间的巨型柱子都消失了，作为补偿，在右耳堂（北边那间）边房的后殿处，伯拉孟特用红粉笔线条有力地勾勒出一个全新的更加不同的细分体系，它基于支柱、雄伟的壁柱和一些小柱子间的组合，其中这些小柱子支撑着下楣。它是伯拉孟特一项最广为流传的发明创造：米开朗基罗将它应用到保守宫，维尼奥拉将它应用到朱利亚别墅庭院中。但此时大教堂东面的收尾工作仍旧没有下文。

朱利安在他反对方案图纸的边缘写下"共 70 卡纳"，他可能想指出自己的方案不会超过羊皮纸平面图的总面积[49]。事实上，从那时起，伯拉孟特的方案就在不断扩大，即使没有验证，也能猜测出儒略二世对此提出了异议。教皇想要的不过是一间墓葬礼拜堂，并且越快建成越好，就把它建在尼古拉唱诗台留下来的现成的基础墙上。教皇和他的建筑师都想要对建筑进行修复，他们各自的规划呈现出两幅不一样的图景：伯拉孟特认为只有在整体上实施方案才是有意义的；对于儒略二世来说，排在首位的是要建在唱诗台的礼拜堂，这座唱诗台的礼拜仪式功能和它

的外观却一直都没有改变，直到 1513 年儒略二世去世前的两天，它才最终成为儒略礼拜堂[50]。

之后伯拉孟特便按照自己的方式行事：他开始构思第三套方案，在其中融入教皇的意愿，并且同时让自己的设计完全成熟起来。人们没有找到关于方案三的草图，但是可以从之后的证据中推算出一个合理的布局。

这些证据一方面指的是朱利安·达·圣加洛三个大型方案，其完成时间可能在利奥十世当选教皇的第一年，这个佛罗伦萨人可能想重新负责圣彼得大教堂的修建工程；另一方面指的是 1540 年完成的塞巴斯蒂亚诺·赛利奥（Sebastiano Serlio）的版画[51]。朱利安非常小心地绘制了细节丰富的设计图，明显能看出它们与伯拉孟特的方案有关，但是朱利安用一些变化模糊了图像，他希望能通过这些变化再一次"优化"竞争对手的作品。版画是赛利奥《第三卷》（Terzo libro）中的图，从刻印角度来看它是被简化的，而且也只粗糙地简化了细节，但是从这幅版画中也能看到纯粹的伯拉孟特构思（不包括儒略唱诗台）。它有三处让人眼前一亮的革新：一、小穹顶的体积缩小到它们可以成组地建在纵向部分的侧殿上方；二、纵向部分的内部侧殿被辅助支柱阻隔，作为补偿，在外边上增建了一连串附属礼拜堂；三、唱诗台边房、耳堂边房和纵向部分的墙壁都依据"节奏感大梁"（travata ritmica）的原则进行不间断的细分，即中殿与后殿耳殿相隔

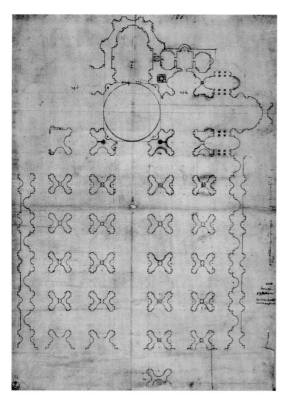

14. 朱利安·达·圣加洛，圣彼得大教堂修建方案，GDSU，编号：9A

15. 朱利安·达·圣加洛，圣彼得大教堂修建方案，GDSU，编号：7A

拱门的模式。

　　这三项革新全部都位于建筑的核心位置，这个位置是从 1506 年开始修建的，所以构思这三项革新的年代还在伯拉孟特时期。它们使伯拉孟特的第三个方案像是将建筑的两个部分完满地结合了：目的是建立起一座纵向建筑，它能容纳进梅花形结构的中心部分。可以说这是一座嵌入了一间十字形教堂的巴西利卡。

执行方案和穹顶的设计

　　与所有这些图纸需要区分开的是"执行方案"，人们是在 1506 年根据它开始施工的。

16. 伯拉孟特和拉斐尔，圣彼得大教堂修建方案（赛利奥，1540 年）

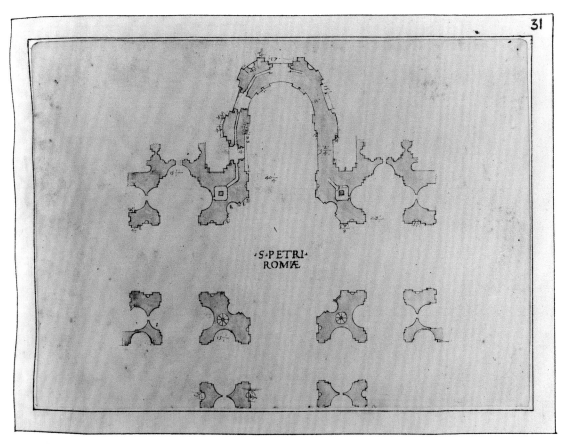

17. 贝尔纳多·德拉·乌尔巴亚，圣彼得大教堂平面图，伦敦索恩博物馆藏，编号：Coner

我们可以从伯拉孟特逝世不久后那段时期已竖立的建筑中，推测出这是一个怎样的方案[52]。它展示了伯拉孟特的方案三和儒略唱诗台组合在一起的"乱七八糟"的景象，后者是在教皇的指令下建设的，它明显地破坏了整体的和谐；方案没有留下可以安置西侧两个穹顶的空间。然而伯拉孟特已经构造了唱诗台边房，以致当开始后殿的建设时，人们发现后殿的尺寸与十字形结构的其他边房相同；侧边开的窗户与位于穹顶支柱和辅助支柱之间的拱形结构相适应。所以以庞大的规划来看，后殿早晚是要被拆除重建的（这件事实际在1585年发生了），无须介入到支撑建筑核心部分的结构中去。根据赛利奥提供的信息，伯拉孟特没有完成木制模型（"不完美的"），而在这个模型中起到支撑作用的结构似乎没有制作出来，他的后继者犹豫着不知该如何进行下去。我们也不知道伯拉孟特是怎样构思建筑物的外形的：是像一个大块的建筑体周围绕着雄伟的柱子（差不多就像今天看到的那样），还是具有大教堂类型中逐渐倾斜的与纪念徽章上的图案类似的样式[53]。

从上文讲过的瓜尔纳的讽刺语句中，我

们能推断出这个木质模型的纵向部分只是简单地勾勒出轮廓；另外，一旦确定了结构体系，就可以立即重做模型的纵向部分。赛利奥平面图中草拟的带有柱廊的正立面情况也是如此，所以在最好的情况下，可以仿照伯拉孟特构思的草图来重做。这样正立面的柱廊将会看起来很像穹顶鼓形柱的柱廊，之后米开朗基罗借鉴了这个想法。

伯拉孟特设计工作中的最后一项就是穹顶。早在尼古拉五世工程时期，在纸面上穹顶就成为新建筑的中心。将它从 15 世纪平面图的公式化中解放出来就是伯拉孟特最初完成的草图主题。在纪念徽章上的图案中，穹顶看上去是统治权的象征，它把所有多样分化的下层结构线条汇聚于一身；至于顶盖的三个环状结构，可以理解为代表了教皇的三重冕。在伯拉孟特设计的最终方案中，穹顶带有它固有的正统性是建筑出彩的那部分，它在远处为来到罗马的朝圣者指引圣彼得大教堂的方向。我们能熟知这座建筑要感谢赛利奥的两幅版画，一张平面图和一张分为内部外部视角的正视图。赛利奥没有讲明这些资料的来源；如果资料是根据伯拉孟特的图纸（或是后来复制品）制作的，我们面前的将会是其中一些最成熟的直接反映建筑方案的资料。图纸体现了混杂元素的综合（半球、

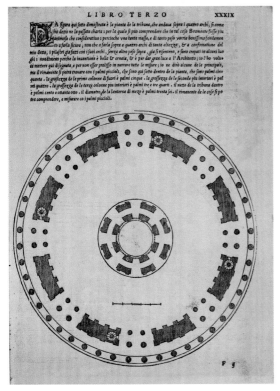

18. 伯拉孟特，圣彼得大教堂穹顶设计图（出自赛利奥 1540 年著作）

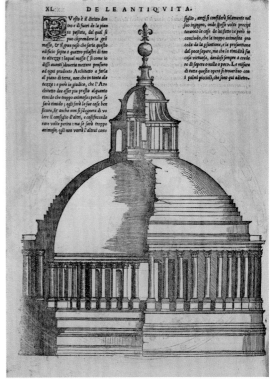

19. 伯拉孟特，圣彼得大教堂穹顶设计图（出自赛利奥 1540 年著作）

拱顶、亭子），伯拉孟特已经在蒙托里奥圣伯多禄堂对这个构思小试牛刀了。然而在圣彼得大教堂，所有这些结构不是直接由地面支撑，而是可以说悬空建在支柱、拱和穹隅上，就像圣索菲亚大教堂那样。鼓形柱会包含八块承重墙且八面透光。但是顶盖却看起来像万神殿的薄壳结构，它的厚度从基部到顶峰不断减小。

但是顶峰不应该是敞开的，而是支撑着一座大型的灯笼式天窗，所有这些是怎样操作的仍不得而知。赛利奥将目光从罗马城被洗劫后的时期移到之前，评述了自己的插图，说这是一个不合时宜的鲁莽工程的例子。然而，经过了接下来修筑史的所有变迁（从圣加洛到米开朗基罗，再到贾科莫·德拉·波尔塔），伯拉孟特的基本构想存活了下来：万神殿的穹顶立在石柱环绕的鼓形柱上，从它上方的开口处涌现的阳光倾倒在建筑内部。

建造（一）

1506 年 4 月 18 日，在支撑穹顶的西南支柱下方（现代大教堂中的"维罗尼卡支柱"），人们放置了新教堂的第一块石头；相关的铭文是"至上教皇儒略于 1506 年在梵蒂冈重新为供奉最重要使徒的教堂奠基"[54]。那是一场庄严的仪式：教皇亲自下到为修地基开凿的洞中赐予祝福，并且埋下了一个盛有十二枚纪念徽章样品的陶土容器。选址见证了工程的双重特性：那根支柱既是儒略唱

诗台的一部分，也是穹顶区域的一部分。它仍在老教堂的覆盖面之外，支柱取代了古老的圣马尔蒂诺礼拜堂，而这礼拜堂在尼古拉五世时期就被拆除了。但是仅一年后，在 1507 年 4 月 16 日，人们便开始了"大教堂支柱"的建造，即穹顶东侧的两根支柱；这一次，在遵照伯拉孟特的设计建造时，铭文预示了一座更大更雄伟的建筑的诞生[55]。

这些支柱位于老教堂纵向结构的最西端，所以已经存在对老建筑实体的介入。从这时开始，拆旧和建新这两项工程交替进行，步履不停。后殿和墓葬祭台与老耳堂西墙的大部分一起都暂时性保全了，这样教皇就可以在这段时间继续主持弥撒。包括耳堂最边上的墙也保存了很长时间，但是那两间近古时期所建的圆形大厅中西侧的那间没能保留下来，后来在它的位置上竖立起了一座新的南讲道坛；"法兰克国王礼拜堂"这个老名字也改了。渐渐地，大教堂纵向部分的西侧的一半都消失了（二十二列柱子到第十一根的位置），但是部分带有支撑墙壁功能的老柱廊幸存了下来。

批 判

老圣彼得大教堂不在促使文艺复兴时期的建筑师踏上罗马这片土地的伟大建筑之列。它的确是一座帝国时期的创造，但建筑界的专家们在很长一段时间中已经学会了用不同的历史眼光去看待它。正因如此，教皇儒略二世的秘书吉斯蒙多·孔蒂在他编年史

的 1512 年中，沿用了它传统的赞美式称谓，即 "神圣威严的大教堂"，却还补充说它是粗野年代的产物，不能与高贵的建筑物混为一谈（rudi saeculo et politioris architecturae ignaro）[56]。当儒略二世宣布他要重组大教堂，使之端庄气派时，也就暗示了他（或者伯拉孟特）对君士坦丁时期建筑的微词。然而对于很多同时期的人来说，要摆脱这座古老建筑雄伟宏大的气势也是骇人的[57]。好像教皇要亲自摧毁这座罗马最重要的供奉圣彼得的神殿一样。潘维尼奥（在这个世纪后半叶将目光投向了过去）颂扬了儒略二世的创举，但也补充说社会各界代表人物和一些红衣主教都反对这个想法。保罗·科尔特西（Paolo Cortesi）斥责了批评家们，他们表现得就好像 "圣彼得大教堂要被故意烧毁了"，这种做法只会增加民众的不安。批判罗马和教廷的时刻来临了：在对新教堂的讨论中激起一片反对的声音，尤其在阿尔卑斯山北部国家里这声音酝酿了很久，他们把矛头指向教会的世俗。

儒略二世的战争政治活动在许多方面都存在不妥之处，这样一来，他就变成了暴力攻击的目标，比如那个佚名作者的对话体文章《儒略不能升天堂》（*Julius exclusus e coelis*，作者很有可能是德西德里乌斯·伊拉斯谟 Erasmo da Rotterdam）。为了对抗这些攻击，拥护儒略的作家们试着将拆除老教堂的责任推卸到建筑师身上，因为他们曾劝说教皇完成这一工程。

伯拉孟特的死敌们藏在大教堂的神职者中间（神职者被禁止进入老建筑）。典礼官帕里得·德·格拉西斯（Paride de Grassis）说伯拉孟特是 "破坏者"（Ruinante）[58]。这个绰号得以保留是因为它给了反宗教改革教会的历史学家一个可以为教皇开脱的借口。伯拉孟特死后，安德烈·瓜尔纳·达·萨莱诺写了一篇场景设在天堂之门前的对话体文章

20. 伯拉孟特（？），圣彼得大教堂的梁，GDSU，编号：226A

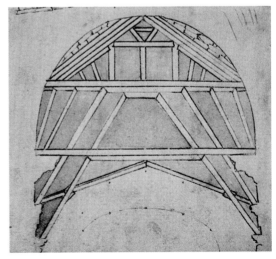

21. 多梅尼克·艾莫·达·瓦利亚纳（？），圣彼得大教堂的梁，纽约摩根图书馆与博物馆藏，梅隆收藏

（受到伊拉斯谟的启发）来讨论这个问题：伯拉孟特想进入天堂，但是彼得却拦下了这个毁坏了他教堂的人；伯拉孟特反驳道他扮演了技术师的角色，只是在听命行事罢了（即使为了这项工程他要求过作为艺术家的决定自由）；最终彼得同意他可以升入天堂，但必须在他彻底建成新教堂以后[59]。

从整体来看，至少在意大利赞同的声音是占多数。教廷的神学家和人文学家，比如埃吉迪奥·达·维泰博（Egidio da Viterbo）、弗朗切斯科·阿尔贝蒂尼（Francesco Albertini）、安德烈·富友（Andrea Fulvio）和科尼利厄斯·德·菲涅（Cornelius de Fine）都是新工程的强烈支持者；他们赞美宏大富丽和"美好的东西"，认为新建筑的诞生是必要的。巴尔达萨雷·卡斯蒂利奥内（Baldassar Castiglione）在《廷臣论》中写道，君王通过营造事业搭建他们的荣耀和留给后世的回忆，就像"教皇儒略修建新的圣彼得大教堂"；埃吉迪奥将儒略二世比作所罗门王，这样就用《圣经》中的段落为这项工程进行了辩护。教会是这个世界的机构，它应当拥有权力并且富有，这一点是毋庸置疑的。

建造（二）

在最初几年，工程进展得很快[60]。仅仅到了1507年，石匠们就已经分配好了工作，要开始建造大教堂内部巨型壁柱的柱顶了；1509年，石匠们已建好了最初的柱顶和部分横檐梁。同时在建的还有穹顶支撑拱的拱架，

一年前基座就建好了以便放置梁[61]。需要覆盖的那些殿的宽度将近24米，这为工程增加了难度。一幅也许出自伯拉孟特之手的图纸展示了台柱上方梁的整体嵌套情况。它是以雅各·博斯（Jacob Bos）的版画形式出版的：作为技术的试验场，圣彼得大教堂的施工激起了广泛的兴趣。在梅隆收藏的草图集子里有一张图纸，体现了类似的建筑方法。瓦萨里称赞的伯拉孟特创意显然是为了节省时间，即修建带有花格装饰的拱顶，而这花格是使用木制模具，通过浇筑混凝土的方式制作的，这种方法来源于帝国时期的建筑[62]。保留下来的还有安东尼奥·达·圣加洛绘制的一些所需木制模型（它们被称为"capsae"，意为盒子）的图画。

从1510年到1511年开始，施工推迟时有发生，且流动资金也开始冻结。在1513年2月教皇逝世时，儒略唱诗台的初步建设基本完成，但还缺拱顶。借助同时期的画作和浮雕，我们已经对它的外形很了解了。尼古拉五世时期的地基决定了它的布局，即长方形的唱诗台入口和半圆形后殿，后殿的覆盖物是多边形的。拱顶上开了五扇又高又宽的窗户，它们被带有下楣的柱廊分隔开，阳光穿过窗子溢进屋子里来。

拱顶装饰有花格，后殿的顶盖上覆盖了巨大的贝壳形装饰。这些画作也展示了中间位置的房间完成阶段的样子：四根支柱都已立好，它们上方放置的八边形结构是用来作为穹顶鼓形柱的下层建筑的，柱子之间横跨

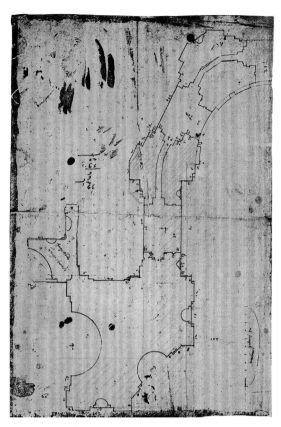

22. 安东尼奥·达·圣加洛，儒略二世唱诗台，
GDSU，编号：44A

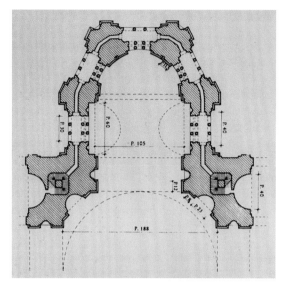

23.A. 布鲁斯基 /S. 吉迪，儒略唱诗台复原图（布鲁斯基，1987 年）

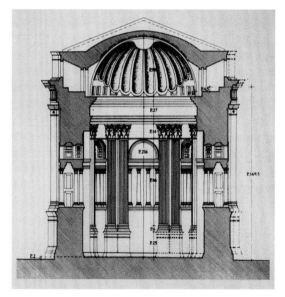

24.A. 布鲁斯基 /S. 吉迪，儒略唱诗台复原图（布鲁斯基，1987 年）

着四座大拱。

要是统计下总面积，结果将是惊人的。它诞生于伯拉孟特的个人工作风格，瓦萨里曾说过他想要见一见伯拉孟特"真正创造出的建筑，而不是砌出来的"。这句名言尤其带有讽刺意味，它不仅精准地抓住了设计风格，还抓住了建筑惯例：最开始的片段就已能决定整体概念。当建筑师还在构思位置图时，内部的草图也已开始在同一张图纸上绘制。这座在仓促间创造的建筑很快便暴露了技术上的缺陷，也为身为建造者的伯拉孟特带来了"坏名声"。四根支柱的基础不够牢靠，

下层建筑在承受穹顶的重量之前应该经过多次校正，当儒略唱诗台还在施工时，它的一些损坏的地方就显现出来。1585 年，当人们拆除这座唱诗台时，后殿顶盖上巨大的贝壳

形装饰已被一条裂缝一分为二[65]。

伯拉孟特想达到的目标是修建大穹顶：穹顶将为他的作品加冠并保护它安然度过之后的岁月变迁。

赛利奥写道，伯拉孟特在他死前可能仔细地研究过自己的设计。在他的指挥下，工程一直进行到开始建穹隅的时候，这些穹隅的作用是从穹顶房间不规则的八边形结构过渡到鼓形柱的环形基座。这里已经出现了一些问题，使得必须采取新的没有尝试过的方法。相对放置的两根支柱正面相距48米；在这样的距离之上是无法从中心点拉绳子控制曲线轮廓的，收藏在乌菲齐的一张图纸解答了这个问题。它的作者是圣加洛·佩莱格里诺，他是一位木匠，在那些年中曾为伯拉孟特工作；在画桌上，我们看到他扮演了建筑工程师的角色，试着演算工地里下一步要进行的工作[66]。他在立体几何学上正确地将穹隅看作支撑在穹顶支柱的大梁上的半球截面的不规则四边形部分。图纸正面显示了一个准确测量的穹顶房间的位置图，背面是穹隅的截面。在这面的图纸中可以看到他以10拓为单位在一个假想的垂直平面上标注了拱顶弧形上升的距离；平面图中上升的弧形用等高线来表示，就像如今的地形图上标注的那样，实际情况要比这个更复杂。所以一开始，穹隅最初建好的部分就像筒形拱顶；只有当建到更高的位置时才会将表面弯曲，汇聚成球状。

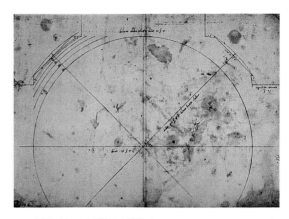

25. 圣加洛·佩莱格里诺（Antonio di Pellegrino），圣彼得大教堂穹隅草图，GDSU 藏，编号：124A，正面

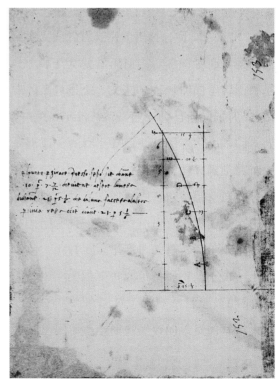

26. 圣加洛·佩莱格里诺，圣彼得大教堂穹隅草图，GDSU 藏，编号：124A，反面

伯拉孟特的建筑风格

伯拉孟特建立的圣彼得大教堂为西方宗教建筑指引了一条新路。他将米开朗基罗和阿尔贝蒂研究的"仿古"建筑结构连接装置与支柱的一个结构和庞大的拱顶联系起来，为其增添能延续数个世纪的感染力。根据埃吉迪奥·达·维泰博的史料，在与教皇的一次讨论中，伯拉孟特用令人吃惊的清晰思路提出了一个"惊慌之美"（鲁道夫·普雷姆斯伯格 R. Preimesberger）的想法：圣彼得大教堂的到访者将会深受触动，惊愕于这宏大建筑的奇观，并且因为受到触动，他们的心灵会更加接受基督教信仰的真理，"人们从峭壁上移取一块石头需要许多力气，但可以轻易滚动落在地上的石头。同样，一个心灵变得麻木的人，一旦感化的力量将之动摇，他就会自动拜倒在圣殿中和祭台前"[67]。如果伯拉孟特与教皇之间真的存在这段谈话，那么当时他在儒略面前所言，一定比这记载的话语更加余音绕梁，踔厉骏发。

教皇儒略二世与他前辈们共同的愿望都是筑造恢弘的建筑，以此为同代人和后世留下深刻印象，尼古拉五世和君士坦丁皇帝也是这样的想法[68]。

然而对于他们来说，衡量建筑是否雄伟的标准就是物质的数量：他们的工程能与别人的区分开依靠的是庞大的体积。伯拉孟特脑海中构想的和他在图纸上用红粉笔勾勒出形状的圣彼得大教堂不只是一座"大"的建筑：它代表了庞大本身。设计工作要考虑的

客观先决条件（地形、类型和形式上的特征）经过建筑师的创造就像是艺术性的主观表达。在米兰，伯拉孟特主观忽略了施工空间的狭小，把圣萨蒂洛圣母堂的唱诗台想象成浅浮雕；在圣彼得大教堂则是建筑本身，在它的整体和宽阔的立体空间中具有了想象的特征。

我们没有见过复制了古建筑的伯拉孟特图纸，也没找到对这种参照物的相关介绍。手边仅有的是朱利安第一张草图背面边缘处画着的几幅伯拉孟特速写，这些速写让我们了解他的想象力是在什么样的空间中释放：它们代表的是世界建筑史的一部分。同样，米兰哥特式主教堂与圣洛伦佐马焦雷教堂也是它的一部分。圣索菲亚大教堂被认为是帝国等级基督教教堂的古代典范；伯拉孟特虽然没亲自参观过它，但可能注意到了这座建筑。对于他来说，近在眼前的是罗马万神殿：这是座异教圣殿，庄严性不言而喻，它的面积不敌帝国时期的基督教堂，同时也与它们不同，因为万神殿是深层次意义上的大型建筑，它不仅在美学上是完美的，技术上也无懈可击，万神殿是同时期建筑师们永远超越不了的目标，就连伯拉孟特也常常回顾这座建筑。

当时人们都认为圣彼得大教堂的穹顶会与那座古罗马神庙的一样，甚至超过它。然而伯拉孟特好像也研究过下层建筑的墙体布局，在那时下层建筑与它的支撑结构是部分露天的。阿尔贝蒂那时（也许比他更早的布鲁内莱斯基）就认识到万神殿的穹顶不是由

均匀的墙体而是台柱（solis ossibus）支撑的，其间隔处修建了壁龛和附属房间；人们认为这种构造更加优雅，使建筑显得更为轻盈，且相比全部使用墙体花费得更少[69]。伯拉孟特建造拱顶使用的混凝土浇筑技术就借鉴了万神殿，这是它留给后世最伟大的技术；阿尔伯蒂对此也研究过了[70]。圣彼得大教堂内部的巨型壁柱模仿的是万神殿门廊的那些；伯拉孟特指导他的石匠们要模仿这些柱子的柱顶（"万神殿门廊外侧的那些……雕

27. 伯拉孟特（？），圣彼得大教堂柱顶草图，GDSU 藏，编号：6770A

216

刻得很好")[71]。有一张图纸上就生动活泼地描绘了这些柱顶，它也许就出自伯拉孟特之手[72]，柱子各自的柱顶横檐梁也参照了万神殿的样式。在神殿门廊饰巨大的科林斯式壁柱与雄伟壁龛的组合，我们可以在伯拉孟特穹顶支柱那里看到同样的组合。万神殿圆形大厅的内部，石柱在半明半暗的环境背景前是彼此孤立的，伯拉孟特带有回廊的讲道坛也是这种效果。圣彼得大教堂穹顶支柱的背面是"40 拃壁龛"，无论大小还是比例，它

28. 圣彼得大教堂，内部巨型柱子的柱头

PETRVS ET SVP

（左页）29. 圣彼得大教堂，支撑穹顶的石墩　　　30. 圣彼得大教堂，穹顶的穹隅

们都与万神殿后殿的壁龛一致得惊人 [73] ；壁龛拱端托的高度是 60 拃，这与老教堂中殿的柱廊高度一致，也许伯拉孟特设计的正视图体系中体现了古罗马时期的建筑准则。最后，就连大教堂正面带有巨型柱子的门廊式入口似乎也是从万神殿获得的灵感；所不同的地方在于它是由简单的陶土建造，没有涂抹灰泥，这与伯拉孟特设计的儒略唱诗台类似。

在伯拉孟特设计的圣彼得大教堂中，所有的一切都彰显着这座建筑的巨大魅力，但是它的每一个组成部分却都各司其职，组织合理。要领会这座建筑的内涵，最基本的一点是了解构件的修饰目的。尽管建筑气势恢宏，感染力很强，但是它不能脱离整体空间结构的逻辑。任何突出或缩进的地方都有它结构功能上的原因，不存在单纯附加的元素，也不存在主题模糊的画作，更没有地方留给立体的装饰性小配件。据说，伯拉孟特甚至都不想和老教堂内奢靡的布置竞争（与之相对的是教皇儒略二世想要用最珍贵的装饰品填满他的礼拜堂）。所以大教堂内部看上去让人感觉朴素了些：罗马石灰华的颜色是主导色，烘托出的建筑形态是光洁明亮的，就像圣玛利亚唱诗台或者小圣殿那样。而如今的圣彼得大教堂中是巴洛克式装饰在卖弄它的大理石和金色马赛克，在这样的氛围中感受伯拉孟特式建筑简直就是南辕北辙。

美第奇家族的教皇

改造工程在美第奇家族的教皇们任职时进展缓慢。利奥十世（1513—1521 年在位）时期，人们完成了伯拉孟特设计的 "tegurio"（一种保护性建筑），它建在圣墓上方，克雷芒七世（1523—1534 年在位）时期建成了南讲道坛的回廊，这两座建筑现如今都不复存在。现代大教堂中位于穹顶支柱和南侧辅助支柱间豪华装饰的筒形拱顶，可以追溯到美第奇家族教皇在任时期。这些筒形拱顶是拉斐尔和圣加洛一起构思的，它们仍秉承着教皇利奥十世时期的精神，尽管是在哈德良六世（1522—1523 年在位）和克雷芒七世时期完成 [74]。

利奥十世

很早以前，儒略二世就有一种预感，他的圣彼得大教堂将会沦陷在一场危机中。最初几年，他因为奠基纪念徽章备感精神愉悦，但在任职末期，这种欣喜却转变为彻底的悲观：教皇意识到伯拉孟特提议的工程是不能短时间建成的。早在 1508 年，教皇就在写给波兰国王的一封敕书中表达了深深地自责："纪念第一圣徒的大教堂大部分结构只剩下残垣断壁，重修工作需要的资金数目庞大，对此我们万分羞愧。" [75] 教皇向欧洲的基督教君主们筹集赠款，这一举动进一步加重了多重势力与圣座之间的关系紧张；此外，儒略二世打着筹集建设资金的旗号，加紧在意大利以外的教省贩售赎罪券，利奥十世也步其后尘[76]。这种做法遭到了马丁·路德的反对，导致德意志地区对罗马世代积聚的仇恨情绪最终爆发。于是这座原本代表着教皇至高权力下教会统一的大教堂，如今却成了新教改革的导火索之一，将教会统一的局面瓦解。

乔瓦尼·德·美第奇在姓氏为德拉罗维尔的教皇西斯都四世之后即位，即利奥十世，他对改革的事情很少关心。当马丁·路德在维滕贝格发表他的演讲时，罗马人还沉浸在艺术幻象所带来的欢愉中。利奥十世任命拉斐尔为圣彼得大教堂新的工程指导，他在寄给家中的信里说，大教堂是世界上规模最大的建筑工程，它将会花费超过一百万达克特金币，但他一心想这么做，因此每天都将拉斐尔召去讨论施工。可是儒略二世留下的工程情况却存在一些问题。一半是工地，另一半则是废墟，尽管如此，大教堂仍是教皇的所在，也是西方基督教徒最重要的朝圣地。它留给后人双重任务：继续新教堂的施工，并同时为举行常规宗教仪式创造合适的条件。

首要的问题出现在带有教皇祭台的圣彼得墓入口。在工地中央保留着老后殿和它的配套设施以及环绕后殿的耳堂的一部分墙面，但这些建筑已成为一片露天的废墟。因此，教皇利奥十世决定将其整体作为历史遗迹围起来，放在一座固定的保护性建筑内（即tegurio）[78]。这是新教皇做出的第一项也是最重要的一项营造决定，同时对伯拉孟特来说，

这座建筑是他献给圣彼得大教堂的最后一个作品，这位年迈的建筑师像往常一样很快投入到工作中。工程开始于1513年的五旬节，又在伯拉孟特逝世后潦草结束。建起的保护性建筑一直屹立到16世纪末，之后它像伯拉孟特设计的儒略唱诗台一样沦为建筑更新的牺牲品。

保护性建筑前面的柱基幸存下来了，某些部分在如今的大教堂地下洞穴中仍能见到[79]。除了同时代研究伯拉孟特罗马式作品的建筑家们复制的细节，我们还可以通过各类绘画作品的帮助了解这座建筑的外形。根据记载，建筑的材质是白榴凝灰岩，没有什么装饰，它由带有陶立克式壁柱饰支柱的拱顶（前面有三座，两侧各一座）构成。建筑的尺寸相当大，在相对条件下应该能容纳整个教皇教会合唱队，包括红衣主教团和基督教国家特使教皇礼拜堂：它宽22米，长10米（直到耳堂的老墙）。建筑平顶上加盖的顶楼是佩鲁齐设计的，直到1523年至1524年间才建成，那些画作中展现了它光滑的墙壁和两边下倾的简单屋顶，这是1526年临时的权宜之计。很有可能在圣墓上方还修建了穹顶：这样来看，利奥十世建造的这座保护性建筑就像是某种教堂中的教堂。利奥十世在位时期的一枚钱币上刻有教皇向宝座中的圣彼得展示他建筑模型的图案；铭文写有圣彼得审阅大教堂，利奥十世差不多就是用这种方式来履行他作为大教堂庇护人的义务[80]。

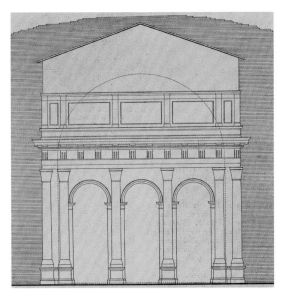

31. 伯拉孟特设计的保护性建筑"tegurio"正面(阿波罗·盖提，1951 年)

33. 利奥十世向圣彼得进献"tegurio"（利奥十世时期的钱币）

32. 圣彼得大教堂，老洞穴，"tegurio"柱基遗迹

建筑师们

利奥十世在位时期，新教堂的修筑工作步履维艰，这背后的原因不只在委托人身上。伯拉孟特在 1514 年 3 月 11 日与世长辞，似乎他的离去使负责工程的建筑师们陷入了一场领导权危机。总而言之，人员关系情况十分复杂。伯拉孟特曾组建了能力出众的合作团队（安东尼奥·达·圣加洛、圣加洛·佩莱格里诺），但是所有与设计相关的事情都由他一个人做决定。于是利奥十世考虑，在老建筑师身边安插另两位老者协助他，即七十岁的朱利安·达·圣加洛和八十多岁的乔瓦尼·焦孔多。朱利安曾是美第奇家族的建筑师，任命他可能是因为教皇觉得要对这个人尽某种个人义务。那时候，乔瓦尼·焦孔多还暂居在威尼斯，伯拉孟特逝世后他才来到罗马。这位学识渊博的修士（拉斐尔年

轻时还希望从他身上学到建筑学的独门技术）[81]与古罗马工程师维特鲁威一样出名，这不仅体现在才智上，还体现在实践上，尤其是解决地下建筑问题的方面；有可能焦孔多的第一个任务便是解决在伯拉孟特建筑中出现的技术难题。

这两位是当之无愧的伯拉孟特接班人，而伯拉孟特自己则偏爱那时已三十多岁的拉斐尔，教皇利奥十世明显找不出缘由不遵从他的意愿。1514 年 4 月 1 日，拉斐尔接手了接下来的工作，并在 8 月 1 日正式担任工程指导[82]。乔瓦尼·焦孔多得到了同样的职位，朱利安则被任命为工程协助和管理人。另外，三个人赚一样的薪水[83]，因此才能形成"集体方向"的原则，可问题还是接踵而至。

拉斐尔在完成伯拉孟特建筑模型上初获成功，完全忽视了已经建立的儒略唱诗台的问题，他设计的大教堂纵向部分的总长度有五个梁间距。然而之后工地的指挥权交给了乔瓦尼·焦孔多，他就必须考虑伯拉孟特唱诗台边房的问题。焦孔多似乎决定要放弃西边的小穹顶，同时在侧殿尽头修建带有通向附属房间通道的壁龛。如此，大教堂不再以大型工程的方式去修建[84]。

焦孔多于 1515 年逝世。同一年，朱利安也辞去了职位，因为他在伯拉孟特死后也无法投身到大教堂的设计工作中，后来他回到了佛罗伦萨，1516 年在那里与世长辞。这个时候，由于拉斐尔身兼许多绘画的工作，他急需人手，于是职位落到了朱利安的侄子安

34. 多梅尼克·艾莫·达·瓦利亚纳（？），1518—1519 年，拉斐尔/安东尼奥·达·圣加洛所做模型的正面，纽约摩根图书馆与博物馆藏，梅隆收藏

东尼奥·达·圣加洛身上。他是一位"白手起家"的建筑师，并且从伯拉孟特时期就对圣彼得大教堂的建设有所了解，是使庞大工程恢复秩序的最佳人选，没有人能在专业技巧和对建筑的巧妙分析上超过圣加洛。他的官职不及之前提到的那些人高，工资也只拿他们的一半。任职后，圣加洛便迅速参与了大教堂的设计工作；在接下来的几年中，大部分整体方案草图和大量新的细节草图都出于他之手。圣加洛和拉斐尔的第一个成果是一个在 1518 年至 1519 年间制作的模型，它

重新定义了整体建筑结构。这个模型具备纵向结构、正立面、几座穹顶和钟楼，可以说展示了一座奢华的梦幻城堡；模型没被保留下来，但通过同时代建筑师描绘它的图纸（作者可能是多梅尼科·艾莫·达·瓦利亚纳），我们能清楚地看到它的样子[85]。在之后的1519年，南讲道坛的施工开始了。

一场新的危机在1520年爆发，起因是拉斐尔的突然离世。据说没经过什么讨论，圣加洛便升为主建筑师。巴尔达萨雷·佩鲁齐担任副手，他是那时期罗马活跃的建筑师中思想最有趣的，然而圣加洛却将工程牢牢掌握在自己手中。1521年，圣加洛完成了一个

新模型，它可能比之前的小些；至于这个模型我们还是只能从零碎的图画中了解它，绘制者是法国建筑家约翰·德·谢内维埃（Jean de Chenevières）。这座模型一直保存到美第奇家族解体前的最后几年[86]。

35. 约翰·德·谢内维埃，1521 年完成的安东尼奥·达·圣加洛模型平面图，慕尼黑国立图书馆，编号：icon. 195

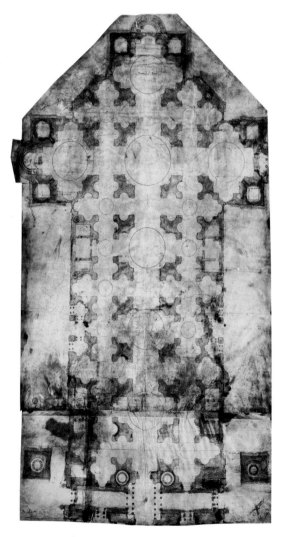

36. 安东尼奥·达·圣加洛，圣彼得大教堂设计方案，GDSU，编号：254A

设计方案

当施工遇到阻碍时，新教堂就继续在图纸中成长。这是设计师们的辉煌时期：乌菲齐画廊中收藏的五十多张大教堂的工程草图都是在美第奇家族的教皇任期内完成的。但是这么多张图中只有一部分直接服务于施工工作，其中有一张相当大的草图，上面绘的是整体建筑，包括纵向部分、门厅、正立面及钟楼——当时谁都没有期望过这段辉煌时期的出现。就像利奥十世修建的 tegurio 一样，我们在这形势下能看出补偿的痕迹：现实中新教堂是暂时建成不了的，但它在纸面上被提前实现了[87]。

这个时期对想象力没有约束。安东尼奥·达·圣加洛在刚任职时或任职以前的思想非常现实，但他之后却创作了一个完美方案，按照他的话说，这个方案展现了应如何感性地发展伯拉孟特奠定的开端（GDSU 藏，编号：254A）。事实上，圣加洛方案中的建筑规模会超过任何合理的尺寸（从唱诗台顶端到正面的长度将达到 420 米），但是这件事一点都没有困扰到他：他还小心翼翼地指出，根据自己算法哪里应该修建教皇宫的入口（老门）。

从这类的构想中能发现一些特别乌托邦的方案，它们没有考虑作为前提的地形因素，比如乔瓦尼·焦孔多的方案，它的年代可追溯到儒略二世时期，并且显然是在远离罗马的地方诞生的[88]，年代近些的例子大部分是由佩鲁齐设计的，它们展示了一些在当时的环境下能假设但实施不了的方案。这些方案中折射的创造力给人以深刻印象，但也多少有些学院主义。圣彼得大教堂的设计与建造的脱离，转变成了文艺复兴时期建筑难以达到的高难动作。

我们获得的关于那时为圣彼得大教堂工作的建筑师方案的信息并不均一。乔瓦尼·焦孔多在他任职工程指导时绘制的图纸就没有被发现，因此我们不能推测出他对于继续伯拉孟特的工程是怎样考量的。同样奇怪的事也发生在拉斐尔的图纸上。尽管他掌控大教堂的命运达六年之久，但我们找不到他构思的方案[89]。

当然，我们应该把装饰有花格的筒形拱顶归功于拉斐尔，拱顶仿照了马森齐奥教堂的例子，是在他死后建在穹顶支柱和耳堂南边房辅助支柱之间的；伯拉孟特曾预想这里会建交叉拱顶。我们也不能否认那时刚刚修建的南讲道坛体现了拉斐尔的创意，就像 1518 年至 1519 年制作的模型中所展示的那样；构件中丰富的装饰元素和密集的拉斐尔作品都是他设计建筑的典型特征。安东尼奥·达·圣加洛和拉斐尔两人合作构思出的成熟方案只能在前者的图纸和草图中找到答案，这使得拉斐尔在这项工作中起到的作用难以明晰。

我们没有朱利安·达·圣加洛设计的方案草图，但是有三张建筑内部的巨幅位置图，它们只是在细节上有所差异。第一幅没有彻

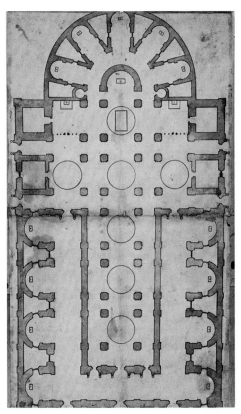

37. 乔瓦尼·焦孔多，圣彼得大教堂方案，GDSU，编号：6A

38. 拉斐尔，赫利奥多罗斯室草图，图中还有圣彼得大教堂的草样，GDSU，编号：1973F

（下页）39. 西蒙·马吉斯拍摄的八边形结构下方的支柱和辅助支柱间的筒形拱顶

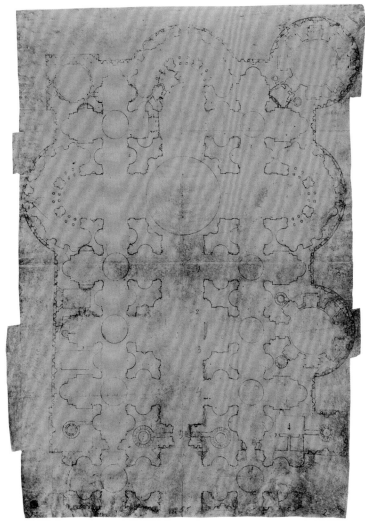

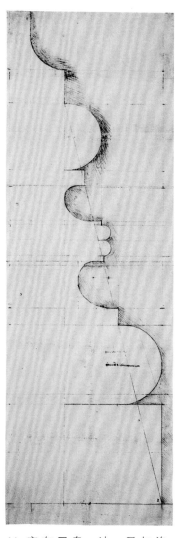

40. 安东尼奥·达·圣加洛，圣彼得大教堂方案，GDSU，编号：255A

41. 安东尼奥·达·圣加洛，大教堂内部巨大柱基侧面像，GDSU，编号：7976A，背面

底完成，第二幅是完成的，第三幅则可能是朱利安的儿子弗朗西斯科绘制的，但这幅也收录进了朱利安自己的画集中。它们的年代已不可考，但是最可能的完成时间是1514年，即利奥十世登上教皇之位的那一年。位置图的下方绘着伯拉孟特的执行方案，包含儒略唱诗台和有五个梁间距的纵向部分。就像之前对羊皮纸平面图所做的那样，朱利安也在这里提出了改进方案。最重要的是延长位于中间梁间距的耳堂边房的长度；在伯拉孟特方案中，讲道坛回廊是呈片段式拱出大教堂外部的，做了改进之后，它们就能连成一个完整的半圆。从整体来看，朱利安提出的方案算不上创新，甚至使人觉得他不是真的

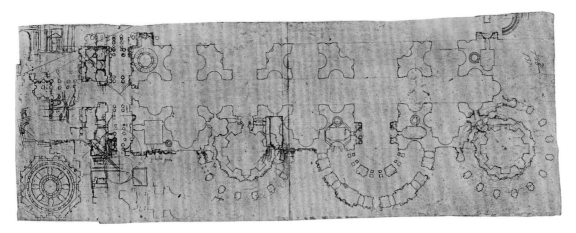

42. 安东尼奥·达·圣加洛，圣彼得大教堂草图，GDSU，编号：35A

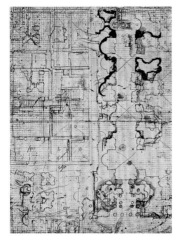

43. 安东尼奥·达·圣加洛，
圣彼得大教堂草图，GDSU，
编号：37A

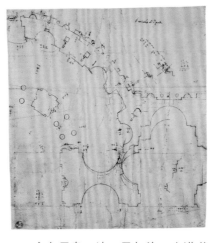

44. 安东尼奥·达·圣加洛，南讲道
坛草图，GDSU，编号：45A

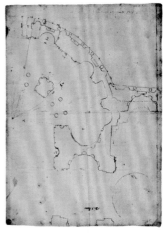

45. 安东尼奥·达·圣加洛，
南讲道坛草图，GDSU，编号：
46A

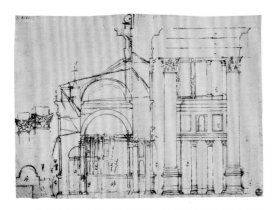

46. 安东尼奥·达·圣加洛，圣彼得大教堂草图，
GDSU，编号：54A

47. 安东尼奥·达·圣加洛，圣彼得大教堂草图，
GDSU，编号：70A

48. 安东尼奥·达·圣加洛，南讲道坛外部方案，GDSU，编号：122A

想插手正在进行的工程。好像朱利安更看重自己的构思，并且把这方案留给自己和后人。

安东尼奥·达·圣加洛也在工作伊始投身于对别人想法的研究和优化中——先是对伯拉孟特，然后是拉斐尔。总体来说，圣加洛是一位至善论者，他甚至还为万神殿构思了改进方案。他创作的一系列图纸大部分都被保留下来了，并且都是他自己收集整理的，图纸的内容从展示大教堂内部的平面图到在工地给石匠们看的图应有尽有。它们就是圣加洛不懈努力的见证：他秉承严谨的态度，执念于细节，他会反复尝试、调整和检查，

直至找到最好的方案。晕线和阴影，有时甚至是粉笔做的标记都会帮助他在懊悔的迷宫中找到方向。出口的旁边自会写着"这里"；之后圣加洛便不再对图纸进行修改，而是将它誊到一张新纸上。对于最难以完成的部分他会在边缘加绘草图解释明确。他之后应该指导了南讲道坛的工程，并且关于这部分总会绘制新的设计草图，直到每个角落的尺寸都已确定。其他的图纸是有关正立面的，我们终于在这里找到了伯拉孟特留给后世那些问题的清晰答案。圣加洛需要考虑大教堂整个外围区域（讲道坛的回廊、侧殿、附属礼

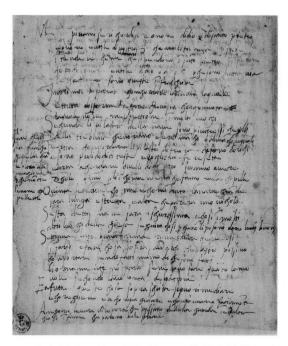

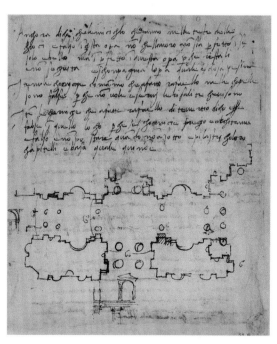

49. 安东尼奥·达·圣加洛，圣彼得大教堂设计纪念册（开头），GDSU，编号：33A，正面

50. 安东尼奥·达·圣加洛，圣彼得大教堂设计纪念册（结尾），GDSU，编号：33A，背面

拜堂），并且要解决室内的采光问题。他绘制了讲道坛的截面图，之后又绘了一些大教堂内部的截面图，并且研究了正立面和门厅非常细节化的正面图和平面图。很明显，他预先确定要规划整个项目，还要在纸面上解决项目中出现的所有问题（比如再次尝试完成他为保罗三世制作的巨大模型）。在南讲道坛的回廊，与拉斐尔的设计共同发展起来的是对外部奢华建筑的构想，后来的定稿是两种变体。最终实施的是右边的变体，像后续的方案所展示的，这个结构应该没有间断地围绕在整座大教堂周围。

然而随着时间的流逝，圣加洛设计的细节与工程方案间有了距离。我们是从他为教皇写的一本纪念册的初稿中了解到这点的，

初稿就放在他绘制的图纸之间[90]。文章可能是在他担任副建筑师之后写的，拉斐尔去世后他重新完善了内容；我们不知道这篇文章是否最终定稿并呈给教皇。圣加洛将他的评述总结为十一点；在最后两点中，他把那些错误的细节归咎于拉斐尔（没有出现伯拉孟特的名字）。

圣加洛在升为主建筑师后，如上文所述，向教皇展示了他制作的模型——但并不是以反对方案的名义，而是以一种在他看来对现行方案的优化。至于唱诗台，我们不清楚他是接受了在儒略二世时期修建的已存在的那个，还是计划改建并恢复穹顶组成的梅花形结构，关于这一点图纸上反映出的也自相矛盾，也许这个模型把两种可能都包括了进去。

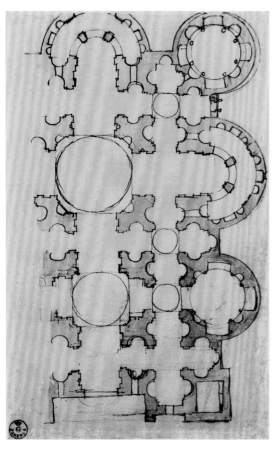

51. 巴尔达萨雷·佩鲁齐，圣彼得大教堂设计，GDSU，38A

52. 巴尔达萨雷·佩鲁齐，圣彼得大教堂草图，GDSU，21A

至于大教堂西侧的新事物，跃入眼帘的是角落中的圣器收藏室，它们是八边形的，拱到建筑外面的只有五条边[91]。但是圣加洛对大教堂的纵向部分做了一些本质上的调整。他早在撰写的纪念册中就提防着意外情况的出现：如果继续施行现行的方案，那么中殿最终会变成"一条又长又窄又高的通道"[92]。在圣加洛之前绘的一幅建筑长度夸张的方案草图中，他自己反对这种趋势，并且预设将纵向的筒形拱顶改为三座穹顶（有可能是平的，没有鼓形柱）。在那幅更实际的平面图

（GDSU，编号：255A）中，他也提出了在中殿上方修建一系列穹顶。下一步就是将大教堂的纵向部分缩减为三个梁间距的长度；多亏有这座中央穹顶，纵向部分的建筑节奏很明朗。这就是圣加洛使集中式大教堂和纵向部分结合的方法，他为教皇保罗三世制作的模型重新展示了这个想法。1521年的模型也展示出在纵向部分的上方建有一座穹顶。

巴尔达萨雷·佩鲁齐似乎是最大胆和富有创造性的设计师，同时也是最优秀的绘图者，他在这场设计游戏中扮演新点子启发者

53.巴尔达萨雷·佩鲁齐，圣彼得大教堂草图，
GDSU，27A

的角色。但是靠这些点子他却没有为工程的
进展做出什么贡献，并且他的绘图几乎从来
没让人感觉他是在真正努力地进行设计。

　　佩鲁齐心安理得地忽略了伯拉孟特创造
的先决条件，然而圣加洛却想和它比试一番，
这迫使圣加洛不知疲倦地研究细节，但这同
时又激发了他的想象力。竞争对手的成就会
被佩鲁齐借鉴或是小心地临摹。他自己的创
造经常出现在透视图中，但还达不到精心拟
定方案的程度。用钢笔或毛刷画了几笔便让
自己信服这是大教堂内部的景象了，比如其
中一幅侧殿的缩小画，画它的纸只有9厘米
×6厘米。在一幅鸟瞰透视图中描绘了一些未
来建筑的整体景观；还有一幅从外向内看的整
体建筑草图，过去经常被误认为是伯拉孟特
的作品，这幅图纸的面积也只有9厘米×12
厘米。

　　除了这些平庸的作品，我们还找到了一
张佩鲁齐绘制的大幅透视图[93]（GDSU，编

号：2A）。这幅图可能是在保罗三世时期完
成的，也许当初佩鲁齐是想把它作为呈给教
皇的介绍性图纸，但是并没有完成。这张图
融合了平面图和正视图，呈现出一种特殊的
美感：建筑物似乎是在观者眼前"长"起来
的，图纸前方是仅用平面图简单表示出来的
门厅，向前是西侧穹顶的支柱和辅助支柱，
这些柱子只画到一半高度，越过它们就到了
透视视角的唱诗台部分，严格按透视图画法
缩小的画中主次房间都看得一清二楚。这张
图纸上描绘的不是施工进行中已经完成的部
分，而是还在设计时期建筑师的一些成型的
想法。

　　佩鲁齐为门廊和正立面设想了多种不同
的方案，有的具备钟楼，有的没有。至于
纵向部分他的设计图也有多种变化，其中
一种共带有七间殿。这样一来，支柱间要修
建的石柱就会达到两百多个（也就是比老
教堂数目的两倍还多）。正立面的设计以古
罗马浴场大厅和马森奇奥教堂为模板。此
外，佩鲁齐与圣加洛完全相反的一点是，他
不把大教堂纵向部分看作整体建筑不可分
割的一部分。他与朱利安·达·圣加洛都
认为从美学观点来看，大教堂如果是一座集
中式结构的建筑会更具启发性。在他绘制的
草图中，多次出现了缺少纵向部分的梅花形
结构。根据赛利奥的记载，在伯拉孟特提出
方案三的时候，佩鲁齐就准备好了一套集
中式结构，即只有大教堂中心部分的备选方
案[94]。赛利奥在版画中将这两个方案并排画

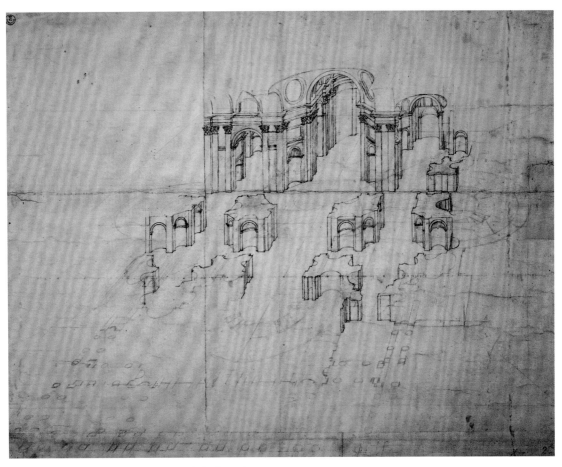

54. 巴尔达萨雷·佩鲁齐，圣彼得大教堂设计，GDSU，2A

在一起。在讲到佩鲁齐的一生时，瓦萨里说这位建筑师应该会呈给教皇利奥十世一件与方案匹配的"模型"，教皇认为伯拉孟特的方案"太多宏大的建筑并且分布不集中"[95]（即太不协调均匀了）。事实上，伯拉孟特设计的那个纵向部分的形状成了每个雇佣者想要实现的头等大事。佩鲁齐的创举最初没什么效力，之后却令人吃惊地重新流行起来[96]。

哈德良六世

拉斐尔的死本就突如其来，在之后的一年也就是1521年，利奥十世也意外地去世了，这位教皇只活了46岁。接任的是哈德良六世，本名哈德良·弗洛伦斯·戴德尔·德·乌得勒支（Adriaan Florensz d'Edel di Utrecht），他是查理五世的私人教师，也是德西德里乌斯·伊拉斯谟的老师。哈德良六世并不关心罗马式建筑与艺术，他没有操心过圣彼得大

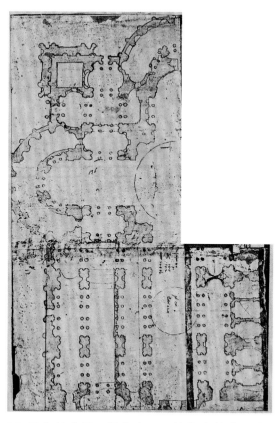

55. 巴尔达萨雷·佩鲁齐，圣彼得大教堂方案，GDSU，编号：14A

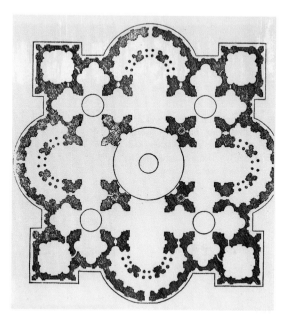

56. 巴尔达萨雷·佩鲁齐，圣彼得大教堂方案（赛利奥，1540 年重制）

教堂的修建工作，而是投身于教廷改革中，但是很长一段时间过去了也没取得大的成效。资料显示，在哈德良担任教皇时期修建工作也继续进行，但是任何一种设计方案都没有明显地推动。

在如今的梵蒂冈图书馆阿什比收藏品中有一幅佚名画作，它展示了那个时期大教堂的工地景象[97]。这幅画是一系列逼真的建筑景物画中的第一幅（可能也是最漂亮的一幅），出自荷兰的建筑师之手，排在它之后的画作都是梅尔滕·梵·海姆斯凯克的。要

是没有这一系列景物画的帮助，我们就几乎不可能重现圣彼得大教堂的修建史。在近期发表的一篇文章中，作者认为这幅画的年代可追溯到哈德良六世任职时期。通过对绘画风格分析，画作的作者很有可能是彼得·库克·范·阿尔斯特（Pieter Coecke van Aelst），他大约在 1521 年到 1524 或 1525 年间在罗马短居[98]。画家选在了如今圣玛尔达广场附近一个微微上倾的斜坡作为观察点，这样新建筑中工程最新进展的那部分就会在画面前景。左侧很近的地方竖立着儒略唱诗

57. 彼得·库克·范·阿尔斯特（被认为是），西南视角，梵蒂冈图书馆，阿什比收藏，编号：329

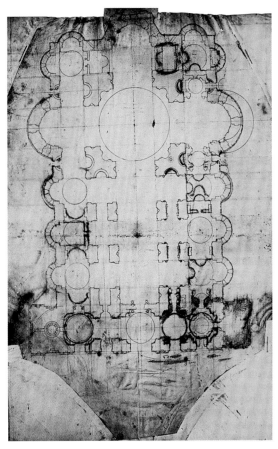

58. 安东尼奥·达·圣加洛，圣彼得大教堂方案，GDSU，编号：256A

台，保持着伯拉孟特时期的样子。通过三扇拱形窗子可以看到内部景象，透过中间的拱能辨识出穹顶西北方向支柱的其中一根巨大的壁柱，它被略微勾画出来。窗子的开口还没有被柱子挡住，在它们的斜面上可以看到粗糙的花格形状。建筑外侧被极细的成对成组的伯拉孟特式壁柱分割；它们拥有陶立克式柱顶横檐梁，但还缺少上楣。后殿的拱顶被一个临时屋顶覆盖着，支撑它的也是临时建起的结构；在合唱台区域的架间上，可以看到一座仍缺少覆盖层的装饰性顶楼的一部分，它的开口很大，上方是金字塔形屋顶。

穹顶的支柱完成了，连接支柱的横向大拱装饰有伯拉孟特式的花格；缩小着画的部分展现了穹顶东南方向的穹隅。老教堂耳堂中建在拱两边的两堵墙中南边的那一堵仍矗立着，并且掩盖住了穹顶东南方向支柱的基座。另外，画面中还出现了老的纵向部分遗留下的一半结构，门厅前面东北角的中世纪钟楼，以及右后方庇护二世祝福凉廊背面的一部分。画家所绘的所有这些景物都处在一个谨慎处理过的循序渐进的色调中，所以画作能使人感觉到不同建筑物的距离远近。

这是利奥十世在位初期时的修建进程。我们知道修建活动继续开展，是因为在西南支柱脚下有一个用于提重物的木制圆盘。位于穹顶支柱和辅助支柱间的通道房间的筒形拱顶仍架在一座拱架上（正是这一点成为画作年代鉴定的依据）。前面的墙体上建有多个壁龛，它是乔瓦尼·焦孔多建立起来的附属房间的一部分。再向右是附属支柱的一大块墙体；可以看到朝向讲道坛回廊开放的壁龛。东南侧附属支柱附近的壁龛仍被脚手架包围着。后殿回廊仍在施工中，我们能认出礼拜堂壁龛的隆起，以及再向右，外部建筑结构的一些线索。古老的圣安德鲁圆形大厅建有圆锥形屋顶，在这屋顶上方是露出头来的方尖碑。画面右侧的下坡路围绕着工地，在最下方汇入古老的村庄；路上走着的行人与新教堂硕大的体积构成鲜明对比。画面背景是村庄中的房子、圣天使堡、宾西亚丘陵的剪影和远处的萨比尼山（Monti Sabini）。

克雷芒七世

　　哈德良六世于 1523 年 9 月逝世，任职时间还不到两年。秘密会议决定下任教皇由利奥十世的堂弟朱利亚诺·德·美第奇担任。他从做红衣主教开始就在佛罗伦萨参与家族的艺术事业（圣洛伦佐教堂的正立面、新圣器室、洛伦佐图书馆），本人对建筑有着真正的热情。怀揣着这份热情，克雷芒七世专注于圣彼得大教堂的建设工程。他当选教皇的第一年便加入了"万福彼得大教堂工程协会"（Collegium fabricaebasilicae Beati Petri），这是一个由教廷六十位议员组成的机构，负责监督为大教堂建设工程设立的"圣彼得大教堂管理机构"[99] 的工作。在圣加洛的指挥下，南讲道坛的施工进度得以突飞猛进，然而此时的教皇却需要做出完全不同的决定。欧洲政治环境已在战争中动荡了数年，意大利也不能幸免。在现在的局势中，连教皇也被迫

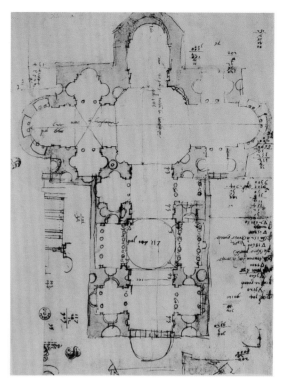

59. 巴尔达萨雷·佩鲁齐，圣彼得大教堂方案图，GDSU，编号：16A

要重新定义自己的政治地位。克雷芒七世的政治行动并不成功。他的外交重心在法兰西国王和哈布斯堡家族间摇摆不定，其后果就是导致 1527 年的罗马大洗劫。查理五世的军队主要由西班牙人和德国人组成，他们失去了控制，摧毁了罗马城的大部分地区。教皇克雷芒七世被迫躲进了圣天使堡，圣彼得大教堂的工地上也停止了一切施工。

　　人们还可以将老教堂仍屹立的残余部分用作宗教活动，但即使是宗教活动也会受限。所以当 1530 年教皇要依照古老的传统为查理五世举行加冕礼时，罗马的景象实在与这盛大的典礼不符。人们达成协议，将仪式举

行地点转移到博洛尼亚的圣白托略大殿（S. Petronio），这座教堂无论在类型还是规模上都与老圣彼得教堂相似[100]。另外，早在儒略二世进入博洛尼亚城时，他就想要将圣白托略大殿改造成"意大利第一座也是最重要的一座教堂"，并且伯拉孟特好像曾经为这座建筑设计过方案，目的是将它（当时还是木制桁架结构）改组成带有梅花形穹顶的拱形教堂，后来佩鲁齐重拾了这个想法[101]。在罗马城洗劫过去后，为了加冕礼的举行，人们意识到要将圣白托略大殿改造成某种意义上新的老教堂。没人愿意对罗马那座新的教堂的未来寄予厚望，似乎教皇克雷芒七世在他剩下的七年任职期中也没再提出什么创举。

但有一个问题：是否在那段时期，建筑师们继续自主研究了工程该如何进展呢？从乌菲齐画廊收藏的图纸中我们可以找到一组"简化方案"，里面提出了一些修建完大教堂的"最简单"的办法。圣加洛的方案（GDSU，编号：256A）是经过精细构思的，但可以十分肯定它的年代是保罗三世在位时期新设计出现的时候。佩鲁齐的平面图[102]是一些随意涂画的草图，年代已不可考；如今人们认为这些草图完成于罗马大洗劫后接下来一段时期，但它们的年代也有可能是保罗三世时期。在这些草图中，建筑师只绘出了带有儒略唱诗台和耳堂短小边房的穹顶房间，以及具备三间殿和三个梁间距的纵向部分，这些位置图中的两张带有预算表。

如果我们把目光从罗马洗劫后转向美第奇家族的教皇们在任时期，就会发现那时圣彼得大教堂的形象很模糊。伯拉孟特设计的大型方案的轮廓已经开始互相混杂，或许这就是将 16 世纪初的景象与另一个更与时俱进的景象相对立的时刻。但是从不缺创意的佩鲁齐不是一个能在危急关头把握住工程大方向的人，同时圣加洛倒是个非常能干的建筑师，可他不是幻想者，并且当时没有一位在任的教皇为设计师们提出新的目标。因此在圣彼得大教堂的历史中，美第奇家族的教皇在任的这些年工程没有陷入僵局，却成为所有的设想一起向前冲的时代：那时真正推动工程发展的只有很少的一点经过斟酌、构思以及钻研过的东西。建筑的设计工作变成了为设计而设计，一个变化世界的要求被无视，直至它用武力使自己得到重视，同时也将整项工程置于批评声中。

海姆斯凯克的视角

1532 年到 1536 年，荷兰画家海姆斯凯克旅居罗马。在这段时期，他的一些草图绘本[103]诞生了，如今它们被收藏在柏林，这些绘本向我们展示了那几年中罗马的独特景象。

海姆斯凯克的画作重点放在古老的城市、古罗马建筑废墟以及收藏的老物件上。并且在他看来，圣彼得大教堂的施工工地也是一种遗迹：事实上，在画家离开罗马之后，保罗三世在位时期工程才重新进行[104]。海姆斯凯克能妙笔生花，同时以透彻的眼光观察事实，他如实地记录所看到的场景；这位杰

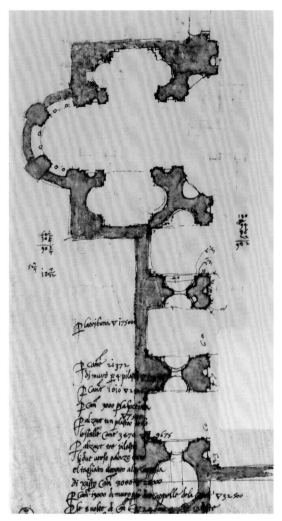

60. 巴尔达萨雷·佩鲁齐，圣彼得大教堂方案图，GDSU，编号：18A

61. 梅尔滕·梵·海姆斯凯克，大教堂内部朝南看的景象，斯德哥尔摩，国家博物馆藏

出的画家拥有的天分使他能感知整体建筑空间并准确无误地复制下来，他为我们呈现了美第奇家族衰落时期圣彼得大教堂建筑状况的真实图景。

不同角度的新老大教堂建筑在六幅图中展现，将它们合起来看可以了解整座建筑；第七幅中描绘的是著名的门廊正面景象（维也纳阿尔贝蒂娜博物馆藏），在画中的老教

堂三角楣饰上方可以看到一小部分伯拉孟特设计的建筑。

"斯德哥尔摩收藏的风景画"[105]中复制了在大教堂北侧附属建筑物靠近南边能看到的仍完好无损的老耳堂的一部分。这是伯拉孟特设计的建筑心脏，而在海姆斯凯克的画作中，在它身上却存留着许多老教堂的痕迹。耳堂的大部分西墙还矗立着，上面还带着装饰。中殿古老的柱廊也幸存着，它在东边超过了中间的房间，如此就像是耳堂最南边的一列柱子。画面中心是伯拉孟特设计的圣墓的保护性建筑"tegurio"，海姆斯凯克详尽地描绘了它北面的每一个细节。在这座建筑的左侧稍微靠后的地方是穹顶东南方的支柱；它庞大的壁柱是完整的，在柱顶横檐梁上仍然可见穹顶穹隅开始的那一点。海姆斯凯克有意识地描绘了支柱壁龛上细小的开口，它们显示了在支柱内部那条上升的螺旋形楼梯的存在，耳堂东墙的壁柱也着重画出来了。

62. 梅尔滕·梵·海姆斯凯克（或其后人），在大教堂内部朝西看的景象，柏林版画与绘画博物馆，海姆斯凯克－阿尔本，编号：II，52 正面

63. 梅尔滕·梵·海姆斯凯克，大教堂内部讲道坛南部景象，柏林版画与绘画博物馆，海姆斯凯克－阿尔本，编号：I，8 正面

所有这些好像都与老教堂的遗迹错综复杂地交织在一起，成了一个混乱的缠结。杂草、碎石瓦砾、方形石块和建筑遗迹肆无忌惮地躺在属于新教堂的地面上，好像新教堂怎样都不能从这片泥沼中解放了。

　　大教堂纵向部分的内景图质量不如其他的画作好，可能它的作者是个学徒工或者誊写员，但是就内容来看，这幅画可以完美地融入海姆斯凯克的一系列作品中。如果说他绘的场景图主题是大教堂工地上一片混乱，那么这幅画主要表达的就是大教堂如何空旷。老教堂的纵向部分已经被搬空了，除了右侧柱廊前放置的管风琴；在它下面仍可见一尊铜制的圣彼得坐像。画面背景是一些凌乱散布的建筑材料；没有迹象表明它们会被重新利用。沿着中殿修建的柱廊只在耸立着支柱和附属支柱的地方被打断。柱子间的空间十分宽阔。在画作的中心位置，我们能看

到伯拉孟特设计的保护性建筑的正立面。在这座建筑上方弯曲着的是穹顶的东侧支撑拱顶；我们可以辨认出拱顶内侧的装饰风格，它们就像是从拱顶两边墙壁上伸出来用于连接纵向部分拱顶的"衔接石"。画面背景出现了儒略唱诗台的拱顶区域，它带有花格式样的浮雕，以及阁楼的弦月窗和顶盖上巨大的贝壳形装饰。

　　下一幅图中只展示了新教堂的片段，准确来说是南讲道坛，它直到 1527 年才完工。海姆斯凯克的绘画一向精准度很高，但是细节的选择却使画作整体给人以飘忽不定的感觉。画家从穹顶西南方向支柱的"40 拃壁龛"绘到了辅助支柱上对应的壁龛；在壁龛的中心开了一条又高又窄的通道（圣加洛在他的纪念册中将这条通道比作天窗）[106]，它通向讲道坛的回廊。在开口处现出了回廊围墙上众多壁龛中的一个。辅助支柱上的壁龛被壁

柱饰和小些的壁龛分割；它的顶盖缺乏装饰，但在上方可以看到拉斐尔设计的筒形拱顶的开端，它带有与马森齐奥教堂类似的八边形花格装饰，在画作的最右边人们仍可辨认出乔瓦尼·焦孔多设计的壁龛[107]。左边是厚点墙壁支柱的片段，背景中再次出现了回廊围墙内部的一连串壁龛。画作前景中的一堆堆破石烂瓦以及轻描淡写地绘在墙体上的植物都暗示着这里的荒芜。

接下来的一幅透视图中描绘的是十年前彼得·库克选取的相同景物。在库克笔下，大教堂的工程虽然进展缓慢，但总归是在向前推进；可到了海姆斯凯克笔下，看起来工程是被完全抛弃了。后者选取的地点比前者离大教堂更近；为了使从儒略唱诗台一直到方尖碑的工地都处在画框中，海姆斯凯克必须采取类似于广角构图的方式绘画。然而这样会失去全景的完整性，同时占据画面前景的是回廊，它虽然看起来很雄伟，但并不是完整的。回廊后面画的是我们熟知的老教堂仍保留的部分和新教堂一些片段结构的混合体。南边房一对对巨型壁柱是完整的，包括对应的已经放上去的柱顶横檐梁也是完整的，但在这里它们看上去就像是曾经的奢华留下的踪迹；观者会不由得担心它们也会很快坍塌，落得与画面左下角那个倒在瓦砾中的柱头一样的命运。

最能使观者感受到工程失败的画作是那幅朝南视角的大图。画这幅图时画家所处的位置刚好在画编号 64 的图的对面，方尖碑与儒略唱诗台再次确定了视野的边界。海姆斯凯克这一次应该也离建筑物特别近（他与梵蒂冈宫之间距离很短），所以我们能在画作的边界看到明显的变形。然而另一方面，近的视野会增加透视图的戏剧性效果。在这里，地平线也是低矮的，所以伯拉孟特设计的由支柱和拱顶组成的四方形建筑结构直插入天空，带来一种悲怆的感觉。画家在前景绘了几个小人，以此衬托出建筑物的庞大规模。不管是新的还是旧的建筑都同样破败不堪：到处是支离破碎的棱角，墙体在风吹雨打中断裂，上面是各种沟壑裂缝，没人能料到从这些断壁残垣中大教堂的生命将重新繁荣。

从东南方向看大教堂的那幅画看起来就像是离别前的最后一眼，这张画在仓促间完成，没有经过细细观察。为了获得较远的距离，海姆斯凯克登到了可以俯视圣彼得广场的山丘顶端。所以在老建筑的整体就横躺在视野的中心：修建了许多附属建筑物的大教堂纵向部分，钟楼和带有祝福凉廊的正立面部分，宫殿大门和大台阶；从这里我们还能辨认出西斯廷礼拜堂，以及在画面右侧较远地方的观景中庭，它建有伯拉孟特设计的阶梯剧场，此外还有英诺森八世时筑有城堞的观景楼。新建筑开始的地方被移到了画作边缘，在那里，它看上去是一大块结实的建筑，虽然宏大，但无论哪里都是空空的一片萧条，就好比古罗马浴场，已经成为过去那个辉煌时期的记忆。

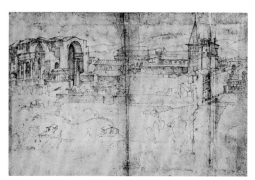

64. 梅尔滕·梵·海姆斯凯克，在大教堂外部看南讲道坛的景象，柏林版画与绘画博物馆，海姆斯凯克 – 阿尔本，编号：II, 52 正面

65. 梅尔滕·梵·海姆斯凯克，在大教堂外部朝北看的景象，柏林版画与绘画博物馆，海姆斯凯克 – 阿尔本，编号：II, 51 正面

66. 梅尔滕·梵·海姆斯凯克，在大教堂外部朝南看的景象，柏林版画与绘画博物馆，海姆斯凯克 – 阿尔本，编号：I, 13 正面

保罗三世和安东尼奥·达·圣加洛

从 1534 年保罗三世当选教皇到 1546 年安东尼奥·达·圣加洛逝世的这段时间里，人们竖立起了当今大教堂的大部分结构：在耳堂南边房中是仍缺少正立面墙壁的部分、大拱顶以及后殿底层（之后被改动过）；在耳堂北边房中是正立面墙壁和架在通向格里高利礼拜堂通道上方的拱顶；在东侧边房是正立面墙壁和大拱顶；另外还有位于通道房间拱顶上八边形厅中的一间或两间。人们开始将地板高度提升到现在的水平。

一位新的"圣彼得教皇"

为了能在罗马大洗劫后重新运转起修建大教堂的工程，就需要一位新的能担负起奠基人职责的人。这个人便是亚历山德罗·法尔内塞（Alessandro Farnese），他在 1534 年 10 月登上了教皇之位，被称为保罗三世。法尔内塞生于 1468 年，25 岁时就当选了红衣主教，所以他自新教堂诞生之初便一直追随着这座建筑的命运变迁。没有线索能够说明保罗三世对大教堂的建筑方面有特别兴趣，然而这座教堂的政治意味却很明显。所以保罗一定对它很上心，想着要将圣座的权威从危险境地中解救出来。

保罗三世宣布将绘制两幅湿壁画作为工程重新开始的第一项工作，这显示出他对工程的重视[109]。第一幅为弗朗塞斯科·塞尔为阿提（Francesco Salviati）所绘，位于法尔内塞宫三层的"法尔内塞辉煌大厅"（Sala dei fasti Farnesiani），是描绘教皇丰功伟绩组图的一部分。在湿壁画中，保罗三世端坐着教皇专用的折叠凳上，头上戴着三重冕，彰显着自己无处不在的权威；在他面前有一个女性形象，手中展开着一张建设方案，上面的线条已分辨不清了，可能出自圣加洛之手。保罗三世的目光坚定地注视着她，一只胳膊比画着命令的姿势，指导着施工进行。在教皇手指的方向现出了穹顶下的那间房间，它仍是伯拉孟特遗留下来的样子，画面背景好像是"tegurio"的正面。右边是老教堂耳堂附属房间（没有处在正确的方位）仍然屹立着的部分，它在一些混合柱式石柱的其中一根附近，这些柱子边上长满了野草，它们也在海姆斯凯克的画中出现过。在耳堂残迹的前面有几个裸着身子或者半裸的小人，他们正在为修建新教堂准备材料。画作的最右边是穹顶西北边支柱的轮廓，基座仍处于粗糙的修建阶段，没有在柱基上包裹石灰华。

第二幅湿壁画则显得更为正式：它是文书院宫"百日厅"（Sala dei cento giorni）中瓦萨里那幅著名组图的一部分。在这幅画中，保罗三世身着《旧约》中神父的服装，就像是耶路撒冷城被毁后重建圣殿的最高神父：这是在《圣经》和神学上将修建新教堂的决定高尚化的做法，就像当初埃吉迪奥·达·维泰博在儒略二世时期为工程开始所做的那样。教皇前方是三个拿着方案图的女性形象，我们在上面能辨认出圣加洛方案的碎片。保罗三世伸出右手欲拿起图纸，同时坚定地用左手又一次朝着工地做出命令的手势。施工已经开始了：人们正将一些支架提拉上去，楼梯建起来了，石柱和方形石块都准备好了。

没人会对保罗三世的修建意愿提出质疑。然而对于大教堂的建设，他考虑的不是一个新的开始，而是从儒略二世已经开始的地方继续下去。所以在文书院宫的湿壁画中，从儒略唱诗台到大教堂纵向部分的修建工作似乎都没有停顿地一直进行着，美第奇家族教皇在任时的危机被忘却了。没有出现新建筑师，也因为根本就不存在：大教堂工程的主建筑师是终身职位，并且保罗三世也不想打破这个惯例；另外，他寄希望于圣加洛，让他负责自己的罗马式家族宫殿法尔内塞宫（从 1514 年开始）及法尔内塞家族拥有的其他建筑的设计工作，所以一开始，设计方案的风格都没有变化。然而在施工方面却需要适时做出调整：情况不会永远停留在过去的样子。于是忠诚于法尔内塞教皇的圣加洛重新被抛到了一个棘手的环境中：他仍不能按照自己的构思来修建，而是要把大教堂建成与自己设计相反的样子。似乎教皇保罗三世没有什么关于设计方案的想法，除了这一个"圣彼得大教堂效果图"[110]。可是依照这幅图的意思，建筑规模会有所减小，而实现这一点最简单的方法就是舍弃纵向部分。

67. 弗朗塞斯科·塞尔为阿提，保罗三世指导工程重新进行，罗马法尔内塞宫藏

也许这正是保罗三世第一年执政时做出的那项决定的意图：他将副建筑师巴尔达萨雷·佩鲁齐的薪水提高一倍（这位建筑师在利奥十世在位时就提出过除去教堂纵向部分的观点），这样佩鲁齐和圣加洛的职权便相当了[111]。

这位新教皇的另一项举措看似与圣彼得大教堂没什么联系，实则却对它的修建史产生很大的影响。保罗三世首先处理的是梵蒂冈宫的扩建工作，这与儒略二世的做法类似，也许这并不是巧合。1537 年，保罗三世让圣加洛负责保利纳礼拜堂的修建，从某种意义上来说，这间礼拜堂是他的"西斯廷"，通过它，教皇能满足自己长久以来想要雇佣米开朗基罗绘制湿壁画的愿望[112]。这座建筑只有简单的厅室构成，但它又高又宽敞，向南一直延伸到教皇宫内的莱奇亚厅（Sala Regia），所以礼拜堂侵占了大教堂很大一块地方，为圣加洛和之后的马代尔诺以及贝尼尼设计大教堂带来了很大困扰。圣加洛曾向教皇解释这件事，但显然没有成功。

圣加洛的方案

圣加洛和佩鲁齐同时指导修建工作所带来的问题在后者 1536 年逝世后得到解决，那时他还没来得及应用新的方案。从此圣加洛便可以自由地展示自己的才能了。他做的第一件事就是讨论大教堂纵向部分的问题。圣加洛的一幅图纸（GDSU，编号：39A）可以作为这次讨论的依据；没人知道这图纸是在佩鲁齐逝世前还是逝世后完成的，但后者更有可能。圣加洛将争执双方各自赞成的大教堂样式范例分别画在图纸的两部分中，以此形成对比：左边是集中式方案的大教堂平面图，右边是呈拉丁十字形，既包含集中式结构部分又有纵向部分的平面图。左侧的变种严格依照中心对称的布局设计，甚至入口一侧的门厅也被去掉了。圣加洛是以佩鲁齐集中式方案图纸为基础进行绘制的，但细节处体现的是自己的构思；所以他在这里扮演的是一个对现有方案研究并优化的评论家和校对者的角色。在右侧的图纸中，集中式结构部分具备所有特性，但是却向东发展出一个纵向结构；这个结构有三个梁间距长，还带有一间两个梁间距长的门廊。右下方的草图画的是梵蒂冈宫中的连廊（Scala Regia）和老教堂，图上标注了一对尺寸：圣加洛用这种方式表明只有这个方案符合既定的情况。保利纳礼拜堂没有在这幅图纸中出现（它会位于大教堂位置图中更靠上的地方），但它可能也在讨论中为圣加洛方案的合理性加了一个筹码。要是真有反对他的意见出现，那么可能那些反对者提出的大教堂方案中的面积还要大。也许这就是为什么在图纸中儒略唱诗台被安插到了西侧后殿中。如果保留唱诗台，那大教堂整个西边的部分面积将会缩减。对于纵向部分的侧殿也是如此，圣加洛在那里也发展出了一个面积略微减小的变体。

这就是圣加洛缩减方案的基础。在GDSU 收藏的编号为 40A 的图纸背面，他重复绘制了纵向结构的草图，另外还绘了大教堂的正立面，在同一张纸的背面他尝试了不同的纵向结构布局，并且尝试着进一步压缩前厅。

儒略唱诗台已经是工程方案草图的一部分，穹顶组成的梅花状结构和讲道坛的回廊都被去掉了。"这个布局既快又好，"圣加洛这样评论，意思是能在短时间内建完。这令人感觉现在的方案并不是那个他真正想设计出来的。

总之，接下来这个方案被继续完善（我们把它称为"纵向小型方案"），直至成熟到可以作为依照开始建设，这时它被精美地复制到一张羊皮纸上（GDSU，编号：256A）。这张图纸本是用来将方案介绍给教皇的，但是它又被拿来进行更新层次的调整。这次调整主要体现在大教堂的正立面：人们的关注点重新聚焦到保利纳礼拜堂和连廊处。曾经标注的尺寸现在有所调整；同时，圣加洛

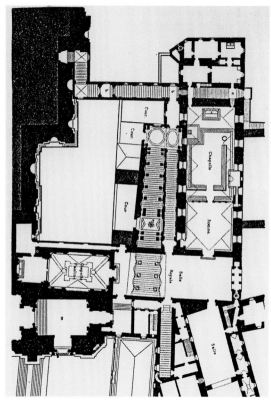

68. 乔尔乔·瓦萨里，保罗三世指导工程重新进行，罗马文书院宫

69. 位于大教堂和梵蒂冈宫之间的保利纳礼拜堂（莱塔罗利，1882 年）

（下页）

70. 梵蒂冈宫，保利纳礼拜堂

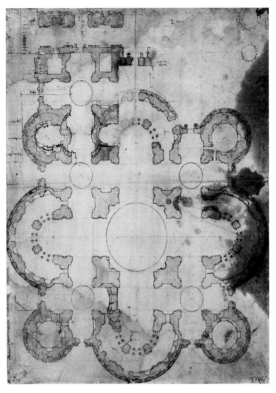

71. 安东尼奥·达·圣加洛，圣彼得大教堂方案，GDSU，编号：39A

对面积广大但边界明确的工地进行了测量[113]（GDSU，编号：119A）。我们在同一张图纸的背面可以找到描述正立面北侧情况的笔记。

它提到了保利纳礼拜堂，这座建筑在1537年至1538年正在施工，还提到了圣加洛用来加固老教堂纵向部分的隔墙，这堵墙在1538年秋天完成。由于圣加洛测量的新数据加入到对纵向小型方案的调整中，这个方案（差不多是最终的版本）的完成年代会是1538年的后半年[114]。

通过纵向小型方案，圣加洛解决了前人设计中出现的一个难题：儒略唱诗台如何融入统一的建筑整体中的问题。这个方案也在简化方案之列，但介入的部分都被巧妙地隐藏起来了。穹顶构成的梅花状结构保留了下来，虽然丧失了发散的效果并且被放置在一个互相交叉的横纵轴体系中（与之前朱利安·达·圣加洛提出的反对伯拉孟特羊皮纸平面图的那个方案一样）。角落里的圣器收藏室和讲道坛回廊都消失了；取而代之的是一圈一模一样的后殿和小后殿；大教堂纵向部分有三个梁间距长，建有五间殿；它连接着一间带有三座穹顶的前厅。这一次圣加洛放弃了在中殿修建一座附属穹顶的想法。整体形象要尽量显得高耸；建筑规模依然庞大，但看起来有了凌驾一切的气势。在设计工作进行了二十年之后，尽管这个方案不是特别令人振奋，但也是伯拉孟特方案的一个可靠替补。

我们不知道是否圣加洛有机会将他的方案呈现给教皇，我们也没找到与它相对应的正视图图纸[115]。之后出现的却是一组指向相反方向的设计草图：圣加洛撤下简化方案，怀着极高的热忱准备了一版纵向大型方案（GDSU，编号：66A、67A、259A）。在精心绘制了一些局部的图样后，圣加洛在三张大的用于介绍的纸张上绘制了这个方案：一幅耳堂截面图，一幅纵向部分截面图，还有一张大教堂北边外侧的立视图。对应的平面图已经遗失，但根据立视图可以可靠地将它重新绘制出来；莱塔罗利就做了这件事，我们

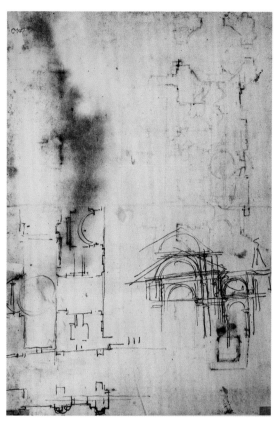

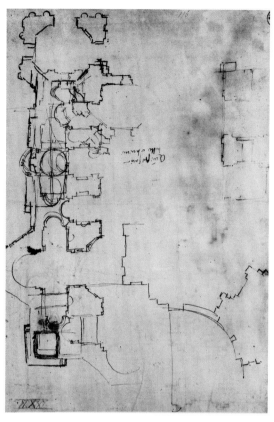

72. 安东尼奥·达·圣加洛，圣彼得大教堂草图，
GDSU，编号：40A，背面

73. 安东尼奥·达·圣加洛，圣彼得大教堂草图，
GDSU，编号：40A，正面

首先会注意到的改变是建筑西侧被扩大了。儒略唱诗台没有了（在将来的设计图中也不会出现这个部分），三座讲道坛完整如初，并且都建有回廊，边房重新与四座小穹顶分离。角落中的圣器储藏室也恢复了，纵向部分仍旧是纵向小型方案中的样子，但借助很宽的侧边礼拜堂和附属房间它的面积有所增大；正立面也焕然一新，所有结构都聚合在一个坚实的长方形中。

　　另一项创新在大教堂内部：圣加洛决定将地板高度提高大约 2.50 米（之后实际上提升的高度为 3.70 米）[116]。这个想法在纵向小型方案中就已显现出来，但之后被放弃了。现在这个计划正被仔细地权衡计算。圣加洛没有说过自己为什么这样做，但可以肯定与他否定伯拉孟特设计的纵向部分布局有关，这一点在他编写的《纪念册》中提到过。提升地板带来的影响是巨大的。穹顶支柱上的"40 拃壁龛"与建筑物其余部分比例不相适合，必须将它们填平。讲道坛的结构需要重新校对。几面封死的墙取代了后殿与回廊间开辟的通道。

　　这样的话会产生采光问题，所以必须用

在后殿顶盖处开设弦月窗来补救，伯拉孟特设计的柱式系统要深入重组。巨型壁柱下方的柱基消失了，大教堂内所有不同大小柱式的柱子现在都分别处于一个平面上了。各处的柱上楣和柱顶横檐梁因此也变得连贯了，它们自然地确定了那些单独的建筑构件（壁龛、神龛、檐口）应该安插的位置。

我们也能在大教堂外侧发现这个规律。原本大块的建筑整体会有瓦解成耸立着塔或穹顶的小间的危险。圣加洛为了对抗这一趋势，便在建筑外侧也用连贯柱式来实现横向的理想分割。整座大教堂建立在阶梯状墙基之上，大台阶向前凸出呈半圆形聚拢在入口大门前。紧接着最下方多立克柱式层的是雕有半身像支柱的过渡层，在向上的区域，也就是二层，是科林斯柱式层。穹顶的鼓形柱和钟楼的柱子应用的都是混合柱式。

我们第一次从这一系列图纸中了解到圣加洛对穹顶的构思[117]。第一眼看去，穹顶的外形与伯拉孟特设计的相似：半球形的顶盖最终肯定会形成一个灯笼式天窗，底座上环绕着三节万神殿式阶梯。但是鼓形柱的位置明显更低，并且伯拉孟特设计的柱廊在这里转换成了一个大型的圆柱形结构，上面装饰着壁柱饰和壁龛，并且只开了八扇非常小的窗子。截面图展示出的画面不太一样：鼓形柱内部已经缩减为一个简单的过渡区域，所以拱顶内部的薄壳结构（从静力学角度限定）起点更低并形成了一个尖拱。这里是以布鲁内莱斯基设计的佛罗伦萨主教堂穹顶为模

板，这是唯一一座在尺寸上能与现代建筑媲美的穹顶，明显比伯拉孟特那座看不见抓不着的穹顶更令圣加洛信赖。

圣加洛耗费大量精力去研究这个难题，在他对布鲁内莱斯基的穹顶的分析中发展出了一种我们今天称之为"平稳性图解"的理论（GDSU，编号：87A）。它会依照两个参量评估这种样式穹顶的稳定性：在直径和高度相互关系上自由变化的尖拱几何，以及灯笼式天窗开口的宽度。事实上，圣加洛在接下来的设计穹顶的方案中尝试着控制这两个变量，使它们的乘积能差不多保持稳定。

钟楼的样式也发生了改变：它盘踞在一个八边形平面之上，附着有装饰性圆锥体，它的横向分割与中央穹顶恰好保持一致。侧殿上的小穹顶既没有鼓形柱也没有灯笼式天窗，采光靠的是拱顶上开设的弦月形窗户，从外面看去，这些窗子就像是带有三角楣饰的壁龛。这样的三角楣饰数目超过了五十个。就像瓦萨里在评价圣加洛制作的大教堂木制模型时所说的，整体就是一个"过于杂乱的拼接"[118]。

圣加洛的"纵向大型方案"与之前圣彼得大教堂的所有方案一样，都是在调和既有的前提与设计者个人的宏图大志，但是现在圣加洛比过去的那些设计者表现得更为自主。所以从一开始他的方案就清晰地表现出两个稳定的特性：一方面是他好大喜功的倾向，另一方面是想通过合理布局掌控住这一大型建筑的志向。圣加洛缺乏的是时间观念，即

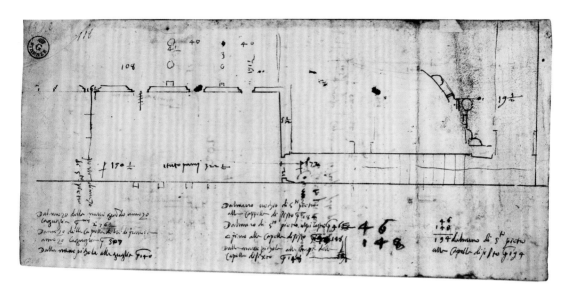

74. 安东尼奥·达·圣加洛，老教堂测量数据，GDSU，编号：119A，正面

75. 安东尼奥·达·圣加洛，测量草图，GDSU，编号：119A，背面

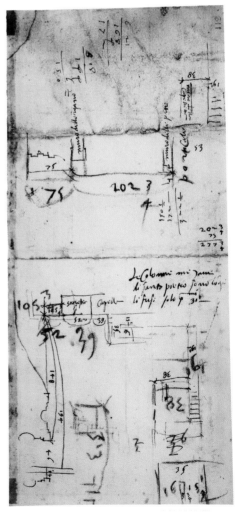

要迎合教皇的意愿将工程快速结束。也许圣加洛这最后一次精心制作的方案促使教皇重新想要原来的集中式方案。没有文献记载这一点，但圣加洛有一组设计是致力于是将已完备的大教堂西侧方案（具备穹顶构成的梅花状结构和带有回廊的讲道坛）与入口部分结合——没有在它们之间插入纵向结构[119]。

　　圣加洛绘制了一幅这类方案的草图，画法简略，就在 GDSU 编号为 41A 的那张图纸下方的边缘处；后来他又很快地绘制了一系列在这幅草图基础上经过调整并增加了细节的平面图和立视图草图。第一个想法可能

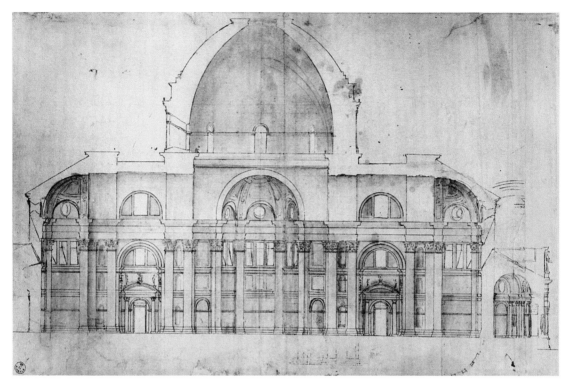

76. 安东尼奥·达·圣加洛，圣彼得大教堂方案，内侧朝西视角，GDSU，编号：66A

77. 安东尼奥·达·圣加洛，圣彼得大教堂方案，内侧朝南视角，GDSU，编号：67A

是绘在 GDSU 编号 110A 的图纸上方的那个：围绕东侧后殿的回廊消失了，取而代之的是八边形空腔，从这里会直接到达后殿和穹顶支柱与辅助支柱间过道的房间。它们之间开设了一间带半圆拱的门厅，两侧有钟楼。接下来，圣加洛回到了在大教堂中心部分前修建入口，由穹顶掌控建筑节奏的思路。保留下来的还有钟楼正立面的草图，这两座钟楼就好像独立于整座建筑一样。

巨大的模型

我们可以按照圣加洛的图纸，来一步步地了解他为圣彼得大教堂设计的多变的方案。然而这个方法不足以了解他最后创作的，也是最令人惊奇的一件作品：从集中式平面设计图到模型的制作，这步转变不是任何一张我们看到的草图能提供的[120]。其不同凡响之处在于大教堂西侧和入口部分，之前它们是紧密连成一串的，如今却被分开了约30米；只由一间每个方向都开放的空腔结构维持两者间的连接。如此诞生了一个在圣彼得大教堂设计史中空前绝后的新结构。我们没有圣加洛对这个独特的合成构造的评述，所以只能推测设计师这么做是考虑到大教堂和梵蒂冈宫的连接问题。然而这之后，圣加洛创作的图纸或草图中没有一幅显示他继续关注着这个问题；事实上，我们不知道圣加洛是想如何解决它的[121]。

模型也没有给我们提供什么线索：它只是把大教堂本身完美地展现出来，而没有展现任何周围环境。

有了这个新方案，节省时间和资金都是奢望了，但是教皇好像没有提出反对意见。设计工作在这时候应该达到了一个稳定点；圣彼得大教堂管理机构的委员们提出为其制作一件新的完整模型的要求也应该商定了，这件新模型将会使一切对大教堂建筑的讨论偃旗息鼓。圣加洛很快便同意了这个请求，一直以来，他的构思方案都是朝着有最终结果去的，从来不考虑完成时间。所以在制作模型方面，他看到了能提前把方案变成现实和让后世继续完善每一个细节的机会。

为了实现这个目标，模型的尺寸必须尽量大。圣加洛将比例尺定为 1:30——模型的 1 米对应实物 30 米。所以最后它的尺寸为 7.36 米（长）×6.02 米（宽）×4.48 米（高），这是圣加洛最后一次好大喜功的表演，它永不可能被超越。1539 年初，一群木匠在圣加洛合作人安东尼·兰巴克（Antonio Labacco）的带领下开始了模型的制作。新建筑中的儒略唱诗台还是空的，人们在那里设置了一个小作坊。我们可以通过记录有各式木料的供应的文件了解工作的进度[122]。1544 年后半年，模型的制作有一次搁置，也许是因为圣加洛对穹顶区域的设计方案进行了调整。在这次搁置之后，木匠们加快了制作速度，夜以继日地工作。材料费和要付给的薪水总计约4800金币，还要加上另付给圣加洛的酬金1500金币。对其批判的人宣称这么多钱都能建一整座教堂了。圣加洛没有收

78. 安东尼奥·达·圣加洛，圣彼得大教堂方案，外部朝南视角，GDSU，编号：259A

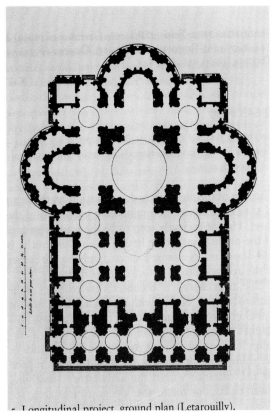

5. Longitudinal project, ground plan (Letarouilly).

79. 安东尼奥·达·圣加洛，圣彼得大教堂方案，平面图复原，（莱塔罗利，1882 年）

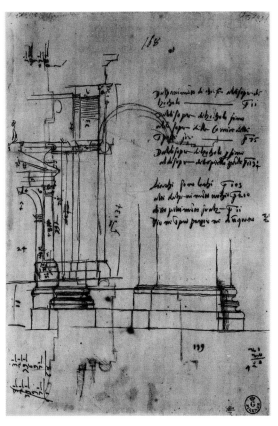

80. 安东尼奥·达·圣加洛，圣彼得大教堂方案，GDSU，编号：64A 正面

（下页）
81. 安东尼奥·达·圣加洛，圣彼大教堂穹顶图样，GDSU，编号：87A 正面

取分期付给他的最后一次酬金，正如瓦萨里所言，"工程开展没多久，他就去了另一个世界"[123]。这发生在 1546 年 8 月，那时模型仍在修建之中。圣加洛已经为所有建筑结构或自己完成或托人完成了一些与模型同比例尺的执行图纸，有 11 张保存至今，其余的可能是因为在设计过程中被废弃了，没有进入

到木匠作坊中。图纸的纸质很结实，有时面积也非常大，其中一幅鼓形柱和穹顶的截面图绘在由七张纸黏在一起拼成的图纸上，它的尺寸为 1.96 米 × 1.19 米（GDSU，编号：267A）。

没有保存下来的建筑模型（或者没有完成的模型）通常都会被拆掉或以其他方式

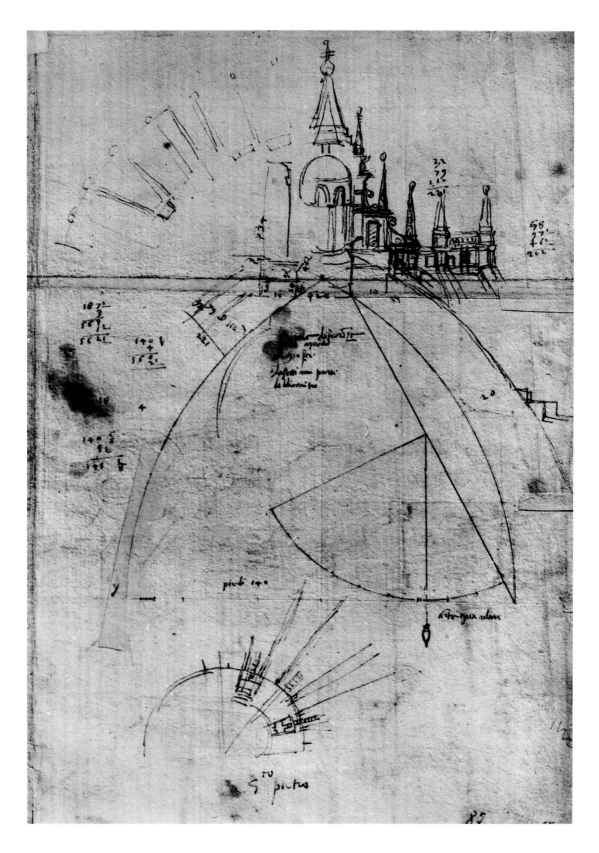

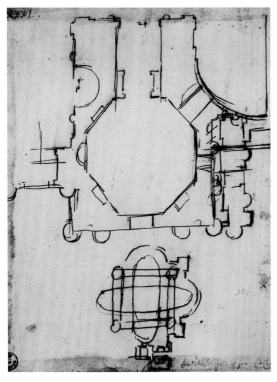

82. 安东尼奥·达·圣加洛，圣彼得大教堂草图，GDSU，编号：41A

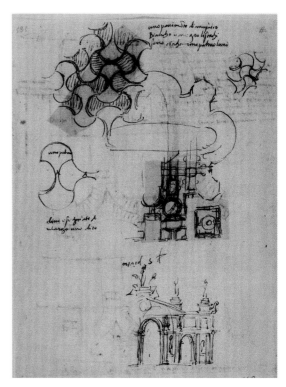

83. 安东尼奥·达·圣加洛，圣彼得大教堂草图，GDSU，编号：110A

消失。圣加洛的模型摆脱了这种命运，可能是因为它庞大的体积使之成为珍品。但这也带来了一些问题：人们曾多次搬动模型，因此它总是会损坏，接着又被修补、重新刷漆等等[124]。一次彻底的维护发生在 1991 年至 1992 年间；有了现代技术的支持，模型被拆解为最小单位，又一块块地组好，安装在一个由钢管组成的结构之上，之后它在威尼斯、华盛顿、巴黎和柏林进行了巡回展览。如今，模型被收藏在圣彼得大教堂圣加洛设计的一个"八角形厅"中，这个厅位于从纵向部分到格里高利礼拜堂的通道上方。

为了复原最初的模型我们可以参考两

个资料。第一个资料是兰巴克在 1546 年至 1549 年间绘制的一系列大幅的版画，包含模型的一张平面图，一个纵向部分截面图和北侧、东侧的立视图[125]；第二个资料是描绘模型的 14 幅系列图纸。它们被收集在一个有 120 张古代和现代建筑图纸的手抄本中，这个手抄本属于某个讲法语的人，它如今收藏在柏林艺术博物馆（"德塔耶尔手抄本 D"，Codex Destailleur D）[126]。其中几张图纸上显示了今天的模型所缺失的部分，它们已经找不到了，图纸的绘制者可能是制作这个模型的团队中的一员[127]。

圣加洛构思的最后一个方案的命运就像

84—86. 安东尼奥·达·圣加洛 / 安东尼·兰巴克，圣彼得大教堂巨大的木质模型，圣彼得大教堂，圣耶柔米八角厅

他在伯拉孟特方案一的图纸背后所写的一样"没有效力"。尽管如此，它在大教堂的历史中还是占有一席之地：当然这是死路一条，但所取得的结果却是独特的。就像兰巴克版画（也只有在这里），它上面模型的平面图为我们展现了一幅惊人的图景。从折中方案中解放出来，模型的平面图就像是美丽的装饰性艺术品，这是圣加洛之前的任何平面图都展示不出来的效果，他从伯拉孟特方案三中挖掘了完美的中心部分方案。图中三

个主要元素被清晰地勾勒出来：穹顶四根支柱组成的核心区域，在正方形外部框架中是大教堂中心部分以及组成一个十字形的几间边房，这些边房带有三叶草形状的回廊讲道坛，它们超出了方形框子的边界。四个小方形区域标志着大教堂西侧的四角；与之对应的是钟楼的两个小方形区域。这版方案在正立面和西侧区域之间插入了一间前廊，所以说圣加洛又回到了他原来在大教堂中轴线上修建一座"附属穹顶"的构思上，这一点在

87. 巨型木质模型的穹顶

1521 年完成的模型中有所体现。这个附属穹顶由四间六边形的通道房间围绕（受到佩鲁齐的启发）[128]，整体上呈现了第二个梅花状结构或者说（对于进入的人来说）是真正的伯拉孟特式中心结构的序幕。放眼望去都是向四面八方敞开的结构，所以这个地方并不适用于宗教仪式的举行；在其中穿行的人们仿佛置身于一个由带有陶立克式壁柱饰的围墙组成的镜像迷宫。但是，正因如此，这个地方没有殿（也不需要有）。

从立视图中我们可以更清晰地看到整体的复杂结构。纵向截面图展现了正立面是怎样与中心部分脱离的，只是在大教堂外面看

上去两者协调一致。穹顶和钟楼的方案也是这样，穹顶灯笼式天窗顶上的圆锥体在模型中比钟楼顶端高出 12 厘米。在大型纵向方案中讲道坛回廊没有被覆盖上，对于这个问题圣加洛找到了一个全新的解决方法：回廊被抬高了半层，又在它们上方加盖了完整的一层。

这样就竖立起了酷似罗马斗兽场的巨大半圆形回廊，墙体被模型外部的主要装饰物壁柱饰分成一节一节的。内部出现了采光的问题，要想解决它就要在修建上花大力气，解决的办法就是修建一些向下倾斜的贯穿回廊的孔洞。那些附属穹顶在塑造大教堂外观

88. 安东尼奥·达·圣加洛（和助手？），绘有巨型木质模型穹顶的图纸，GDSU，编号：267A

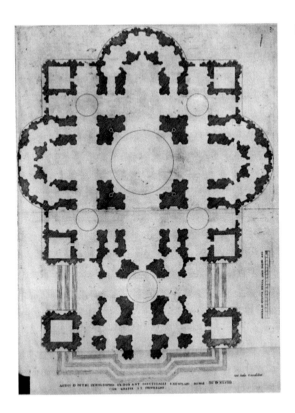

89. 安东尼·兰巴克，圣加洛巨型木质模型平面图（版画，安东尼·萨拉曼卡编辑整理，1549 年）

90. 安东尼·兰巴克，圣加洛巨型木质模型纵向部分截面图（版画，安东尼·萨拉曼卡编辑整理，1546 年）

91. 安东尼·兰巴克，圣加洛巨型木质模型侧边立视图（版画，安东尼·萨拉曼卡编辑整理，1546 年）

92. 安东尼·兰巴克，圣加洛巨型木质模型正面立视图（版画，安东尼·萨拉曼卡编辑整理，1549 年）

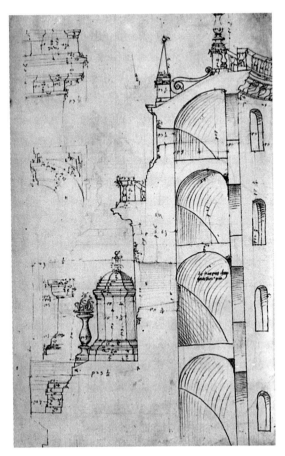

93. 德塔耶尔，圣加洛巨型木质模型位于正方形结构四角的房间的截面图，柏林艺术博物馆，德塔耶尔手抄本，编号：D1（Hdz.4151）

方面起到了决定性作用，它们掩藏在第五面侧壁后边。附属穹顶本身也带有鼓形柱，但它们接收不到直接光照。

在屋顶的新层和耳堂附属边房半圆拱之间的区域可以找到"八角形厅"（或称"八角形"ottogonj）[129]：比例匀称的宽阔八角形厅覆盖着半球形穹顶。它们在模型中是找不到的，因为模型缺少整个屋顶区域。在1542年至1544年间仍旧在圣加洛指导下的实际施工过程中，东边房的八角形厅竖立起来了，

1544年到1546年间南边房的那些可能也建起来了（在法兰克福收藏的那幅风景画中我们可以看到，东南方向的八角形厅仍然很粗糙）；其他的两对是在之后的贾科莫·德拉·波尔塔的指导下修建的。圣加洛曾设想了十六间这样的房间：它们四间一组，将会像卫星一样聚集在四座附属穹顶周围，最外侧的八间在米开朗基罗施行的简化方案中成了牺牲品。在位于中心部分区域的正方形结构四角的房间中，圣加洛想修建一些螺旋式上升的斜坡，这样牲畜就可以驮着建筑材料登上楼顶。模型中也没把这些表现出来，但是多亏有"德塔耶尔"的图纸，我们知道了它们的存在[130]。斜坡上端开口处建有短小的塔，这些塔尖为模型的侧边轮廓增添了一些古怪的点缀。

只有在圣加洛的模型中，巨大的穹顶才恢复了一点伯拉孟特时代的重要性：它不应该只被作为大教堂中心部分的覆盖物，而应该在屋顶上独树一帜，傲视群雄，就像一座宏伟的建筑那样。从形式上来说，圣加洛模型中的穹顶是从"纵向大型方案"中演变过来的，但它明显比原来那版要高许多。鼓形柱上增添了一个基座，无论从外部还是内部看去，它都是单独的一层。然而它并不是自由的，因为有一座环状拱廊围绕并且支撑着它，拱廊上的小拱架在壁柱饰上，那些壁柱饰围绕外圈一周；在模型的最终版本中，人们又加了一座环状拱廊，目的是将拱顶的开始部位（侧向推动力受力点）也保护起来，

94. 圣彼得大教堂，圣格里高利八角形厅

95. 圣彼得大教堂，圣格里高利八角形厅，穹顶

避免让它受到关注。这样，圣加洛就能重新将穹顶插入到他公式化的纵向分段模式中。

从修建角度看，圣加洛一开始还是忠实于从最初方案中发展而来的概念的。在那张模型（GDSU，编号：267A）制造者们用作基础的执行图纸中，仍出现了一座在外部呈半圆形、内部呈尖拱状的拱顶轮廓。但是纸上有一处圣加洛的笔记，内容正是批评这座尖拱的：它的样式太"德国"了（原文"todescho"，即哥特式），应该弃用[131]。

接着圣加洛提出了一个复杂的方案，根据它能修建出一个微微凸出的圆拱（"aovato"），但是这个方案也没能在模型中实现。那里拱顶的内部轮廓是立式的半椭圆形。我们可以将它看作是一个不断变形的半圆形，并且在圣加洛眼中这个形状是具有"古典美"（"antico buono"）的。拱顶的直径是196 拃，高 147 拃，这些数据圣加洛都记在上面提到的笔记旁边了。他设计的椭圆拱顶的形状非常接近完美的力学曲线——"悬链线", 这在 18 世纪时才被正式定义。然而这个卓越的发明隐藏在模型的内部, 它没有受到人们的重视, 就像我们看到的那样, 也没有被后世模仿。

在模型方面, 圣加洛毫不迟疑地"贪大求全"。如果说伯拉孟特的方案是受到了万神殿的启发, 那么当你看到圣加洛的模型时会立刻想到斗兽场: 它恢弘而均匀统一的结构朝向外侧, 而将看不见的内侧包裹隐藏了起来。圣加洛的方案中也有与斗兽场截然不同的特别之处, 比如说彼此分离的内部空间。在竖立起大教堂的地板下方形成了像墓穴一般的地下世界, (之后它被称为)"梵蒂冈大教堂地下洞穴"。

讲道坛的回廊被十字形结构的边房隔离了, 它们看上去不再属于内部结构。位于角落的房间也是这样, 它们修建有螺旋斜坡, 和大教堂的中心部分没有什么联系。完全被孤立的是八角形厅: 不论是在大教堂内部还是外部都看不到它们的踪迹; 只有通过隐藏在墙体中的楼梯和通道才能到达。整体来看, 这个方案就像迷宫一样错综复杂, 这样建起来的大教堂比起一座从整体考虑过的统一的建筑更像是个狐狸窝。

也许圣加洛也有这样的感觉, 他在用自己的方式来补救。我们能看到组成穹顶的数据都能被 7 除尽; 7 × 7=49 这个乘积多次出现。似乎在这之后是一个有意选择的模数法设计, 它对整座建筑的透视图起到了决定性作用[132]。穹顶的直径和高之比为 4:3

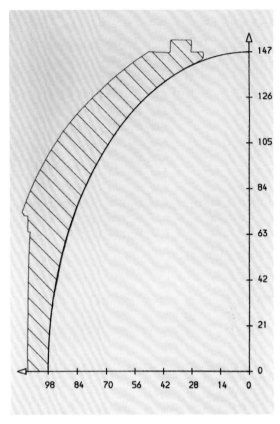

96. 圣加洛巨型木制模型穹顶的侧面轮廓（电脑制图, W. 玻姆, 布伦瑞克）

(4 × 49:3 × 49), 中心房间整体尺寸为 4:9 (4 × 49:9 × 49); 内部透视图的三个主要分割点（底层位置的柱上楣, 鼓形柱位置的柱上楣和穹顶的弧顶）相邻的两点距离几乎都是 147 拃（3 × 49）。

不管怎么说, 圣加洛的模型在所有为圣彼得大教堂构思的方案中是最完美的; 比起修建工程, 我们更加了解方案本身。圣加洛在他生命的最后七年中, 彻底地研究了新建筑的所有问题, 并且提前制定好了每一个细节, 在某种程度上他掌控了大局; 最终呈现出的是一个具有奇特外观的结构，上面矗立着锥形的塔和柱子，还有其他的装饰元素。相比传统建筑，这样的结构会更让当时的人想到哥特式的大教堂（"德式建筑"，瓦萨里）[133]。整个方案的"无时代性"特征与之相符。要是基于前人在 16 世纪中叶建造的成果开始修建的话，将需要至少两代人的时间才能完成工程。在教会尝试革新之路的同时，圣彼得的建筑大师们还继续依照维特鲁威制定的规则堆砌石柱、拱、穹顶以及钟楼——这样的想法很明显是不现实的。

97. 佚名，施工中的圣彼得大教堂景象，梵蒂冈博物馆，阿什比收藏 330 号

建 造

这项工程的建筑师统领的职责范围既包括设计图纸，也包括工地。在美第奇家族的教皇执政期间，方案图纸和施工这两方面产生了巨大的分歧，在保罗三世时期情况尤其堪忧。当圣加洛还在绞尽脑汁地钻研那件遥遥无期的建筑模型细节时（比如入口大门的上楣位置）[134]，工地上正有拖延不得的事情等着他做决定。新建筑的废墟被遗弃了十年之后，人们除去遍地的杂草，修复了墙体上的破损，为露天的部分搭建了临时屋顶。就连老教堂仍挺立着的纵向部分也得到了保护，它们墙体上边的部分已经进一步向南倾斜[135]。虽然在较长的一段时间后老教堂注定要被拆毁，但它目前仍是宗教仪式不可或缺的举行地，所以理应得到维护。圣加洛决定修建一面横向的墙以便加固覆盖整个建筑宽度的结构，就像一些画作中所展示的那样，

98. 安东尼奥·达·圣加洛，"隔墙"修建方案，GDSU，编号：121A

墙体一直倾斜到中殿的屋顶处。

1538年，夏天的短短几个月足够完成墙体的修建，它的基部宽度超过65米，高度有近40米，一直建到屋脊[136]。关于"隔墙"在中殿对面的部分，我们能找到一幅圣加洛绘制的方案图。图纸显示出修建这面墙并不是一个简单的权宜之计，而是一座经过谨慎计划的示范性建筑，它将来会在新教堂中发挥重要的作用，即使受时间所限还没有表现出来，隔墙两面都是分段的。图纸上绘了朝东的一面，显示在其下方有老教堂中殿的柱廊，它的柱顶横檐梁沿着墙面伸展，中央是"帕拉第奥母题"形式的拱形通道。墙体上方开有三扇带半圆形拱的窗子，没有窗框。中央的通道看起来也像是还没彻底修完，但它实际上已经完成了，正如边上的插图所示。然而这个开口却在1546年初被砌死了，并且由一扇可关闭的门代替；有可能是墙体西侧施工工作的开展使得人们必须这么做。

这件事丝毫没有动摇圣加洛要将新老大教堂合二为一的想法。1544年到1545年，人们用一个起到覆盖作用的过渡结构将隔墙和新建筑敞开的边房之间的缺口补上；事实上，在布法里尼1551年和杜佩拉克1573年绘制的罗马城平面图中，圣彼得大教堂看上去是由幸存的老教堂和还未完成的新教堂组成的，也就是说，这座建筑还在过去与未来间徘徊。从这个角度看，圣加洛修建的隔墙就像是某种铰链，帕拉第奥母题是使两边的建筑都和谐的方法：开口的大小和比例复制

了伯拉孟特的"40拃壁龛"[137]。要是用抽象的方法看，新建筑可以被理解为旧建筑的延续。作为未来的景象，它不像圣加洛为这座巴西利卡设计的方案那样"乌托邦"。实际上，这座混合体一直存在到17世纪（并且在被拆除之际还有人站出来捍卫它），而那件模型却随着作者的离去而消失在了圣彼得大教堂的修建历史中。

在如今的大教堂中又该去哪里寻觅圣加洛留下的痕迹呢？西侧的大部分建筑都是在他的指导下竖立起来的，但没有他的"签名"。圣加洛和拉斐尔共同（或为了拉斐尔）设计的讲道坛已经消失了；八角形厅是他独立设计的，但是藏在看不见的地方。只有一个看起来不甚重要的、普通参观者都不会注意到的地方长久地改变了大教堂内部的模样：地板的提升。它的直接影响显而易见：空间比伯拉孟特设想的看起来更矮（或更宽阔），其建筑主体形态更为扁平。

如今当我们走进大教堂纵向部分的中间区域时，一点都不会感受到当初的穹顶支柱是什么样子；两侧宽度要比高度还大，正因如此，它们看起来不像是竖立的墙体，而是被放倒的[138]。巨型柱式的柱基座都没有了，那些伯拉孟特曾抬起头来看的巨大壁柱如今立在我们所站的地板上。

提升地板的间接影响就是"40拃壁龛"被封住了：这使得凹面的连续性遭到破坏，这一点在伯拉孟特的空间构成中非常重要。在光滑的墙壁前面，圣加洛修建了二十四个

99. 莱昂纳多·布法里尼（Leonardo Bufalini），
罗马平面图（1551），局部

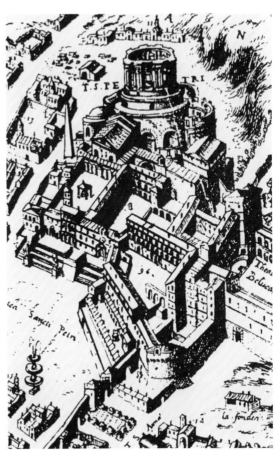

100. 艾蒂安·杜佩拉克，罗马平面图（1577），
局部

科林斯式神龛，在如今的大教堂中，这些神龛是圣加洛留下的最显眼的作品了[139]。它们的外形保持绝对统一（除了在半圆和三角形楣饰间做必要的更替以外），并遵循体积庞大但缺乏表现力的原则，在建筑空间各处占据着主导地位。这些神龛引导着参观者的目光从建筑形式上移开，转移到框中的内容物、祭台、圣像以及它们在那里发挥的功能，所以圣加洛推动的规则归根到底是与大教堂神职者们的利益相冲突的。

之后的历史

圣加洛时代的结束是以米开朗基罗当选大教堂工程的建筑师作为标志的。然而圣加洛的合作者和学生，那些米开朗基罗带着阴暗的讽刺和派别（"圣加洛派"）称呼的人是不会轻易服输的。1546 年到 1549 年间，出版商安东尼·萨拉曼卡（Antonio Salamanca）出版了一系列兰巴克的版画，这些画作展示了巨型模型的平面图、立视图和截面图。就像瓦萨里所写的，它们是为了"显示圣加洛是多么的德高望重，人人尊敬这位建筑师，而米开朗基罗·博那罗蒂却在提出与他相反的指令"[140]。另外，这些版画还让兰巴克笼罩在模型宣传者的光辉之下，之后画作收录到安东尼·拉夫赫里（Antoine Lafréry）的《罗马辉煌鉴》（Speculum Romanae Magnificentiae）中，如此圣加洛设计的圣彼得大教堂就这样为建筑家们所熟知。

教皇保罗三世也为纪念圣加洛做出了贡献：他把模型铸进徽章，使它永垂不朽，还为了后来的1550大赦年重新铸造了同样的徽章。保罗的后继者儒略三世在那一年将它作为自己的大赦年徽章，但这不代表这位教皇推崇圣加洛的方案而反对米开朗基罗的。实际情况是，米开朗基罗还没有构思出自己的正立面修建方案，而且他非常喜爱这枚纪念徽章。

101. 保罗三世的徽章，1546—1547 年，梵蒂冈图书馆藏，梵蒂冈纪念章存放柜

米开朗基罗

如今的圣彼得大教堂与米开朗基罗设想的没有太多的相似之处，然而他改变的大教堂建筑外观却比其他任何建筑师都要多。在米开朗基罗的指导下，附属支柱和耳堂边房的后殿都具备了如今的形态，北边房内也建起了主要的半圆拱。穹顶的穹隅完成了，鼓形柱也立了起来。米开朗基罗的后继者按照他的方案实施大教堂的建设直至 17 世纪末，只是几处细节有所变动。在 1600 年即将到来的时候，西边的建筑主体已经发展为现在的样子，剩下的问题就只有如何在东侧收尾了[141]。

权力的交接

1546 年圣加洛逝世，出身法尔内塞家族的老教皇得到了扭转工程命运的第二次机会。圣彼得大教堂管理机构的委员们在第一时间与朱利奥·罗马诺（Giulio Romano）展开商讨，他是罗马伯拉孟特式建筑传统的最后传人，但是朱利奥在这一年中也去世了。现在机会来到了米开朗基罗的面前，教皇也对他寄予了厚望：保罗三世认为他有能力将建筑工程这条搁浅的船重新航行起来。在多次拒绝后（我们仍不知晓他拒绝的动机），米开朗基罗终于同意了教皇的请求。他只比保罗三世年轻几岁，也比所有有能力的竞争者年长，甚至对于他的前辈圣加洛也是如此。

在负责的儒略陵墓工程流产后他便远离建筑工作，而现在现在却要终结拉斐尔和伯拉孟特时代的空想。

圣彼得大教堂管理机构的委员们很不开心[142]，这个新人在那时只在佛罗伦萨做建筑师，委员们根据个人履历认为米开朗基罗很难胜任。然而教皇保罗三世说他受到了神的启示：像上帝派来的使节一样，这样保证米开朗基罗的地位不会被动摇[143]。他在圣彼得大教堂管理机构引起了一桩丑闻，原因是他从头到尾地批判了圣加洛的模型，并且把圣加洛的人都换成了自己的亲信[144]。米开朗基罗对委员们解释说，他们的工作应该是筹得足够的资金以及谨防盗贼（不诚实的工人和职员），大教堂的设计是他的事，这件事他只会和教皇商量。虽然有愤慨的抗议出现，但保罗三世毫不犹豫地支持自己任命的人，为他摆平所有引起争论的事情。教皇为了保证自己的决定在死后（他已经觉得大限将至）也能有效，1549 年他将其写进了自动敕书，这样他的继承人就能引用[145]。这封特殊文件为我们揭开了隐藏在大教堂修建历史背后的社会政治：中世纪晚期的社会逐渐被中央政府和现代国家的合作体制所取代[146]。

与这一过程对应的是一次建筑历史学范畴的更迭。伯拉孟特和儒略二世的方案在创造者离世后很快发生了变化，但方案本身从没有被废弃过。现在米开朗基罗提出了一个纯粹的集中式方案，他在一封信中说这个方案"明确又简单，敞亮且四周被孤立"[147]，

这就是新教堂的样子。米开朗基罗认为实现它是自己对上帝和圣彼得大教堂的责任，如果失败，那将会是"大教堂修建史上一个巨大的损失、极大的羞耻和无法饶恕的罪过"[148]。

设 计

米开朗基罗接受圣彼得大教堂主设计师的职位却回到了伯拉孟特设计最初方案的事实，多少有些讽刺。瓦萨里写道："他对我说过许多次，说自己是伯拉孟特的指令和图纸的执行者，既然这座庞大的建筑最初已经有人设计出来了，那他们才是创造者。"[149] 这模棱两可的态度是因为米开朗基罗不熟悉大教堂设计史的开端。他对伯拉孟特方案的想法源于那些当时已建好且保存着的建筑物（"比如那时显现出来的"，他在上面提到过的那封给阿曼那提的信中说），即穹顶的四根支柱和儒略唱诗台；这些建筑能毫不费力地解释希腊十字形的集中式方案的开端是什么样的。之后，在圣加洛的指导下，南讲道坛的回廊发展起来了，这个"增加物"在米开朗基罗眼中破坏了伯拉孟特作品的纯粹性[150]。他认为自己的使命就是要将大教堂从这些约束中解放出来。委员们害怕他会将圣彼得大教堂缩减成"圣彼得小教堂"，[151] 但米开朗基罗不顾这些人的反对，下达了拆除圣加洛建起的回廊的命令。

他的做法轰动一时，但这只是他酝酿着的缩减方案的冰山一角。它关乎整个空间规划，在于那些伯拉孟特之后就没有确定下来

的尺寸：被缩减的不只有讲道坛的回廊，还有次中心十字形结构外侧的边房，比如带尖塔的角落里的房间。结果就是平面图呈现出新的几何形状：里面插入了集中式中心主体的基础正方形结构的边长从圣加洛方案中的 600 拃减少为米开朗基罗的 460 拃（根据兰巴克和菲拉波斯科的平面图版画）。所以附属穹顶的位置就到了这座建筑的边角地带，次中心地带转变为角落中的礼拜堂，伯拉孟特方案中的"分形"结构换成了一个具有五座穹顶的简单结构。在圣加洛方案中仍凸显的不同房间组间的平衡状态让位给了整体的独特性。瓦萨里找到了恰当的语句来描述米开朗基罗设计的圣彼得大教堂，即"以精简的身材彰显更雄伟的气势"[152]。

伴随着类型学的转变是设计风格上的变化，米开朗基罗和圣加洛都明白自己的一生相对工程要消耗的时间实在是太短了，但他们俩对此得出的结论却正相反。圣加洛想要差不多完成建筑设计这一步；所以他把人生最后的几年用在了制作巨型的模型上，用它代替真实的大教堂。模型中每一个建筑结构都是最终的设计结果，每一个细节都经过了精密考量，每一个难题都得到了解决；后人要做的只是用石块垒砌出真实的大教堂——米开朗基罗嘲讽地预测说这会需要三百年[153]。但是现在，建造和设计回到了并驾齐驱的状态。与伯拉孟特一样，米开朗基罗把所有的想法搁置下来，集中思考还能为这座建筑做些什么，正是这样，他才为工程的圆满

完成做出了决定性的贡献。当委员们想要新模型时，米开朗基罗就给他们做了一个；制作时长两个礼拜，只花费了 25 个金币。一年后他又完成了一件大些的，但这件也没有展现出整体建筑，只是米开朗基罗刚开始设计的那一部分：新的南讲道坛[154]。

设计工作比想象中的困难。去掉回廊还不够，事实上需要为围墙和后殿内部的那堵墙构建出一个新结构，它要考虑进伯拉孟特最初建立的那些元素。可惜米开朗基罗的设计图纸都遗失了（有可能是他自己毁去了），我们只能通过推测想象他的构思过程。迫在眉睫的是螺旋形斜坡（"充盈的蜗牛壳"）的问题，它是输送建造穹顶所需材料的必要设施。伯拉孟特以他一贯的大胆作风将这些斜坡建在了穹顶支柱里面，圣加洛则在他的模型中将一对斜坡放置在边角位置的房间内[155]。因为上面提到的这些已被拆除，米开朗基罗又将斜坡建在南侧和北侧讲道坛的辅助支柱内，并且沿对角线将这些支柱的外部棱角去除。如此创造出了一种"磨去棱角的结构"（"smussi"），成了横在后殿与角落中的礼拜堂间的一小块墙体，它们使整个大教堂西侧呈现出奇特的"多角形"。

米开朗基罗在分割墙体方面再次将目光转向儒略唱诗台：圣加洛那一层层的拱（根据瓦萨里记载的米开朗基罗事迹，"拱上加拱，柱上有柱"）[156]被换成了巨大的并列柱，柱子之间建有壁龛，在相距较大的地方是宽阔的开口。回归伯拉孟特风格的意图明

102. 圣彼得大教堂，圣加洛设计的讲道坛（兰巴克绘的版画 / 萨拉曼卡，1546 年，局部）

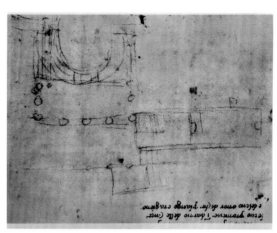

104. 梵蒂冈宫，保利纳礼拜堂

103. 圣彼得大教堂，米开朗基罗设计的讲道坛（V. 卢基尼绘的版画，1564 年）

显[157]：这种"壁柱—壁龛—壁柱"的组合是他分割外部墙体的典型特征，这样讲道坛的垂直结构就清晰地显露出来，以前圣加洛用并列排列的罗马斗兽场样式的拱将它遮盖住了，观者一眼就能明确大教堂的这个"有机体"的组成。在外部一座顶楼覆盖了十字形结构的边房的半圆拱，伯拉孟特当初也是这样构思的。三个开口像是切割了光滑的墙

壁表面，从外向内开口逐渐收紧，呈漏斗状，通向后殿顶盖的弦月窗，在 16 世纪 60 年代初，南讲道坛完工时就是这样的情况。但是米开朗基罗在去世之前好像还为顶楼设计了一个多层矩形窗框，至今我们仍能在大教堂西侧的三间讲道坛上看到[158]。

后殿内部带壁柱的巨大支柱仍是伯拉孟特设计的，早在圣加洛时期，支柱间的通道就被祭台神龛封住了。米开朗基罗用环绕四周的柱顶横檐梁代替了神龛的三角楣饰，这横檐梁在神龛所在的柱子上方合拢。所以伯拉孟特设计的支柱和其他柱子的开放式结构就转变成了一面被深度分割的墙壁，但它却清晰地划分了空间的界限。上部空间建有大扇的玻璃窗，阳光就是从这里进入大教堂内部的。

在讲道坛的设计工作完成后，米开朗基罗开始着手设计穹顶。这时有两个前提需要注意：一个是穹顶的环形基座建在中心房间

105. 米开朗基罗，穹顶草图，里尔历史艺术博物馆，编号：inv. 93—94

106. 米开朗基罗，穹顶草图，哈勒姆泰勒博物馆，编号：inv. A 29

的不规则八边形上，另一个是约 42 米的内部直径。另外已经有两个以前的方案存在，米开朗基罗需要与它们相互对照：一个是伯拉孟特的方案，赛利奥于 1540 年将它公布，另一个是圣加洛的模型。米开朗基罗在穹顶这部分也借鉴了伯拉孟特的"原版方案"：它像排柱圆顶庙宇那样周围环绕着石柱，顶部是万神殿穹顶样式的半球形。这个设计将穹顶从圣加洛包裹它的辅助支撑结构中解放出来。

　　米开朗基罗毫不犹豫地借鉴了伯拉孟特的方案，因为这样做就能解决诸多技术难题。从 1547 年 7 月，也就是在新的南讲道坛还没开始修建之前，他就请求住在佛罗伦萨的侄子提供给他一些佛罗伦萨主教堂穹顶的尺寸信息[159]，它是那种大小的现代穹顶的典范

之作。接下来的几年中，米开朗基罗完成了两张图纸，如今它们被保存在里尔和哈勒姆。这两张图纸让我们能在一定程度上跟踪他的构思过程。方案最终确定应该是在 1554 年的 1 月，这时人们开始修建鼓形柱。1555 年，米开朗基罗希望能提前建好穹顶[160]，但是在之后的一年中，来自熙列里家族（Ghislieri）的教皇庇护五世停止对工程的资金补给。那时已八十岁的米开朗基罗决定将他的方案付

诸模型上，可能是朋友的担心和劝说才让他这样做的。1557年，他命人制作了陶土模型，1558年到1559年间又完成了一件木制的大模型，它一直被保存至今（之后有过一些修改）。

米开朗基罗的穹顶方案包含对鼓形柱和顶盖的两点创新。这个鼓形柱是他原来为佛罗伦萨主教堂的穹顶设计的（在三十年前，他为那座穹顶的分割方式提出过自己的建议）。与佛罗伦萨一样，起初鼓形柱窗口有十二个采光口；在模型中，这些采光口变成了十六扇竖式的长方形窗户，上方装饰着三角楣饰，给人以庄严神圣的感觉。米开朗基罗保证穹顶侧边推动力的方法就是修建十六个伸出鼓形柱墙体的强有力的扶垛。扶垛的棱角处被四分之三石柱包裹，石柱上方是突出的柱顶横檐梁，这样穹顶的弧线从远处望去就像是从一座火山口中冒出来的。扶垛上巨大的雕像用它们的重量稳固住扶垛，增加了其稳定性。

至于顶盖的轮廓，在初步的图纸中（保存在里尔和哈勒姆）米开朗基罗在半圆弧和稍微尖一些的弧之间摇摆不定。在这种情况下诞生了一种新的建筑概念：拱顶由两层壳

107. 米开朗基罗设计穹顶的木制模型，圣彼得大教堂，圣巴西流八角形厅

108. 米开朗基罗设计穹顶的木制模型，圣彼得大教堂，圣巴西流八角形厅

组成，越靠上，两层壳相距越远，在内壳的脊背上建有楼梯[161]。费德里克·贝里尼（Federico Bellini）指出米开朗基罗在这里借鉴了朱利安·达·圣加洛设计的一些佛罗伦萨的穹顶。在模型展示的方案中，内壳和外壳都是半球形的，但各自中心的所在位置却相当复杂；米开朗基罗曾仔细给瓦萨里解释过[162]。这种穹顶的修建将挑战技术极限（同时圣加洛设计的半椭圆形已非常接近力学完美曲线悬链线）。不管怎么说，米开朗基罗的穹顶外部形态是最接近伯拉孟特的方案的，接下来的施工将由贾科莫·德拉·波尔塔完成。

建　造

米开朗基罗刚刚任职时，圣彼得大教堂的修建工作正如火如荼地进行着，委员们并不想依从他的方案，让施工即刻暂停[163]。他们没有想到米开朗基罗会提议对工地的建设做个从头到脚的大调整，并且会依照伯拉孟

特时期的惯例。当他还在佛罗伦萨时就在石矿中构思他的建筑，他将建筑作品看作一块块大理石组成的整体，这与雕塑群无异。所以现在他把圣彼得大教堂讲道坛的大部分结构也看作由石灰华块组成的，他在给瓦萨里的信中说："在罗马人们不用这东西（石灰华）。"[164]

我们很清楚 1546 年时修建工作进行到了什么阶段。[165] 耳堂的南边房的修建已接近

110. 佚名，南讲道坛景象，柏林版画与绘画博物馆藏，海姆斯凯克 – 阿尔本，II，60 正面

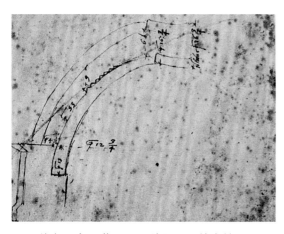

109. 佚名，穹顶草图，圣彼得工程档案馆

111. 佚名，北讲道坛景象，柏林版画与绘画博物馆藏，海姆斯凯克 – 阿尔本，II，60 背面

尾声，它的半圆拱在 1547 年 12 月就能闭合了，并且带有回廊的后殿的底层也正在建设。耳堂的北边房的修建工作有点儿拖后，1549 年的时候它的拱顶还没建好，圣加洛设计的"八角形厅"中的一两个已经修建完毕或者正在修建。在圣加洛看来，工程会一直以平稳的节奏进行下去，可以说并没有考虑时间的问题。但是米开朗基罗制定了一个明确的新目标：穹顶。伯拉孟特留下来未完成的穹隅现在已经完成并由保护性墙体加固。从 1547 年起，耳堂南边房的螺旋形斜坡就在修建，同时开始修建的还有鼓形柱底座的内部框架。1548 到 1549 年间人们拆除了南讲道坛的回廊，1549 年开始兴建米开朗基罗设计的新后殿，之后不久，北讲道坛的新后殿也建起来了。1557 年南讲道坛封顶，但是其方式与米开朗基罗的方案不同；他成功地使已经建成的拱顶被拆除，并且又按照他设想的重新修建（即这个四分之一球体形状的拱顶不再是带有弦月窗，而是带有三个方形半圆拱，每一个都在沿着壁柱向上延伸的肋拱之间；一件特意为此制作的木质模型被插入到圣加洛的巨型模型中）[166]。1548 年到 1552 年间穹顶鼓形柱的基座建好了，1555 年人们开始为它的扶垛修建石柱，1555 年修建的是内部壁柱的柱头。1556 年，大教堂中心位置西北方向的发掘工作也开始了，这可能是为了在那块地方竖立起一座建在角落里的礼拜堂。1564 年，也就是米开朗基罗逝世那年，南讲道坛和毗邻的"磨去棱角的结构"都施

工完毕，北讲道坛只差还没合拢的后殿顶盖，鼓形柱也只差外侧石柱的柱顶就完工了，内侧的柱顶横檐梁（它将会支撑起为穹顶的拱搭建的架子）仍在修建。西边房和东边房（儒略唱诗台和入口一侧）中什么都没变。

米开朗基罗的建筑

如今到圣彼得大教堂参观的游客们对这座建筑的印象绝大部分是米开朗基罗留下的作品和个性。伯拉孟特奠定了大教堂的基本形态，但他在修建史中为人所知的只是他的才能；米开朗基罗却不一样，他的作品直接被呈现在教堂内外，那些形状呈现着他的艺术语言。

这语言与之前美第奇家族长期统治时期的强音琴瑟相和；对于习惯了圣加洛和拉斐尔画派的古典主义的罗马民众来说，这声音代表着赤裸裸的专横。米开朗基罗肃清了一个我们不知道名字的高级教士（可能是负责大教堂修建的红衣主教团体的一名成员，他批评了米开朗基罗为讲道坛做的模型）。米开朗基罗驳斥说因为自己改变了建筑的布局，所以必须重新设计建筑的"装饰"；讲道坛和教士的关系就像是人体的某个肢体和那个没有学过解剖不懂那个肢体构造的人[167]，米开朗基罗知道自己构思着的建筑是不能通过"规则和道理"讲明白的。其中一个例子便是"磨去棱角的结构"，即那些对角斜交着弯曲的墙体，包括在后殿和角落里的礼拜堂之间的那些，它们对于塑造大教堂西侧的内部

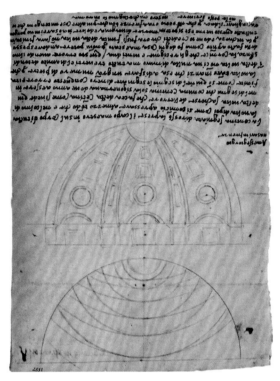

112. 米开朗基罗，1557 年 7 月 1 日写给瓦萨里的关于南侧后殿顶盖的信，阿雷佐瓦萨里故居，编号：12 (46)

113. 米开朗基罗，1557 年 8 月 17 日写给瓦萨里的关于南侧后殿顶盖的信，阿雷佐瓦萨里故居，编号：12 (46)

形态起到了基础作用。我们可以将这种结构理解为受到了伯拉孟特穹顶支柱的影响，它们倾斜的内部表面构成了穹顶下的八边形空间，但那些"磨去棱角的结构"却以 36° 到 54° 之间不同的折射角度切割大教堂的中轴系统，所以威胁到了修建整个建筑西侧的基本原则——直角至上原则。正因如此，这块庞大且被多样化分割的建筑整体就像一个动态的有机体，自有它的运转方式，虽然是以整体设计的但却拥有无法言说的庞大之处，相合代替了规则。但在使这建筑整体运行起来的非凡力量面前，人们感受到的不是亲近

感，而是一种苦闷，在这方面圣彼得大教堂重新获得了一些伯拉孟特设想中的灵魂。

设计讲道坛内部时需要考虑进已经建成的部分，米开朗基罗在它的结构细分方面也塑造了一个动态的整体。在伯拉孟特设计的带有壁柱的支柱那边，后殿墙壁深深地陷了下去，在它内部可以看到一个方形石块构成的结构；窗户从下方推挤着主要的柱顶横檐梁，它们的三角楣饰都支离破碎了。难怪米开朗基罗在面对这么一个错误施工建成的后殿顶盖会发怒：它阻碍了墙壁和拱顶之间的必要联系，忽视了建筑的"解剖结构"，而所

114. 南讲道坛米开朗基罗式顶盖的木制模型，圣彼得大教堂，圣耶柔米八角形厅

有努力都是为了这"解剖结构"的最终效果。

在这方面需要强调的是，重要的不是墙体结构内部实际的力量走向，而是米开朗基罗式元素的陈设带给观者那种强烈的力量冲击感，呈现的动态是带有美感的、自然的，而不是矫饰的，这一点在建筑外侧更加明显。大教堂的整体外形看上去被打上了"力量线条"的标记，这些线条从讲道坛成对的巨大壁柱出发，沿着鼓形柱的并列柱，穿过穹顶的肋拱（在杜佩拉克的版画中它们被清晰地分成了两股），最终上升到灯笼式天窗，在那里，这些线条汇聚成一束。这是建议的"执行办法"，但与实际结构不符：事实上，穹顶的鼓形柱支撑在一个与它相同质地的八角形基座上（它的年代可追溯到伯拉孟特时期），

这个基座的稳定性没有借助其他结构。在下层结构的支柱骨架和顶盖的肋拱系统之间不存在建筑上的联系。

仍有待注意的是，人们只有在直接观察大教堂西侧的外部时才能体会到米开朗基罗式的建筑外部设计，但在通常情况下，如今参观圣彼得大教堂的游客是去不了那个位置的。在这座建筑纵向部分的屋顶平台上（也可以在罗马的许多地方越过某座屋顶看到探出头来的穹顶），穹顶向世人显示着自己的崇高和庄严，但它也是一个孤立的元素，与讲道坛的构件是隔离的，事实上，穹顶耸立于它们之上。人们能更清楚地看到内部建筑，但是大教堂原本的建筑效果被太多后来加在边饰和穹顶上的涂金掩盖住了，需要把一切

都想象成只有石灰华的纯净色彩才能体会出原本的效果。

之后的历史

米开朗基罗逝世于 1564 年 2 月 18 日。皮罗·利戈里奥（Pirro Ligorio）在同一年的 7 月接任他，贾科莫·巴罗奇·达·维尼奥拉（Jacopo Barozzi daVignola）担任副建筑师[168]。1565 年 10 月，这两位都被解雇了，原因尚不可知；之后维尼奥拉又担任主建筑师，但是没有固定的薪水，因为教皇庇护五世充满了宗教热情，他想把所有可用资金都投入到对抗土耳其人的战争中去。庇护五世的政治决策是成功的，他在 1571 年的勒班陀海战中取得了胜利。维尼奥拉在 1573 年逝世，翌年教皇格里高利十三世任命贾科莫·德拉·波尔塔为圣彼得大教堂工程的主建筑师。

与之前的建筑师不同，利戈里奥与维尼奥拉被约束住了，他们不能脱离米开朗基罗的方案，但问题是根本不存在这类方案，或者说人们找不到。米开朗基罗的确为穹顶的建筑制作了一个模型，但并没有为整座大教堂制作；我们甚至找不到他绘有整座大教堂的图纸。为了试图创造出一个有约束力的米开朗基罗式方案，我们可以参照瓦萨里在他第二版《艺苑名人传》（Vite，1568 年）中记载得特别详细的描述，以及艾蒂安·杜佩拉克完成于 1569 年的三幅大型版画[169]。这些版画是可以与兰巴克在 1546 年至 1549 年间

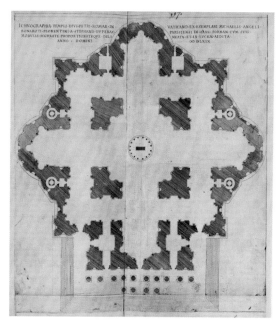

115. 艾蒂安·杜佩拉克，米开朗基罗设计的圣彼得大教堂平面图（版画，1569 年）

绘制的一系列版画对应上的，其中后者画的是圣加洛的巨型模型。但是在细节上也有出现分歧的资料，比如古列尔莫·德拉·波尔塔（Guglielmo Della Porta）在 1565 年之前对穹顶构造的一次研究[170]，以及一个不知名的人绘制的一张图纸，上面既有米开朗基罗方案的截面图又有透视图，现藏于拿波里国家图书馆[171]。

有两个大问题悬而未决：那就是米开朗基罗在大教堂正立面及附属穹顶方面是如何构思的。通过他在设计工作初期完成的一张手绘草图，我们能推断出他设想的那个通向自己构想的集中式结构大教堂入口的样子[172]。草图展现了一座柱廊，是万神殿门廊的那种类型。其正面有五根柱子，可能之前设

想的是六根。图纸画得非常笼统：这不像是
张方案图纸，而更像是他将脑海中这个位置
的建筑类型描绘下来的第一次失败的尝试。
除了这些就再没有别的资料了，杜佩拉克也
没找到其他的：因为在他画的系列版画也缺
少正立面部分。杜佩拉克曾借助其他版画还
原了大教堂的正立面，但出现了矛盾的地方
（关于顶楼区域存在争论），并且这样做的结
果看起来也缺乏说服力：出现的不是前厅而
是十根排成一排的石柱，它们前面是支撑着
三角楣饰的四根石柱，这就是该尺寸很不协
调的正立面的主要结构[173]。这也许是米开朗
基罗后期的想法，但更有可能是在其死后瓦
萨里或者维尼奥拉提出的权宜之计。似乎米
开朗基罗不再关心大教堂东侧如何收尾了，
完成这部分将需要大规模介入老教堂遗留下
来的建筑，且这件事总归要在遥远的未来才
能实现。

杜佩拉克的版画描绘了米开朗基罗设计
的穹顶，它被四座矗立在角落礼拜堂之上的、
像卫星一样的穹顶环绕[174]。这个构造复活了
伯拉孟特方案中曾经出现的梅花形结构，但
它却从没在外部真正地显现出来，因为附属
穹顶的高度总是比十字形边房的拱顶矮。但
是在杜佩拉克绘制的透视图中，附属穹顶和
主穹顶在同一水平线上建起来了，所以改变
了建筑的侧面轮廓，但这些附属穹顶们并不
是真正的穹顶，而是一种像亭子一样的开放
式结构，它们被建在角落礼拜堂真正的穹顶
之上。

约翰·库里奇（John Coolidge）指出，
依据版画中出现的这些穹顶的形状，它们可
能是维尼奥拉设计的。现在无法证实米开朗
基罗负责过这项设计，所以在新的史料发现
之前，我们必须认为米开朗基罗在他的圣彼
得大教堂方案中是有可能不具备这些屋顶上
的小亭子的，而只存在一个巨大的主穹顶。

在米开朗基罗去世后的二十年间，工程
相对来说是在不断地向前推进的，但是速度
缓慢。我们可以通过一系列不同视角的画作
追踪施工进展。在维尼奥拉的指导下，耳堂
的北边房拱顶闭合了，穹顶鼓形柱的柱顶横
檐梁也完成了。东北角的礼拜堂（之后被称
为"格里高利礼拜堂"）在他在任时开始修建，
1578 年在贾科莫·德拉·波尔塔担任主建筑
师时封顶，当时它被建得还很粗糙；东南角
的礼拜堂（"克雷芒礼拜堂"）始建于 1578 年，
1585 年封顶。贾科莫·德拉·波尔塔构思的
新亭子是在这两间礼拜堂上方建成的。格里
高利礼拜堂上面的那座是 1578 年到 1584 年
建的，1596 年到 1597 年间经历了修整，另
外那座是 1593 年至 1596 年间建好的。有一
段时期它们被用作钟楼，因为米开朗基罗的
方案没有涉及这些元素[175]。没有任何一段时
期，建筑家们为西侧的礼拜堂上方设计过这
种亭子。因为设计出来的亭子没有实用性，
且从广场上看很难发现它们：这是集中式结
构方案逐渐被人们抛却的征兆，这会有利于
把工程重点放到正立面上[176]。

1585 年，本名费利斯·柏瑞蒂（Felice

116. 艾蒂安·杜佩拉克绘，米开朗基罗设计的圣彼得大教堂的侧面立视图（版画，1569 年）

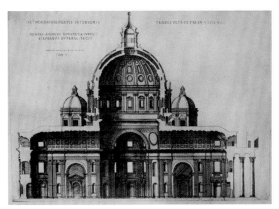

117. 艾蒂安·杜佩拉克绘，米开朗基罗设计的圣彼得大教堂纵向部分的截面图（版画，1569 年）

118. 佚名，米开朗基罗设计的圣彼得大教堂的正立面和截面图，拿波里国家图书馆，编号：Ms. XII D74

119. 乔瓦尼·圣加洛·多西奥绘，大教堂内部朝北景象，GDSU，编号：91A

120. 詹巴蒂斯塔·纳尔迪尼绘，大教堂内部朝西的景象，汉堡艺术馆版画与绘画博物馆藏，编号：21311

Peretti）的西斯都五世即位，又一位"圣彼得的教皇"登场了。他把自己计划实现的宏图绘进"西斯都厅"的湿壁画中，这个厅在新建成的图书馆的边楼：按照杜佩拉克版画中的那种米开朗基罗方案将圣彼得大教堂建完。西斯都五世在任的仅仅五年间，大教堂的工程向前推进了三大步：重新修整西边房、竖起方尖碑、建完穹顶。

伯拉孟特设计的儒略唱诗台被部分拆除，人们根据耳堂讲道坛的模型修建了一个新的唱诗台边房，这两项举措在很久之前就决定了，可能在格里奥利十三世时期便已经

着手开始，但到了1585年至1587年间才真正实施，新唱诗台边房的拱顶是在1589年完成的。拆除和重建这两项工程是一起完成的，根据一份工程文书的记载，它"耗费了大量人力物力"[177]。

多梅尼科·丰塔纳负责的方尖碑运输和重新放置影响到大教堂[178]，因为方尖碑坐落的地方代表着观赏米开朗基罗设计的这座建筑的最佳地点，另外它还是将来铺设的广场的重要组成部分。丰塔纳的这个重要举措轰动了全欧洲，尤其是因为这显示出当时的技术能力超越了古代的水平。

121. 作者姓名首字母为 HCB，观景中庭里的马上比武，局部（版画，1565 年）

122. 佚名，大教堂外部从东南方向看的景象，法兰克福施泰德艺术馆，编号：814

123. 作者未知，其姓氏为法布里奇，大教堂外部从西看的景象，斯图加特美术馆，编号 f.131，392

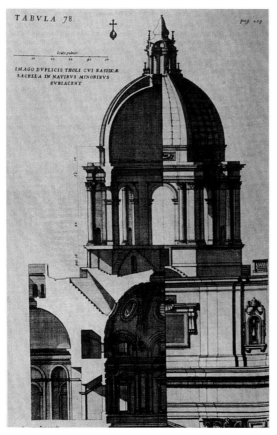

TABVLA 78

IMAGO DVPLICIS THOLI CVI BASILICÆ
SACELLA IN NAVIBVS MINORIBVS
SVBIACENT

124. 格里高利礼拜堂的截面图和正视图，版画（卡洛·丰塔纳，1694 年）

德拉·波尔塔设计的穹顶也是这样：它比起万神殿建造者的作品来说并不差，甚至比它更胜一筹，因为圣彼得大教堂的穹顶耸立在一个不倾斜的垂直支撑的下层建筑上，它还是由拱构成的（就像"和平神庙拱顶上的万神殿"或者马森齐奥大教堂）[179]。遗憾的是，我们没有德拉·波尔塔设计的图纸，也没有描绘穹顶修建的画作。有关它建造的许多信息都能在记载大教堂工程的文件中找到；不久后，费德里克·贝里尼就对这些信息进行了全面分析，向我们展示了这个极具戏剧性的建造过程[180]。在很长时间的准备工作后，穹顶的施工于 1588 年 12 月开始。在拱顶的下三分之一处外壳与内壳是紧密结合在一起的；这部分是"徒手完成的"，也就是说没有借助拱架，1589 年便修好了。为了继续施工，人们修建起一个支撑在鼓形柱柱顶横檐梁上的木制脚手架。砌墙的工作进展飞快，1590 年 5 月已经修建到了拱顶的尖部，灯笼式天窗底座的内环也完成了。6 月到 9 月间，人们修建了灯笼式天窗主体。8 月 27 日，教皇西斯都五世逝世，他心满意足地看到这项浩大的工程有望完成了。1591 年 3 月，人们拆卸了用于修建穹顶的脚手架，9 月到 10 月间，灯笼式天窗的脚手架也拆下来了。

通过贝里尼的分析，有两点事实是清晰的：西斯都五世在工程中起到的决定性作用以及德拉·波尔塔的卓越才能。西斯都五世保证了工程有充足资金供给，并把工程的负责单位从圣彼得大教堂管理机构转到了宗座财产管理局[181]。只有这样，建造拱顶所需资金才能源源不断地输入，保证能一次性建完。德拉·波尔塔证明了自己完全能胜任他所面临的施工挑战（并且不需要多梅尼科·丰塔纳的帮助，就像相关文献中推测的那样）[182]。他在施工过程中对于无数技术难关的典型解决办法就是应用大量的铁，也就是把受压能力强和受拉能力强的物质组合起来（石头和金属）[183]。这种方法能被收纳进现代工程学要尤其感谢自中世纪以来的意大利建筑师们，是他们将它继承并发扬下来。

125. 巴黎·诺加里（被认为是这幅画的作家），从东侧看米开朗基罗设计的圣彼得大教堂，教皇宫西斯都五世图书馆二号厅

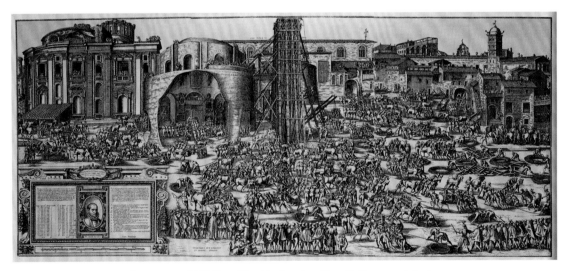

126. 运输梵蒂冈方尖碑（版画，纳塔莱·博尼法乔/乔瓦尼·格拉，1586 年）

（下页）127—128. 南讲道坛内部和外部全景图

129—130. 北讲道坛外部（修复前）和内部全景图

（上页）131. 穹顶全景图　　　　132—133. 穹顶建筑细节　　　　（下页）134. 格里高利礼拜堂的穹顶

（上页）135. 克雷芒礼拜堂的穹顶 　　　　　　　　　136. 克雷芒礼拜堂穹顶的建筑细节

　　德拉·波尔塔也对米开朗基罗设计的穹顶外部进行了调整。他顺应当时的品味对窗框，尤其是灯笼式天窗的装饰物做出了相应的调整。最显眼的不同之处就是顶盖的轮廓：德拉·波尔塔用尖拱替换掉了米开朗基罗设计的半圆拱，尖拱的顶部比原来那个高了足

足 7 米[184]。我们不清楚他为何使用尖拱，只能推测他的动机。可能波尔塔不信任米开朗基罗那套扶垛系统的稳定性，所以就想做个预防措施，干脆减小拱顶的侧向推力（那时人们还不懂如何计算这个力的大小）。伯拉孟特和圣加洛也是这么做的，前者是让带有鼓

形柱的穹顶变尖，后者在方案中也实验性地设计了尖拱，还有一种猜测是从穹顶的外部视觉考虑的。广场比大教堂的地面要低 6 米，站在广场上是看不到米开朗基罗设计的半球形穹顶顶峰的，灯笼式天窗的基座看起来也像陷进了顶盖里，这种结果我们在木制模型中就能看到。所以这时候波尔塔毫不迟疑地调整了米开朗基罗的方案，但同时也改变了其建筑特色。波尔塔的穹顶看起来没有重重地压在鼓形柱上，而是自由而轻巧地高耸着，这为罗马的剪影增添了一番"巴洛克风情"。

随着穹顶的灯笼式天窗在 1591 年[185]，也就是格里高利十四世任职时期完成，米开朗基罗的时代远去了，这印证了大教堂修建史的一个规律：任何单独的个体，不管是建筑师还是他们的雇主，都不能依照自己的意愿将工程进展推进到底。西斯都五世曾经竭尽所能想要实现米开朗基罗的建筑方案，但是他的构思是四十年前的，在这么长的时间跨度中，世界仍旧步履不停地变化着。所以要是不考虑对细节的准确把握，那幅展示着西斯都五世宏图大志的湿壁画永远都显得那么奇怪，或者说落后于时代——但是一幅表现时代真实情况的画作却能反映有现实意义的问题：大教堂古老的纵向结构一直存在着，包括它所有的附属建筑物和正面突出部分，它不仅是一座完整的建筑，还是宗教仪式的举行地。集中式结构的大教堂中心只是建筑整体的一部分，大教堂的修建历程永不停歇。

保罗五世

在保罗五世担任教皇的五年间，大教堂的建筑规模增长超过了它整体的三分之一：带有附属房间（唱诗台礼拜堂和至圣圣事礼拜堂）的纵向部分，前厅和正立面都修建完毕，西侧部分圣彼得墓前的纪念堂也逐渐成型了[186]。

倒叙：大教堂纵行部分的问题

1605 年，卡米洛·贝佳斯（Camillo Borghese）登上了教皇宝座，被称为保罗五世。新的圣彼得大教堂修建史进入了它的一百周年，在这一时期，世人对新教堂的态度有所转变。一开始人们将目光投向未来：新的东西既然来了，就势必要代替旧的，君士坦丁时期修建的大教堂应该为这座更大、更美、更庄严肃穆的新圣殿让位，导致这种思想的是设计师们的动机。但是从利奥十世开始，人们开始关注过去：那座既是纪念性建筑又是宗教仪式举行地的老教堂要求收回它的权利。16 世纪后半叶，"古迹的反抗"[187]思想逐渐发展起来，最终它使文艺复兴时期的方案流产。新教堂应该是老教堂的回归版本，修建工程本身被看作是某种纪念历史的行为，它是在找寻过去与现在的联系。对于蒂贝里奥·阿尔法拉诺来说，新旧大教堂不过是不同的"结构"，它们归属于同一座建筑：梵蒂冈大教堂[188]。当然，工程完成后，牧师们在面对伯拉孟特的支柱和米开朗基罗的穹

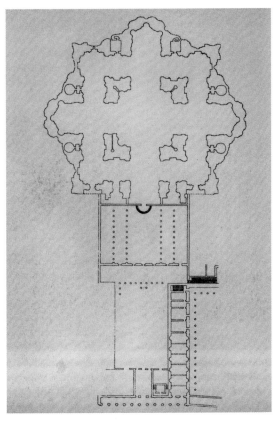

137.1600 年左右的大教堂，平面图纲要（特内斯，1992b）

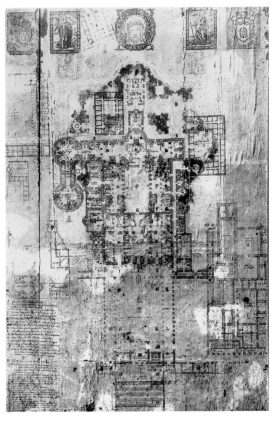

138. 蒂贝里奥·阿尔法拉诺，大教堂平面图，梵蒂冈图书馆，编号：Arch. Cap. S. Pietro

顶时都会宣称：这不是一座新的大教堂，而是对旧教堂的修复之作[189]。

纵向部分的问题在于准则尺度。与老教堂一样，新建筑在奠基之时也是被构想成一座纵向结构的建筑的，像朱利安·达·圣加洛和佩鲁齐提出的那种背道而驰的提议在设计工作中一直缺乏影响力。罗马大洗劫发生之后，人们才认真地考虑起放弃纵向部分的方案，米开朗基罗开始设计他理想艺术中的集中式结构方案。同时古老中殿里保留下来的部分继续受到牧师会的管理[190]，但是它们

却转变成反对集中式方案派的大本营。在修复之后，宗教仪式重新在这些地方举行（这样一来还为牧师的存在提供了物质基础），如今它们已成为历史研究的对象。

新教徒对罗马圣彼得大教堂传统的批判使罗马神学家们对大教堂最初的那段历史产生了兴趣[191]。1558 年到 1568 年间，博学的奥斯定会隐修士奥诺弗里奥·潘维尼奥（Onofrio Panvinio）撰写了一篇手稿《关于值得纪念的祭奠最重要圣徒的圣彼得大教堂的事项，第七卷》（*De rebus antiquis memorabilibus Basilicae Sancti Petri Apostolorum Principis Vaticane libri VII*），这篇手稿就在之前提过的阿尔法拉诺的论文完成后不久写成。潘维尼奥认为圣彼得大教堂的类型选择是在有意避免成为"异教的圆形或方形神庙"样式的建筑，阿尔法拉诺将这一选择与君士坦丁大帝在米尔比奥桥战役之时携带的十字架联系起来。阿尔法拉诺以杜佩拉克的平面图[192]为模板绘制了一幅老教堂的平面图：这样就能显示出实施米开朗基罗的方案将会舍弃大部分祝圣过的、安葬着殉

道者的老教堂区域。阿尔法拉诺研究过老教堂的历史，却没研究过新教堂的，所以他认为米开朗基罗是原版方案的作者，因为米开朗基罗与儒略二世之间的联系显而易见。回想起来，集中式结构方案就这样在奠基时期被否决了，并且人们也逐渐遗忘伯拉孟特这个名字以及他的作品[193]。

其至连教皇也被指责了。当时最富盛名的历史学者保罗·埃米利奥·桑托罗（Paolo Emilio Santoro）声称比起上帝的荣耀，儒略二世对世俗名利更感兴趣，所以他背负了

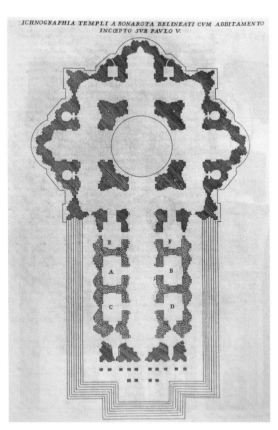

139. 佚名（作者可能是阿尔法拉诺），圣彼得大教堂方案，版画（博纳尼，1696 年）

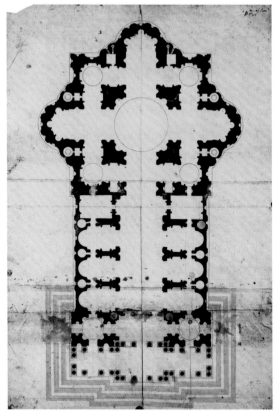

140. 奥塔维奥·马斯克利诺，圣彼得大教堂方案，罗马圣卢卡国家科学院马斯克利诺区，编号：2352

拆除老教堂的严重罪过[194]。牧师们批评米开朗基罗设计的建筑，说它一点都不实用；阿尔法拉诺把它的缺点一一列举了出来，克雷芒八世的典礼官乔瓦尼·保罗·木康迪（Giovanni Paolo Mucante）总结道："新的圣彼得大教堂不适合举行弥撒仪式，也无法满足教会的需求。"[195]

方 案

虽然米开朗基罗的方案在官方直到世纪之交都一直有效，但还是从各个地方涌现出了一些替代方案，它们可以被分为两组：第一组方案是尝试照原样将大教堂西侧的结构与纵向部分组合。一幅佚名的平面图展示了最简单的解决办法，它在 1696 年以博纳尼绘的版画形式公之于众：一座长长的中殿，在边上建有三间宽阔的长方形礼拜堂，这座中殿被插入到米开朗基罗 / 杜佩拉克方案中的集中式中心结构和它的正立面之间。有可能这幅图的作者就是取材于杜佩拉克的图纸，加之自己设计的纵向部分的示意图[196]。他没有从这种方式中看到形式上的问题：可能作者并不是建筑师，而是一位像阿尔法拉诺那样博学的外行。一幅奥塔维奥·马斯克利诺[197]精心设计的方案图纸被原原本本地保存了下来：他将米开朗基罗的方案加长，并增添了一间唱诗台礼拜堂和一间至圣圣事礼拜堂。另外他设计的纵向结构有三个梁的间距那么长，带有侧边礼拜堂、一间前廊、一座以石柱围绕的开放式门厅以及恢弘的大阶

梯。这样设计的圣彼得大教堂将会是个庞然大物，长度超过 300 米（现今的大教堂才只有 220 米左右）。卡洛·马代尔诺提出了一个比较现实的方案（GDSU，编号：101A），他在贾科莫·德拉·波尔塔去世后就继任为大教堂工程的主建筑师：马代尔诺将米开朗基罗设计的两间建在角落里的礼拜堂（格里高利和克雷芒礼拜堂）每间数量都增加了两倍，从组成十字形的东边房处衍生出一间有两个梁间距长的纵向结构[198]。马代尔诺和马斯克利诺都从来没关心过米开朗基罗是如何设计大教堂正立面的。

另一组则在理论上致力于挽救米开朗基罗的方案，并通过附加一些建筑物或是重新改组使教士们能接受他的方案。一幅 1589 年创作的佚名方案图纸（可能出自德拉·波尔塔或是某个合作者之手）中提议延长集中式中心结构的东边房，这样就能建一些入口的侧边前厅和附属房间，并且沿用杜佩拉克的版画中的正立面设计[199]。马代尔诺将只扩大了一点的东边房与一间前廊和杜佩拉克正立面方案（GDSU，编号：100A）的缩减版组合在一起。佛罗伦萨画家卢多维科·钦戈利（Lodovico Cigoli）特别关注大教堂的设计，作为建筑家，他还是布翁塔伦蒂（Buontalenti）的门徒[200]，我们已知的他的作品就有大约 20幅大教堂草图和大规模设计图。这些图纸上的设计都保留了米开朗基罗的东侧后殿（或者只稍微将它们扩大了一些），在它前面设置了由石柱和支柱组成的柱廊。这些变化都是

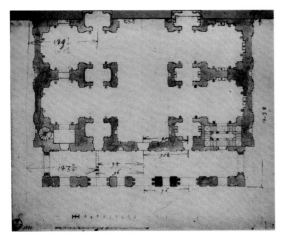

141. 卡洛·马代尔诺，圣彼得大教堂方案，GDSU，编号：101A

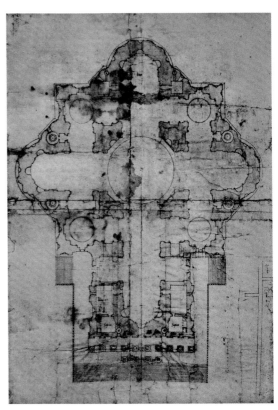

142. 佚名（也许是贾科莫·德拉·波尔塔），圣彼得大教堂方案，罗马／纽约美国学院（地点不明）

极具创造性的，但却与米开朗基罗的建筑形态的语言渐行渐远，尤其是因为使用了大量的拱。钦戈利这样做是浪费了一座"纯净的"建筑（因为不实用），他的设计让人想到圣加洛的模型，只是维特鲁威式的学究气不见了，取而代之的是佛罗伦萨—美第奇式的学院风格。福斯特·路凯斯（Fausto Rughesi）提出了自己的独创方案[201]：椭圆形的前厅被柱廊环绕，它顶替了大教堂的纵向部分。这个方案是路凯斯精心设计的，独具匠心，与众不同，和这个方案一起的还有一篇论述古希腊、特洛伊、古罗马、希伯来和早期基督教时期神殿门厅的学术论文。

如果说所有这些都是妥协性方案的话，马代尔诺的就是其中最典型的（GDSU，编号：264A）：整个集中式中心结构都完好地保存下来，连东边房都建有一个后殿；唱诗台礼拜堂和至圣圣事礼拜堂在后殿的两侧（就像

右页：
143. 福斯特·路凯斯，圣彼得大教堂方案，梵蒂冈图书馆，编号：Arch. Cap.S. Pietro
144. 卡洛·马代尔诺，圣彼得大教堂方案，GDSU，编号：100A
145. 罗多维科·钦戈利，圣彼得大教堂方案，GDSU，编号：2635A
146. 罗多维科·钦戈利，圣彼得大教堂方案，GDSU，编号：2633A
147. 卡洛·马代尔诺，圣彼得大教堂方案，GDSU，编号：264

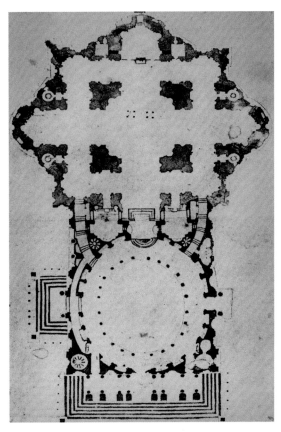

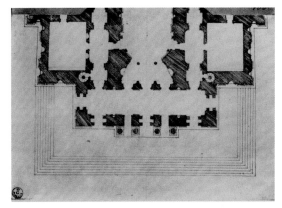

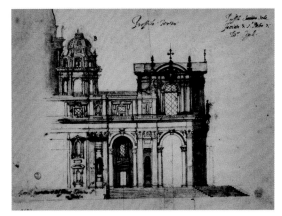

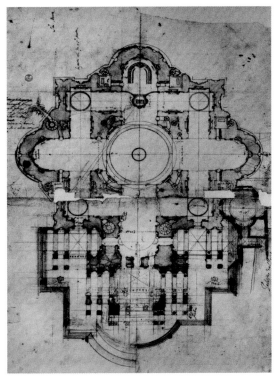

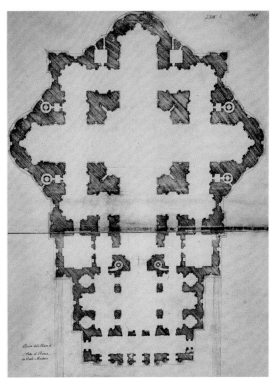

在 GDSU 编号 100A 的方案中显示的那样）。在东边连接着一个缩小版的纵向结构，它有三间殿，三个梁间距；另外还有三间侧殿，一间前廊以及一个至少以浮雕的形式（译者注：使用凸出于墙体的不完整的石柱结构，看起来就像是浮雕）保留着米开朗基罗 / 杜佩拉克设计的柱廊的正立面。很明显，马代尔诺试图以这样的设计提前避免反对的声音出现，事实上，正是这套方案为他赢得了圣彼得大教堂主建筑师的职位。

148. 佚名，正在修建的圣彼得大教堂，沃尔芬比特尔奥斯特公爵图书馆，编号：cod. Guelf

新的大教堂

新世纪来临后的首位教皇迫切地想要完成圣彼得大教堂的修建工程，这件事人尽皆知。驻罗马的曼托瓦特使在 1605 年写道："教皇对于工程有一些大的规划，他就像一位将神权和世俗权力结合的君主。"[202] 保罗五世不仅想成就一个时代的"雄伟壮丽"，还想为后人留下这座代表了他在教皇宝座上创造的丰功伟绩的建筑。所以，圣彼得大教堂从根本上应该是他使文艺复兴时期的精神恢复活力的证明[203]，但是公众讨论大教堂问题的形式却在改变。自克雷芒八世之后，一个由三位红衣主教（这个数目之后会增长）组成的红衣主教会议就取代了负责大教堂工程的老委员会[204]，但是这个新组织的成员们管理的事务远远超过了这个组织赋予他们的职权。建筑师们的意见被挤到了第二位：曾经人们为圣彼得大教堂构思了很多宏大的方案，但都悲剧性地失败了，而如今那样的日子已经一去不复返，取而代之的是进入了追求不同利益团体间的矛盾的消除阶段。

教皇遇到了来自两方的强烈对抗。教会的红衣主教、历史学家切萨雷·巴罗尼奥很受人们的尊敬，他反对拆毁老建筑[205]。为了迎合巴罗尼奥，保罗五世让牧师会的图书管理员和档案管理员贾科莫·格里马尔迪汇编一份关于老教堂所有部分及配备的准确且详尽透彻的描述，由画家多梅尼科·塔塞利来为它附上必要的图注[206]。格里马尔迪是一位真正的历史学家，他对一些原始资料进行了深入研究，还在文件中加入了自己对历史—艺术（不同风格的比较）的观点。1620年，格里马尔迪将这一重要著作呈交给教皇，标题定为《可靠的公证书》（*Instrumenta autentica*）是因为考虑到这本书可以在法律上用作大教堂中所有圣器的官方登记册。另外，新教堂将会包含并保留老教堂原来的地界，它就像一个大圣物箱一样：这是阿尔法拉诺曾提出的请求，教皇保罗五世的热情使这件事变成现实的可能性又大了一些[207]。

另一方是"托斯卡纳宗派"，马菲欧·巴贝里尼（Maffeo Barberini，即未来的教皇乌尔巴诺八世 Urbano VIII）是其发言人，钦戈利是这个宗派中主要的建筑师，他们认为应该挽救"米开朗基罗的荣耀之作"。但这个宗派不是在支持新教会（以及反对旧教会的革新），而是在挽救一个已归于过去的美学理想——但教皇却是时代精神的拥护者。所以即便是巴贝里尼也不能阻止大教堂纵向部分方案的出现，特别是因为这种方案是在已经确定要修建纵向部分的情况下才出现的[208]。虽然后来披上了红衣主教的教服，但巴贝里尼仍将新教堂看作势不两立的敌人，即使在新教堂完工后他还在指责马代尔诺。

工程在复杂的形势中犹犹豫豫地开始了。教皇保罗五世于 1605 年 5 月 16 日当选，他在 9 月 19 日的枢机会议中宣布了要拆掉老教堂的决定。五天后，人们将保存在老教堂中的圣体转移到了新教堂的格里高利礼拜堂，由庄严的仪式队伍护送。如此便开始了对老教堂遗迹的拆除工作，此时连一份要用什么来代替它的协议都没有。1606 年 5 月，红衣主教会议进行了一次评选，在评选时，马代尔诺、钦戈利还有其他八位建筑师都要展示他们的设计草图。之后马代尔诺和钦戈利获邀来制作一些模型。如预期中的那样，最终的胜利是属于大教堂的主建筑师马代尔诺的。

1607 年 3 月，人们开始对至圣圣体礼拜堂的区域进行挖掘工作，5 月 7 日放置了第一块基石，此后便开始修建。但是在那年秋天，保罗五世说要先修建正立面[209]，也许他等不及要把铭文"来自罗马的保罗·贝佳斯"（Paulus Burghesius Romanus）刻到大门的楣饰上了，这样才好让自己作为新教堂工程的发起人流芳千古（巴贝里尼对这件事十分生气）。也许这个决定是马代尔诺建议的，因为他想首先处理这个部分，正立面在整个设计工作中也是最困难的。于是 1607 年 10 月，人们做的第一件事就是拆除前厅，又在 1608 年 2 月 10 日放置了第一块基石。然而同年 4 月，负责该工程的红衣主教会议成员们又一次聚集在一起，他们作出决定，要用一座与十字形边房同样宽的纵向部分代替了马代尔诺的设计。

集中式结构的建筑舍弃了东后殿，以便收拢到纵向部分，米开朗基罗派算是输定了。对于马代尔诺来说这意味着再一次修改方案，且限定范围狭窄，时间又紧迫。但是从 1608 年 6 月开始，工程进展得飞快。工人的数量急速增长[210]，发展并尝试了一些新技术[211]。教皇多次视察工地的施工情况，督促工人们快些完成。一幅佚名画作展现了正在修建中的正立面和用作工作车间的整个广场[212]。在 1612 年春，新的正立面施工完毕，9 月，保罗五世下令扩建，增加了两个附属建筑物，其上将会竖立起钟楼[213]。1614 年末，

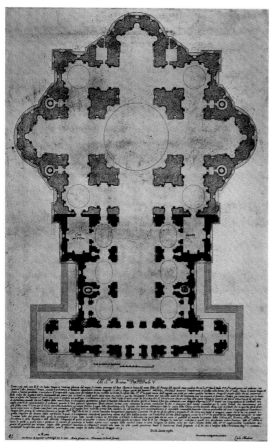

149. 马修斯·格罗特,圣彼得大教堂平面图(版画,1613 年)

150. 马修斯·格罗特,圣彼得大教堂正立面(版画,1613 年)

纵向部分中殿上方的半圆拱完成;1616 年春,圣加洛建起的隔墙终于倒下了;到圣枝主日时,人们就可以从建筑的一边穿行到另一边了[214]。之前几十年的建筑分裂终于结束了。

公众对工程的兴趣都记录在伴随着施工进展的版画上了。1613 年,马修斯·格罗特完成了两幅大型版画:第一幅展现了快要完成时的建筑平面图,第二幅中绘有马代尔诺设计的正立面和钟楼,但是这个版本没有实施。平面图中像注解一样的文字是马代尔诺写给教皇保罗五世的献词,里面详细地陈述

了建新教堂的原因,并且马代尔诺对自己选择的建筑结构尺寸进行了一番解释,这封信使格罗特的版画显得很正式。两年后,乔瓦尼·马吉绘制的圣彼得大教堂和梵蒂冈宫的宏大的全景图也完成了,是用两片铜板印制的。通过它来了解广场的设计是十分有趣的。大教堂的正立面与格罗特的版画一致。在历史价值上,处于首位的当属来自瑞士提契诺州的建筑师马提诺·菲拉波斯科发布的作品[215]。他的系列版画首先展示了老教堂(阿尔法拉诺、格里马尔迪、塔塞利的);之后是保罗五世时期的新教堂,其中补了一些东西,又加入了自己的改进建议,都是关于广场、周围环境、钟楼、地下洞穴和唱诗台设施的;第三部分是十五幅整座大教堂中最重要部分

151. 乔瓦尼·马吉/雅格布·马斯卡迪，梵蒂冈景象，局部（版画，1615 年）

152. 马提诺·菲拉波斯科，圣彼得大教堂部分的正视图和截面图（集成图）（菲拉波斯科 1620 年）

的勘测图，内容是横向和纵向的截面图，纵向看可分为六个不同层次，比例尺为 1:100；一层紧挨着一层，像是为整座建筑（可惜没有完成）拍了 X 光片。这些还没有编好号的版画第一次发布是在 1620 年，标题为"梵蒂冈的圣彼得建筑"（L'architettura di S. Pietro in Vaticano），之后发布了成册的不同版本。

马代尔诺的建筑

在负责圣彼得工程的所有建筑师中，马代尔诺对现今大教堂的贡献最大，也是唯一一位能完全实现自己设计的建筑师。另外，他的设计空间也是最局限的，不仅是因为存在 16 世纪建的结构，还因为雇佣者提的苛刻且经常变动的指令。这些都使我们难以评估他个人对工程的影响程度[216]。

马代尔诺需要解决的第一个同时也是最重要的问题是正立面的形态。在此之前，他一直在设计工作中处于边缘角色，更无权指挥施工。圣加洛也是如此，我们知道他对大教堂的正立面进行了多种设计，他在模型中只能使建筑的不同部分彼此靠拢，但它们之间没有联系。米开朗基罗设计的柱子围成的前厅不论外观如何，总归是不能充当正立面的。但是随着纵向部分的建造，大教堂会产生一面朝向广场的装饰性墙壁，这样米开朗基罗的穹顶就会消失在视野中。另外，新的正面也需满足教皇宗教仪式的需要（米开朗

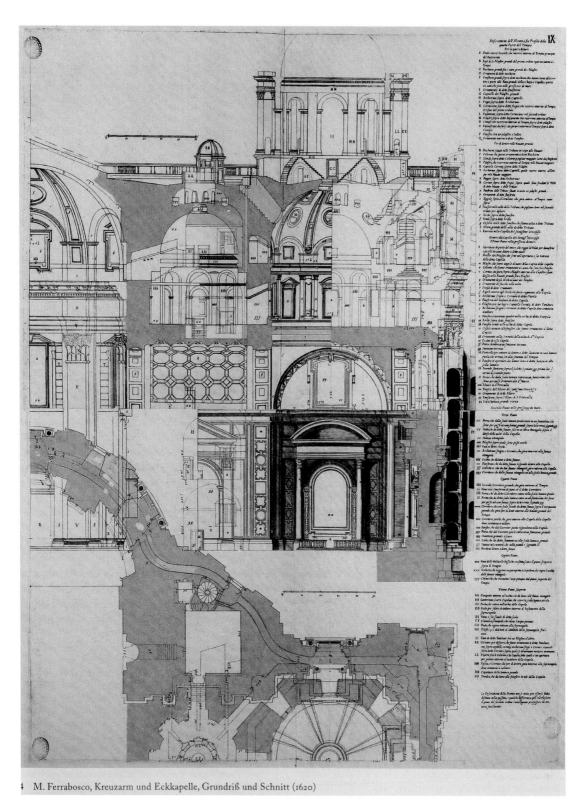

M. Ferrabosco, Kreuzarm und Eckkapelle, Grundriß und Schnitt (1620)

153. 马提诺·菲拉波斯科，圣彼得大教堂部分的截面图和平面图（集成图）（菲拉波斯科，1620 年）

基罗完全忽视了这一点）：它应该和圣殿有所联系，并且具备一间前廊和一个祝福凉廊。

马代尔诺在设计上走了三条不同的路。在 GDSU 收藏的编号为 101A 的图纸上提出了一个覆盖整个纵向部分前端的柱廊；这座柱廊由支撑结构和开口组成，两者有节奏地更替着，精准地保持着平衡状态。米开朗基罗设计的巨大石柱被换成了壁柱。也许最中间的四根上面是准备建楣饰的，但是所有这些都保持在同一平面上。从整体上看，这套方案中描绘的恢弘的正立面与今天的圣彼得大教堂相差无几。在 GDSU 编号为 100A 的图纸中，马代尔诺尝试着模仿了米开朗基罗设计的凸出部分。前廊被压制在五条轴线上；在正立面前筑起的四根巨型石柱重现了米开朗基罗／杜佩拉克平面图中最中央的凸出部分的样式。在编号为 264A 的方案中，马代尔诺把前廊再一次轻微地扩大，这一次他特别处理了前廊的外周结构。设计的是那种像浮雕一样凸出的正立面，马代尔诺在四年前曾将它应用于戴克里先浴场的圣女苏撒纳堂，并取得了成功：米开朗基罗／杜佩拉克的柱廊被投射在了墙体表面上，并且凸出部分从四分之三个石柱逐渐缩减到二分之一个石柱，再缩减到壁柱。所有这些柱子最终会呈现一个波纹似的效果，最中央的结构样式扩散到两旁，并且轮廓经历了两次淡化。这是从米开朗基罗或圣加洛的"绝对"建筑这条道路走向关注建筑效果所带来的新审美的第一步。

但是在实际建成的与纵向部分等宽的正立面上，这个想法看上去已经不太明显了。遵从教皇的意愿，正立面发展出了与钟楼的一些连接结构；钟楼下边的部分（钟楼本身还未完成）现在看起来就像是正立面的一部分，这个改变使马代尔诺为正立面做的演算付之东流。如此建起来的就是一个很宽的大块建筑体，它的前端是米开朗基罗式的带有神殿风格的柱廊，似乎更像是建筑内部的某个分割结构。正立面上方建有顶楼，它完全覆盖了这个大块头，顶楼带有雕塑组成的栏杆，这种样式与第二层装备有玻璃的阳台和丰富而独特的建筑形式相互协调，使如今看到它的游客很容易联想起一些宫殿的正立面。马代尔诺在这个方向付出的努力体现在一个为布置前面的广场而设计的方案中，但这个方案没有变为现实（GDSU 编号为 263A 的图纸——它是收藏的所有将大教堂和教皇宫视作整体图纸中的第一张）：大教堂前面建有两座几乎同高、像两只翅膀一样的宫殿，它们向广场突出，把这片区域圈了起来[217]。不可否认，这样的圣彼得大教堂就真的像是教皇的宫殿教堂了。

设计纵向部分需要解决两个问题。第一个有关保利纳礼拜堂[218]，它应该在某种程度上与大教堂纵向部分合并在一起，并且不能破坏内部的外观。马代尔诺早在编号 264A 的图纸中就深入地研究过这个问题，并且能毫不费力将自己找到的解决办法移入巨大的纵向部分中。这个办法就是让右边的第一间礼拜堂

313

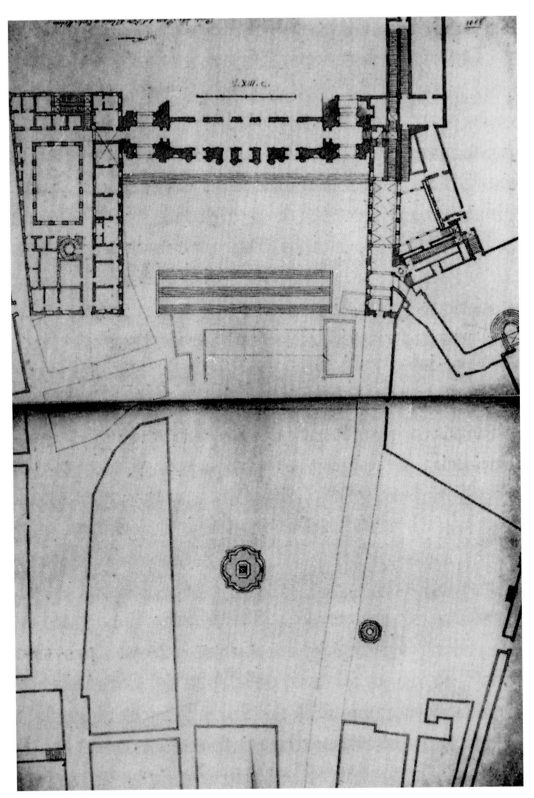

154. 卡洛·马代尔诺，圣彼得广场布置方案，GDSU，编号：263A

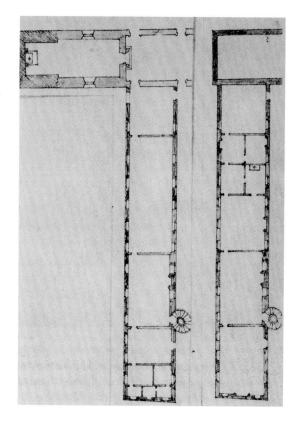

155. 卡洛·马代尔诺，梵蒂冈宫的一部分的设计方案，GDSU，编号：263AS

足够低矮，这样在它上方就能腾出给保利纳礼拜堂圣台的空间。巨大的纵向部分和它宽阔的礼拜堂一起组成了颇为对称的图形，与呈十字形的西侧部分呼应。为了把构想变为现实，马代尔诺在1611年到1612年间拆除了保利纳礼拜堂的圣台，又在略微改变了位置和尺寸后重新修建了它；同时用恰当的方式连接起梵蒂冈宫的仪式厅和在前廊上方与祝福凉廊连接在一起的加冕厅。这个祝福凉廊最终在1611年的耶稣升天节第一次投入使用[219]。

第二个问题是如何连接大教堂的纵向部分和集中式中心部分。中殿不存在问题：那里很容易推进文艺复兴时期建筑的系统。马代尔诺设计的中殿内部最大宽度比十字型结构的边房多出约2米，原因是大教堂入口内墙的分割方式[220]。侧殿与文艺复兴时期设计的拥有五间殿的大教堂中的内部小侧殿相适应，它们的轴线遵照穹顶支柱上40拃壁龛的轴线，或者更确切地说是圣加洛后来换成的祭台神龛的轴线。在马代尔诺最初的图纸中，他借鉴了杜佩拉克所绘的平面图中的这个连接方案。另一方面，拥有多个殿的纵向部分只有在横断面逐渐下倾，呈巴西利卡式时才能实现，但是这与包裹住米开朗基罗设计的集中式结构建筑外周的巨大柱形的柱子相冲突。马代尔诺没有其他选择，只能在纵向部分的两侧完成他的设计；于是就出现了那些像是舞台侧幕的"空"墙，如今我们可以在纵向部分的屋顶上方看到这些墙体。这是在直接地违抗米开朗基罗在伯拉孟特方案中曾为维护自己而宣扬的建筑学"真理"[221]。

令人吃惊的是边殿内部的景象：三个梁间距又窄又高，支撑着长椭圆形带鼓形柱的穹顶，但是它们之间的过道却是非常低矮。过道由神龛围绕，神龛开在下方，楣饰是向两边低垂的拱形，马代尔诺在他最初预备阶段的图纸中曾构想了一个类似的解决办法。这个办法是建设性的：需要支撑住对抗巨大半圆拱侧向推力的中殿支柱。实际上，在神龛楣饰的后面藏着厚实的半圆拱，它们伸展在中殿支柱和围墙之间。至于纵向部分的结构，如果从整体看，相比起一座巴西利卡的纵向部分，它更像是一个拥有侧边支柱的教堂。

在边殿过道的神龛上方是横墙，墙上有装着玻璃的大窗户；这些窗户是为了解决采光问题而设置的，这问题是外部的米开朗基罗式建筑必然会显现出来的，它的窗户设置方式完全不一样。椭圆形穹顶有高高的鼓形柱，它们的灯笼式天窗像长颈鹿的脖子一样竖立着，多亏了平坦屋顶提供的开阔环境，天窗得以接收到日光的照射。过道半圆拱上方空出来的地方也会被从屋顶上的开口透进来的阳光照到，但是这些开口后来被砌上了，可能是因为无法做到让它们不漏雨水。从那时起，横墙上的窗子便是假的，过道也变得昏暗了。

这样得到了一个对这整个结构的副作用，也许它是出于偶然，也许是故意为之，总之如果从长向来看，侧殿的两侧就好像立

着几排石柱，这可以解释为不自觉地受到老教堂的影响[222]。新教堂的身体里有着老教堂的物质，体现在马代尔诺在拆除了古老的纵向部分后充分准备的补救形式中[223]。伯拉孟特和圣加洛就曾使用过一些老教堂的石柱；它们融入新建筑的正立面体系中，让人看不出是很久以前的东西。现在马代尔诺尤其想要给进入新教堂的人们展示的是君士坦丁时期的老教堂仍旧存在，所以他在正立面和纵向部分的前厅中惹眼地加入了来自古代的石柱。这是两根非洲大理石制成的上好石柱，它们立在正立面中央入口的两侧，在老教堂纵向部分中，它们也是中殿柱列的开端。

大穹顶下的中央房间建筑仍旧是伯拉孟特设计的，现在马代尔诺为了满足当前举行宗教仪式的需求得将它重新布局，其中他做出的三项决定一直影响到了现代圣彼得大教堂的内部形态[224]。他预见到了穹顶支柱会收纳进大教堂中最重要的纪念物；在位于它们内侧上方的壁龛前面，马代尔诺增建了一些阳台，纪念物可以放在这里供信众们瞻仰。整座大教堂中的地板都升高了，但唯独圣彼得墓前面的纪念堂地板高度没有变化；马代尔诺为它设计的马蹄铁形状沿用至今，其装潢一律使用大理石[225]。新老教堂的地板之间产生了某种像地下室一样的结构，一开始是在

（下页）156. 大教堂正立面
157. 正立面局部
158. 祝福凉廊

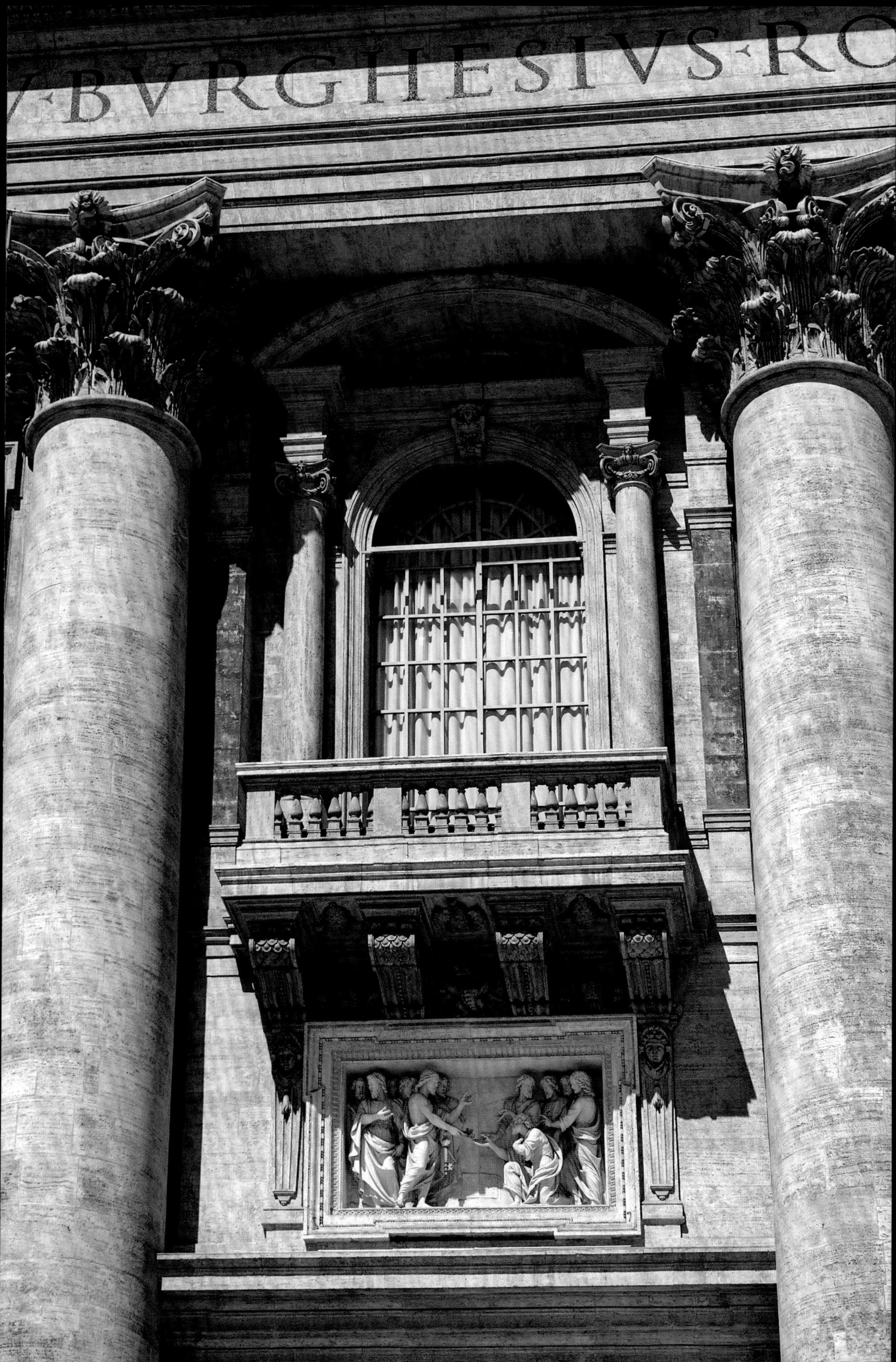
BVRGHESIVS·RO

159. 左侧殿

160. 右侧殿

纵向部分的下方（"老地下洞穴"），后来发展
到了大教堂的西侧部分（"新地下洞穴"）。这
时，这座地下室便被用来收藏老教堂的物件
[226]。马代尔诺就依照这个用途来规划房间，
并且在穹顶的西侧支柱前面增加了楼梯，用
来连通穹顶房间和地下洞穴的房间。1618年，

他第一次在维泰博出版了介绍这个人工"地
下罗马"奇观的游览手册[227]。

　　追溯马代尔诺经手的众多类别的活动，
我们可以明显看到它与时代的联系：他设计的
圣彼得大教堂就像是一个要冲破危机的教会
的建筑宣言。大教堂有了经济上的支持，内

（上页）161. 纪念堂　　　　　　　162. 新地下洞穴　　　　　　（下页）163. 大教堂前廊的装潢

部结构和朝向外部世界的位置都更加稳固，它也找寻到了与自身传统的新联系。历史功利性的实用主义代替了过去那个世纪从根本上革新了的概念：人们寻求留存的记忆和新的设计、宗教利益和世俗利益、精神和权力之间的平衡，即使代价是对艺术性的某种丧失。

除了计划方面的才能，马代尔诺还对装饰元素有着高度的敏感性。在解决了所有结构上的问题后，他找到了能让他真正施展拳脚的舞台，前廊内部便是最好的例子。这是一种对这座建筑最初状态的回归：像君士坦丁时期的大教堂一样，马代尔诺的纵向部分在本质上也是一座快速建立起来的功能性建筑，差不多是按照常规设计的，使它突出于同时代建筑的主要是巨大的体积，还有豪华的装潢。但是按照这种形态，它到现在才算真正完成。

贝尼尼

在吉安·洛伦佐·贝尼尼（Gian Lorenzo Bernini）担任圣彼得大教堂主建筑师的五十年中，圣墓祭台上青铜华盖、穹顶支柱上的装饰和正立面南边的钟楼（之后再度被拆除）圣彼得广场和梵蒂冈宫的连廊都建好了[228]。

（上页）164. 吉安·洛伦佐·贝尼尼设计的青铜华盖

（下页）165. 华盖上部的细节

建筑师和他的雇佣者们

吉安·洛伦佐·贝尼尼在圣彼得大教堂中留下了自己的烙印，他是具有重要历史地位的第三位建筑师。他在 1629 年代替马代尔诺成为大教堂工程的主建筑师，并担任这个职位直到去世，即 1680 年。在这段时期中，他先后受命于七位教皇[229]，但一直都是那个最重要的人物，就像伯拉孟特和米开朗基罗在他们那个时代的地位。但是当贝尼尼进入人们的视野中时，大教堂的修建工作已经结束。所以他用一种新视角来看待这座建筑：贝尼尼要为他的建筑增加有现实意义的新内容，就像它在之前的那个世纪中经历的那样。

贝尼尼受命的第一位"圣彼得的教皇"是乌尔巴诺八世，即马菲欧·巴贝里尼。从他做红衣主教时便认定这位（依照父系）托斯卡纳同乡是"未来他做教皇时的米开朗基罗"[230]；乌尔巴诺八世铭记在心的是当时儒略二世同米开朗基罗的关系，像瓦萨里记载的那样。在保罗五世在位期间，他曾坚决反对马代尔诺为纵向部分设计的方案（因为它遮住了米开朗基罗设计的穹顶）[231]，1626 年，也就是在君士坦丁时期的大教堂祝圣 1300 年后，轮到他来为新教堂祝圣了。于是前景发生了变化：教皇想将圣彼得变成天国诸圣（Ecclesia triumphans）现身的舞台。这样将会为他个人和家族带来荣耀；广大信众将会聚集起来，满心虔诚地追随贝尼尼创造的

"奇景"。不是所有罗马人都准备好了扮演这个角色：那句著名的关于巴贝里尼家族（在万神殿）继续野蛮人毁坏行径的谚语（quod non fecerunt Barbari, faciunt Barberini，意为巴波里[野蛮人]没做的事，巴贝里尼做了）就表达了人们对他的憎恶，他们害怕乌尔巴诺毫无章法的管理会带来恶果。贝尼尼的垄断地位也为他招来了一众嫉妒者。钟楼计划流产后，他的运气急转直下。英诺森十世继任教皇后，其竞争对手弗朗西斯科·博罗米尼（Borromini）借着重修拉特兰大教堂的机会，提出了一个与贝尼尼式圣彼得大教堂相左的巴洛克设计。

但贝尼尼因为在其他方面出众再次神奇地赢得了出身潘菲利（Pamphili）家族的英诺森十世的喜爱。他作为圣彼得大教堂主建筑师的第二次辉煌时刻还要等到英诺森十世之后的亚历山德罗七世，即法比奥·齐吉（Fabio Chigi）上任。但当时的氛围却势头相反：巴贝里尼曾经无所顾忌的自命不凡（逐渐倾向于保守并渴望维护权力）已经一去不复返，取而代之的是亚历山德罗七世意识到教皇宝座丧失了实权。齐吉在1648作为教皇的使节参加了明斯特合约的洽谈，他眼见着或者说暗自明白了欧洲政治形势正要发生改变：西班牙和葡萄牙这些拥有殖民地的曾经的列强们已经退居二线，荷兰和英国那些新教势力却在崛起；法国国王自称是欧洲大陆上居于主宰地位的天主教君主。教皇现在比任何时候都想让罗马成为西方天主教的历史中心。

贝尼尼经历着所有的这些混乱，却仍旧是起着向导作用的艺术人物，这就很容易让人对他的角色产生误解：人们可能会认为他是新想法的伟大启发者，而这想法后来是由他的无数合作者付诸实践的。但要是细细研究，就会发现那个凭经验看起来像是贝尼尼灵光乍现的设计经常是他人启发、规划和完善的，并且贝尼尼最大的成就在于长时间负责综合性的设计工作。就是这样那些"一块块"的结构建起来了（华盖、柱廊以及许多形象艺术组成部分），很快在它们面前一切的批评都戛然而止。

帐顶样式的华盖

贝尼尼在圣彼得大教堂负责的工作中最关键的要数建筑内部装饰，但是有三个项目需要建筑学参与进来，最要紧的那个是关于大教堂宗教仪式中心位置的[232]。在克雷芒八世于1529年下令拆除伯拉孟特为圣墓修建的保护性建筑（tegurio）以后，圣墓和教皇祭台就缺少了遮盖，暴露在巨大的穹顶房间的正中央。

保罗五世曾经下达将祭台与圣墓分开、并把祭台转移到西边房后殿那里的指令。在那里，祭台有了华盖笼罩，还被一个模仿君士坦丁时期使用螺旋柱的"建在隔板上的柱廊"（pergola，人们通过钱币图案得知它的存在）的结构包围着[233]。在圣墓上方，马代

166. 吉安·洛伦佐·贝尼尼，华盖设计草图，维也纳，阿尔贝蒂娜博物馆，编号：Arch. Hde Rom XXX,VIII.

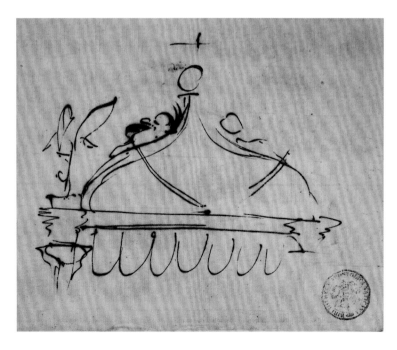

167. 吉安·洛伦佐·贝尼尼，华盖设计草图，梵蒂冈博物馆，编号：Barb. lat. 9900

168. 教皇祭台的华盖，第一版方案，版画（博纳尼，1696 年）

169. 教皇祭台的华盖，第二版方案，版画（博纳尼，1696 年），

170. 弗朗西斯科·博罗米尼，华盖题材的绘画，维也纳阿尔贝蒂娜博物馆，编号：It. az, Rom, 762

尔诺竖立起了一座巨大的帐顶，支撑它的是四位天使；这个临时的结构在格里高利十五世时期换成了永久性的。但对于乌尔巴诺来说祭台理所当然应该回到传统位置上，即圣墓的上方。于是一个将帐顶和华盖结合的想法（对于当时的建筑家们来说这就是一个"嫁接品种"）诞生了。

虽然马代尔诺仍担任着圣彼得大教堂工程的主建筑师，但乌尔巴诺把修建这个新结构的任务交给了他所喜爱的贝尼尼。马代尔诺的助手博罗米尼继续担任这项工作的制图员。大教堂内部充斥着石灰华和大理石制品，

想要突出祭台的华盖，就要让制作材料与众不同：镀金青铜。众所周知，乌尔巴诺为了筹得制作华盖的材料，不顾民众们愤怒的抗议，拆卸并熔化了万神殿门廊大梁上的铜质装饰[234]。最终铸成的作品高 29 米，这是从古至今的一大创举。从 1624 年开始，人们便开始修建承受着巨大重量的四座大理石基座。挖掘地基的工作是在离圣徒遗迹很近的地方开展的，但没有触及它。1625 年，青铜石柱被安装上去了。之后上面的覆盖结构也重新设计，我们可以从图画、一系列版画和徽章中追寻它的变迁。

171. 伊思列尔·西尔维斯特，圣彼得大教堂景象（版画，约 1643—1644 年绘）

在最终版本中，君士坦丁式华盖的交叉小拱被换成了四个汇聚成一束的涡形装饰。它们支起一个圆球，一开始上面应该有复活了的耶稣雕像，后来被换成了十字架。所以整个中心房间变成了耶稣的复活地，这个主题与其间克雷芒八世命人绘制的穹顶马赛克一样。贝尼尼在重新装饰穹顶支柱时也考虑了这一主题。

与马代尔诺设计的帐顶一样，在贝尼尼的创造中，建筑和雕塑彼此交融。曾经支撑着帐顶的四位天使现在被放到了华盖横檐梁的顶端；他们手中操纵着绳子，好像正在把帐顶在华盖中展开，如此贝尼尼清楚地将这

两个结构之间的关系展示给观者。四对正在玩耍的裸体小孩象征着两位最重要使徒的象征物，钥匙和冠冕，剑和书。到处都是巴贝里尼家族的徽章——大小各异的太阳和蜜蜂，有的是铜黄色，有的是金色。1635 年，这项巨大的工程宣布告终。从那之后，无论谁进入大教堂，目光都会被它吸引过去（在 120 米开外），很快落到这座建筑的神圣中心去。

钟 楼

钟楼是大教堂外部马代尔诺唯一没有完成的部分[235]。我们在 16 世纪对纵向部分的大型设计方案中总能找到钟楼的影子，拉斐

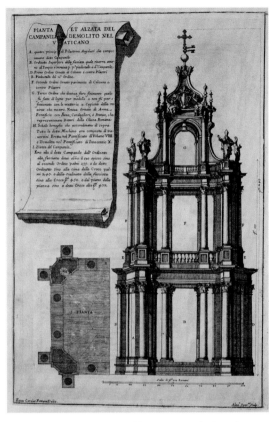

172. 贝尼尼设计的南钟楼，版画（卡洛·丰塔纳绘，1694 年）

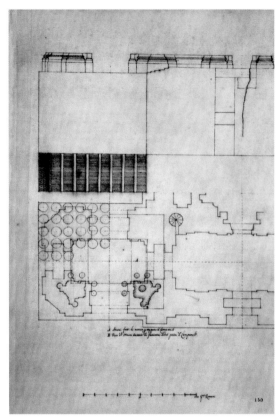

173. 彼得罗·保罗·德雷，南钟楼的平面图和截面图，梵蒂冈图书馆，编号：Vat. lat. 11257

尔、圣加洛、佩鲁齐轮番为我们带来更加繁奢的设计。但是根据已有的资料来看，米开朗基罗的圣彼得大教堂并不包括钟楼，马代尔诺设计的纵向部分方案中也没有出现钟楼。只有在马代尔诺设计的正立面完成，且中楣上的题字刻好（1612 年）之后，保罗才提出在正立面两侧竖立起两座钟楼的指示。根据马代尔诺的规划，应该为钟的设立建一些轻巧的结构，高度为一层半。修建工作开始于 1618 年，其进展并不顺利，因为在南边出现了一些与地基有关的大问题。1637 年，

乌尔巴诺让贝尼尼负责这些事务。自然贝尼尼的新方案取代了马代尔诺的：他提议钟楼正面要加高两整层，另再增加一个用来放置钟的结构。与马代尔诺的"小打小闹"不一样，贝尼尼的钟楼将会产生与米开朗基罗穹顶的联系，并且能体现出贝尼尼用支柱和石柱组建出的瑰丽雄伟的建筑风格，他只在钟楼的最高层应用拱形，这就好像在建筑学上巧妙地回应米开朗基罗穹顶的鼓形柱。

　　1638 年，南边钟楼下面的两层都建好了。贝尼尼先用木头制作了一个第三层的一

比一模型；教皇还是觉得太小了，但是贝尼尼主要关心的是要减少总体重量。事实上在起到使坡地变平作用的地基处已经出现了几处裂痕，1641年，人们不得不拆除了已经建好的两层。

委员会召集了多次会议分析错误产生的原因，最终把问题指向地基（就是马代尔诺建设的那段将坡地填平的地基）。但是贝尼尼自己也犯了一个低级错误：他没有考虑到马代尔诺的这部分地基是在修建正立面之后增加的，因此这两部分地基是分开的。马代尔诺机智地将自己设计的钟楼结构宽度限制在这个增加的地基范围之内[236]，但是贝尼尼却将他的钟楼内侧棱角支撑在了马代尔诺设计的正立面外侧的支柱上。所以在新的负重压力下，两座地基都以不同的方式下降。所有的计划功亏一篑。乌尔巴诺的后继者、意志坚定的潘菲利教皇英诺森十世（多亏有了现藏多利亚·潘菲利美术馆的委拉斯凯兹所绘的肖像，我们才认识这位教皇），他下令清扫工程剩下的残迹，并且将贝尼尼的私人财产充公，用以建造圣彼得大教堂。

钟楼的问题即使在以后的岁月中也一直困扰着贝尼尼。我们可以找到他绘制的正立面墙体分割方案草图，这面墙体有五条轴线和两座分开的钟楼（与圣加洛的模型有相似之处），还有一些草图上画着在马代尔诺式正立面前面的米开朗基罗式风格的柱廊[237]。但是这些作品只是提供了在广阔范围内设计圣彼得大教堂的多种可能，不像是认真对待、力求变为现实的方案。事实上，米开朗基罗的穹顶仍像是整座建筑外部的皇后，虽不能被轻易看到，但它在高处独自华丽地存在着，不与巴洛克式的建筑整体为伍。

大教堂之臂

在圣彼得大教堂建造史到达尾声时，仍出现了一项非凡的建筑成就：圣彼得广场[238]。对于教皇亚历山德罗七世来说，罗马是西方天主教的首都，而这座广场是其中心元素；对于他的建筑师贝尼尼来说，广场提供了一次快速洗刷建造钟楼失败耻辱的机会，同时通过将正立面置于一个新的环境，而不是通过调整修改来纠正马代尔诺设计中的"缺点"[239]。但是拦在贝尼尼和亚历山德罗七世之前的城市规划问题却看似找不到出口。用来修建广场的地方足够宽敞，但是它的形状不对称，博尔戈地区的道路系统不以大教堂的轴线定位。再说这些道路应该成为广场的轴线，广场的中心是确定的，并且不能更改，西斯都五世的方尖碑就象征着这个中心。另外地面也不平，而是自东向西逐渐升高；博尔戈地区和大教堂之间的高度差有差不多6米。在这样的环境中还要建一座能容纳很多人的广场，且保证在大教堂前面的祝福凉廊上得到的是最佳视野，就像在西斯都五世教皇宫的窗户上一样；除此之外，还要建一座合乎规格、与广场和大教堂都相称的入口，还要能遮风挡雨躲太阳。所以胜任这项工程就要求建筑师得在历史学、想象力和技术知

174. 吉安·洛伦佐·贝尼尼，正立面方案，梵蒂冈图书馆，编号：Vat. lat. 13442

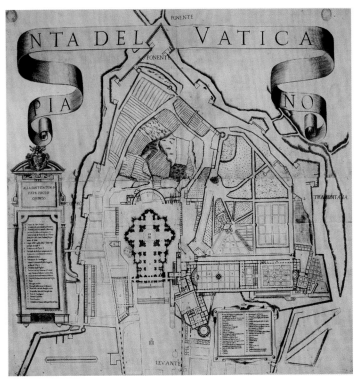

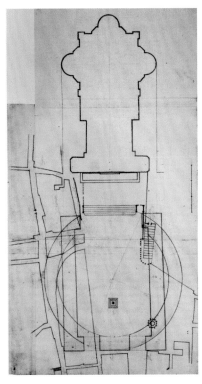

175. 马提诺·菲拉波斯科，圣彼得广场布局方案，版画（菲拉波斯科，1620 年）

176. 彼得罗·保罗·德雷，不同的圣彼得广场布局方案，梵蒂冈图书馆，编号：Cod. Chigi P VII 9

识方面有绝顶才能。

1655 年 4 月 7 日，也就是教皇亚历山德罗七世选举成功的同一天，他召见了贝尼尼，共同商讨广场的问题；1656 年，他向世人宣布了要在大教堂前面的区域增加一座建筑的决定。同年 9 月对地基的勘探开始了，12 月购买了一些需要拆掉的房产。1657 年 8 月 28 日，人们放置了第一块基石，没过多久就有了规模宏大的工地。在台伯河岸，人们开设了一个新港口用以卸下从蒂沃利（Tivoli）和蒙泰罗通多（Monterotondo）运来的大块石灰华。亚历山德罗七世在许多细

节上都亲力亲为，明显是因为预感到他能留给施工的时间正在减少（正如我们所见，这是有道理的）。

人们可能会推测这个工程依照的方案也是很快设计出来，并且坚决实行的。实际上，在广场的整个施工进程中，设计工作一直没有停止，纠结于细节时总是会有新的解决方案。一开始保罗五世时期的那种广场应是一个由柱廊环绕的梯形，且从博尔戈的道路网络中发展出来的思想仍占主导地位。对于这个观念，亚历山德罗七世用他构思的一个自身封闭的对称布局予以反驳。卡洛·莱

177. 卡洛·莱纳蒂，圣彼得广场方案，梵蒂冈图书馆，编号：Cod. Chigi P VII 9

178. 列文·克鲁，圣彼得广场景象，版画，1666 年

179. 亚历山德罗七世的徽章, 1657 年, 梵蒂冈图书馆,
梵蒂冈纪念章存放柜

纳蒂（Carlo Rainaldi）也设计过这种类型的广场，或许是之前为英诺森十世设计的，也或许是现在才出现的。在 1656 年 8 月，贝尼尼曾设想过修建一座由陶立克式支柱构成的连拱廊环绕的长方形广场，他还为此制作了一个巨大的模型。在对这项方案的讨论中诞生了一个新的构思，提出者有可能是教皇，即广场形状可以是一个在大教堂前横卧的椭圆形。1657 年 3 月，贝尼尼按着这个方向准备好了一个新方案。维尔吉利奥·斯帕达（Virgilio Spada）在负责工程的红衣主教会议中很有发言权，他尤其看中这个新结构的功能性：柱廊的宽度应能容纳两辆马车相对而行。所以他建议柱廊结构是开放的，这样也能更好契合作为结构基础的椭圆形。学识渊博的顾问们提供了有关古代时这种两侧被带有多间殿的开放式柱廊包裹的道路的资料。

新一设计阶段的结果是一个椭圆形的广场，周围由双排柱构成的柱廊围绕；第一块基石于 1657 年 8 月放置完成，为此铸造的纪念章上就印上了这个设计（之后还有五枚

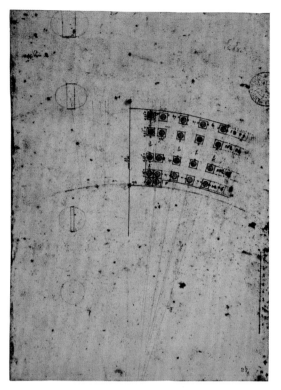

180. 吉安·洛伦佐·贝尼尼和助手，圣彼得广场柱廊草图，梵蒂冈图书馆，编号：Vat. lat. 13442

纪念章，每一枚上都有新的设计元素）。另一个新方案是一座每侧只有单排柱，但是有更大的柱廊，人们为这个设计也制作了模型，但是亚历山德罗七世总是能从中找出"许多错误"。1658 年，当北边的 24 根石柱已经竖立起来后，贝尼尼开始设计用来放在入口和柱廊通道处的几组支柱：这是个艰巨的任务，因为这个结构本来已经很复杂了，现在还要与建筑整体形成的椭圆形契合（平面图中甚至都没有出现一个直角）。1659 年 7 月，他以一张大型版画向公众展示了自己的设计，而此时它正在施工中。那时距离工程结束还

有很久。现在贝尼尼设计工作的目标转向了与梵蒂冈宫连廊连接的通道，它的施工后来于 1663 年开始，这时整体效果才显露出来。直到最后一刻，东侧椭圆形封口处的建筑结构仍在变动：这"第三只手臂"具备一座钟塔，后来位置又向博尔戈移动了一点，但所有的设计都停留在纸面上[240]。1667 年 5 月 22 日，亚历山德罗七世逝世，在他离世的时候工程已经完成到如今的状态，没有人有意继续施工了，只是上面带有雕塑的围栏是直到 18 世纪才完成的[241]。

设计师们历时多年不懈努力，在这既有条件下创造出了最佳的布局方案，最终一个代表着新观念的广场建筑应运而生。很快，就像在我们今人看来，贝尼尼设计的柱廊在同时代的人眼中几乎也是一座立在圣彼得大教堂前方、拥有自然形态的建筑；这形态也成为建筑史中的典范之一。只一眼看不出的是贝尼尼解决教堂和梵蒂冈宫之间数个世纪分离问题的巧妙方法。他将柱廊和大教堂之间的通道（从功能和管理层面上看都属于梵蒂冈宫）定义为大教堂伸向世界的手臂，这手臂像母亲般欢迎着所有的参观者来到广场："让天主教徒们更加信主，使异教徒们回到主的身旁，以真正的信仰启迪不信仰宗教的人。"[242] 所以，对于前来瞻仰圣彼得墓的朝拜者来说，广场的神性一下子就展现出来。

但是对于那些以世俗君王身份前来拜谒教皇的人们（比如来到这里的各种手握大权、

181. 吉安·洛伦佐·贝尼尼，圣彼得广场草图，梵蒂冈图书馆，编号：Cod. Chigi A I 19

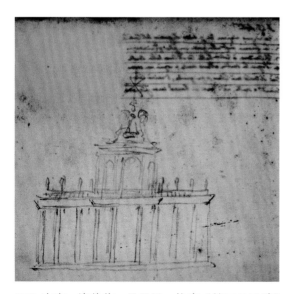

182. 吉安·洛伦佐·贝尼尼，柱廊"第三只手臂"
草图，梵蒂冈图书馆，编号：Cod. Chigi A I 19

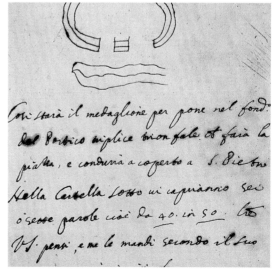

183. 亚历山德罗七世，柱廊草图，梵蒂冈图书馆，
编号：Cod. Chigi RVIII C

184.G.B. 博纳奇纳，圣彼得广场柱廊（版画，1659 年）

发誓服从于教皇的人），贝尼尼设置了长长的来访之路，因为它能激发来访者心中的崇敬之情，亚历山德罗六世就曾为 1500 年大赦年修建了"亚历山德里亚路"（以后的新博尔戈）。贝尼尼没有把这条来访之路设置在方尖碑和大教堂形成的中轴线上，也不避讳这一点，而是将它放在通道中，通过连廊一直引向梵蒂冈宫的主楼层[243]。如此满足了所有（受到亚历山德罗七世推崇的）外交仪式的传统，即使在连廊的修建过程中，贝尼尼发觉必须要用的幻术策略隐晦地展现出他"不确定"的性格。

对于教皇的这些方案，批评的声音从没有停止过，甚至已经发展到了教廷最核心的圈子中[244]。负责工程的红衣主教会议对这件工程的讨论已经带有公开的批判性质。对于贝尼尼和亚历山德罗七世最终确定的方案存在许多实际的反对意见，并且它们也并不是没有道理。建筑学的内行们愤慨于贝尼尼在规则面前的松懈态度，比如在整个结构中非直角处于领导地位；另一方面，偏向数学的理论家更喜爱在地理学和贝尼尼的美学常识中巧妙权衡折中产生出的"歪斜的建筑"[245]；罗马特使的财务报告显示出工程花

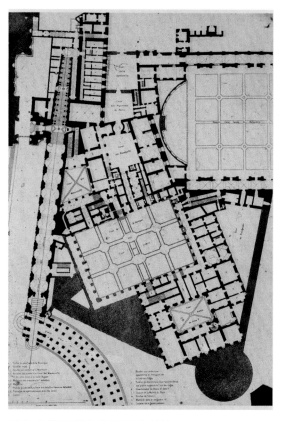

185. 北侧通道和梵蒂冈宫的连廊（莱塔罗利，1882 年）

（下页）187—188. 柱廊，局部

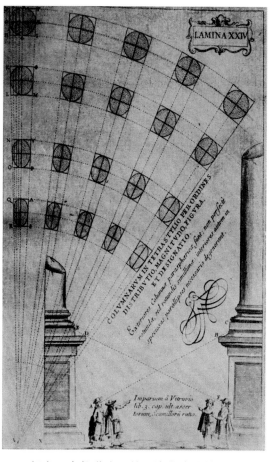

186. 胡安·卡拉慕夷·德·洛布洛维兹，贝尼尼柱廊理论性变形，版画（卡拉慕夷·德·洛布洛维兹，1679 年）

销与成果间的明显不平衡，他们声称已经没有足够时间建一座豪华建筑了。教皇的支持者们在同一层面上反驳道，比起施舍给穷人救济然后让他们闭嘴，不如给他们工作和面包。

奇怪的是，这些讨论很快就偃旗息鼓了。但是人们清楚很快这个时代也要过去了。它曾以尼古拉五世下定决心要用宏大的建筑来奠定教皇和教会的权威为开始，这是修建新教堂的初衷，而如今却开始被遗忘。或许，贝尼尼晚期作品的持久影响力正是归功于世俗权力和神权的分离（时代要求）：就好比说，教皇和他的建筑师为将来拯救下了 200 年建造时间的精神实质。

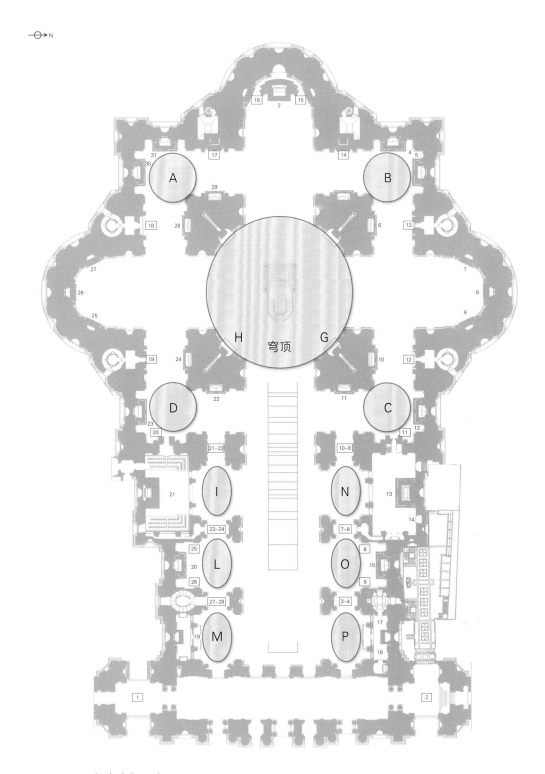

教堂内部示意图

图　解

穹顶

A. 圣母圆柱礼拜堂

B. 圣米迦勒和圣彼得罗妮拉礼拜堂

C. 格里高利礼拜堂

D. 克雷芒礼拜堂

支柱

E. 圣维罗尼卡支柱

F. 圣海伦娜支柱

G. 圣朗基努斯支柱

H. 圣安德鲁支柱

门厅

I. 唱诗台礼拜堂

L. 圣母瞻礼礼拜堂

M. 圣水器礼拜堂

N. 圣礼礼拜堂

O. 圣塞巴斯蒂亚诺礼拜堂

P. 圣母怜子礼拜堂

祭台

1. 纪念堂祭台（以下略祭台）；2. 教皇尊座；3. 多卡斯的复活；4. 圣彼得罗妮拉；5. 大天使圣米迦勒；6. 小船；7. 圣伊拉斯谟；8. 圣普洛切索与圣马尔蒂尼亚诺；9. 圣瓦茨拉夫；10. 圣巴西流；11. 圣耶柔米；12. 救济圣母；13. 至圣圣体；14. 亚西西的方济各；15. 圣塞巴斯蒂亚诺；16. 圣尼科洛；17. 圣约瑟；18. 圣母怜子像；19. 圣水器；20. 圣母瞻礼；21. 唱诗台；22. 耶稣变容；23. 圣格里高利；24. 谎言；25. 圣彼得受难图；26. 圣约翰；27. 圣托马索；28. 圣心；29. 治愈四肢残废者；30. 圣母圆柱；31. 伟大的圣利奥

塑像

（框中编号）

1. 查理曼大帝骑马像；2. 君士坦丁大帝骑马像；3. 克里斯蒂娜女王；4. 利奥十二世；5. 庇护十一世；6. 庇护十二世；7. 卡诺莎的玛蒂尔达；8. 英诺森十二世；9. 格里高利十三世；10. 格里高利十四世；11. 格里高利十六世；12. 本笃十四世；13. 克雷芒十三世；14. 克雷芒五世；15. 乌尔巴诺八世；16. 保罗三世；17. 亚历山德罗八世；18. 亚历山德罗七世；19. 庇护八世；20. 庇护七世；21. 利奥十一世；22. 英诺森十一世；23. 庇护十世；24. 英诺森八世；25. 乔瓦尼二十三世；26. 本笃十五世；27. 玛丽亚・克莱门蒂娜・索比斯基；28. 斯图亚特石碑

351

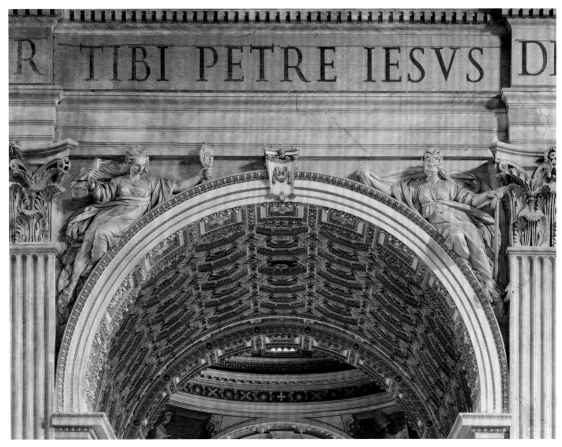

（上页）大教堂中殿上方
的横檐梁

代表智德和希望的雕像
和横檐梁局部细节

（下页）教皇尊座和后殿
球状顶盖装饰

南殿和北殿的侧殿礼拜堂

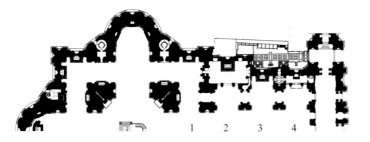

北殿景象：

1. 格里高利礼拜堂
2. 至圣圣体礼拜堂
3. 圣塞巴斯蒂亚诺礼拜堂
4. 圣母怜子礼拜堂

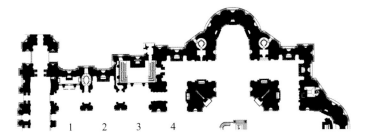

南殿景象：

1. 圣水器礼拜堂
2. 圣母瞻礼礼拜堂
3. 唱诗台礼拜堂
4. 克雷芒礼拜堂

（下页）圣朗基努斯支柱，前景是圣彼得铜像

（上页）北殿局部细节和巨大的巴洛克
式装饰，背景是圣塞巴斯蒂亚诺礼拜　　格列高利十三世礼拜堂　　（下页）至圣圣体礼拜堂
堂和圣母怜子礼拜堂　　　　　　　　和救济圣母祭台　　　　　　局部细节

BENEDICTVS XIII. ORD. PRA.D. ALTARE HOC CONSECRAVIT DIE XVIII. NOVEMBRIS MDCCXXVI.
RECVRRENTE FESTO DEDICATIONIS HVIVS SACROSANCTAE BASILICAE

圣朗基努斯支柱和圣巴西流祭台以及圣耶柔米祭台

（上页）从圣母圆柱礼拜堂方向看西南支柱
（圣维罗妮卡）

圣母怜子礼拜堂的前厅，朝向圣门方向，
呈透视图缩小效果的北殿

圣母瞻礼礼拜堂的前厅，在穹顶和中殿
中呈透视图缩小效果的巨幅马赛克装饰

（下页）诗台礼拜堂前厅穹顶上的装饰

注 释

第一章

本章在有限的篇幅中描绘了圣彼得大教堂的旧貌。除了尽可能多地向读者展示有关它的信息，本章还对关于老圣彼得大教堂建成和装潢的文献记载日期进行了一番评述。特别是因为在最近十年间越来越多的声音认为这座建筑不是在君士坦丁时期，而是在这位皇帝的儿子统治期间或者说在 4 世纪后半叶修建的，他们还将后殿的祝圣短诗和装饰归于 5 世纪中叶，也就是利奥一世在位时期。作为作者，我在努力使文章流畅易读，因为本书虽把科学性作为根本，但也要让对此感兴趣的广大读者能轻易理解本书内容。所以涉及必要参考资料和论据的注释内容会比较少。书中指出的都是基础文献和最新出版物，以便让读者掌握，并最终形成自己的想法。对于尊敬的业内人士，如果您没有找到特定出版物，可以参考更加细致的结论性的文献目录，那里包含我所分析的著作，由于上述原因没能列出。但在如今有关圣彼得大教堂数不清的出版物面前，即使是这份文献目录也不能算是完备的。

我要衷心感谢我在出版社的合作者们，他们用一贯的专业性使本书得以问世。同样的感谢也要献给博物馆和文物的负责人与收藏者们，他们在本书插图方面慷慨地提供了帮助。此外，我要特别向圣彼得大教堂管理机构负责人彼得·桑德博士致谢，他提供给我丰富的档案材料，还提出了自己在插图选择方面的提议，在我的要求下，桑德博士还安排完成了新的摄影工作。最后，我要感谢我的儿子，建筑学博士康斯坦丁·勃兰登堡（Konstantin Brandenburg），我们在大教堂建筑学上有诸多讨论，他为本书绘制了新的图纸，每张都一如既往的完美。

雨果·勃兰登堡
罗马，2014 年 6 月

1. 可参照 Brandenburg 2013，pp. 11–93。

2. *Lib. Pontif.* I，176–177；以下简称为 *LP*。

3. *Esplorazioni*，vol. 1，pp. 55–148。

4. Barnes 2011，pp. 86–89。

5. Libanius，ep. 1488。

6. Brandenburg 2012，p. 258。可参照 Ambrogio，Epist. 58（pl 16，1178）。

7. Eusebio，*V. Const.* 3，25；3，33，3。

8. Eusebio，*V. Const.* 3，25；3，33，3。

9. Eusebio，*V. Const.* 3，26，1。

10. Matteo 16，18。

11. 举例 Eusebio，*V. Const.* 2，55；2–59。

12. Brandenburg 2011，pp. 351–382；Heid et alii 2011，*passim*；Heid，Gnilka 2013，参考页面若干。

13. Clemente 5，4–7；Ireneo 3，1，1；Tertulliano，De *praescriptione* 36（Csel 70，45f.）；Dionigi *Cor.，Ap.*；Eusebio，*Hist. Eccl.* 225，8（gCs 178）；Gerolamo，*Chron. ad A.* 2084（gCs 7，185）。

14. Brandenburg 2005/6，pp. 237–275，附带之前的文献目录。

15. ae 1945，p. 146；Zander 2007。

16. P. Liverani，s. v. *Phrygianum*：ltur，*Suburbium*，2006，pp. 201–203。关于大教堂的大事纪年表参考 Liverani 2006，pp. 238–242。

17. Bredekamp 2000，pp. 21–58。

18. Sigismondo de Conti，*Historiarum sui temporibus libri*，Firenze 1888. Boccardi Storoni 1988，pp. 81 及之后。

19. 可参照 G. Vasari，*Vite* iv，p. 282（出版 G. Milanesi）。

20. Christern 1967，pp. 293–311；同上 1969，pp. 133–183；Krautheimer CbCr v，pp. 165–279；Arbeiter 1988，参考页码若干。

21. Christern 1967，1969；Krautheimer CbCr v，pp. 166–170，214–239；Arbeiter 1988，参考页码若干；关于梅尔滕·梵·海姆斯凯克的信息参考 Filippi 1990，pp. 9–36。

22. Krautheimer CbCr v，pp. 206–214；Arbeiter 1988，pp. 66–74。

23. Eutropio，*Breviarium ab Urbe condita*，10，5。

24. Acta Apost. 1，9–12. 可参照 Paolino di Nola，*Epist.* 32，13. Lang 2005，pp. 33–58。

25. 关于奠基的部分参考 Krautheimer CbCr v，186–190；*Esplorazioni* i，pp. 155 及之后；Arbeiter 1988，pp. 63–66. 关于修建的不同阶段参考 Gem in McKitterick *et alii* 2013，pp. 46–61，尤其参考 56 页及之后。

26. Christern，Thiersch 1967；Krautheimer CbCr v，pp. 251–256；Arbeiter 1988，pp. 144–166。

27. Christern，Thiersch 1969，pp. 1–34；Krautheimer CbCr v，251–263；Arbeiter 1988，pp. 144–154。

28. N. M. Nicolai，*Della Basilica di S. Paolo*，Roma 1815，tav. Ii；Krautheimer CbCr v，108. 158；Brandenburg 2005/6，pp. 240，图片 2；Brandenburg 2013，p. 313，图片 9，p. 314，图片 12–14。

29. Brandenburg 2005/6，pp. 237–275。

30. 关于这点同时参考了 Arbeiter 1988，pp. 228–234。

31. *Esplorazioni*，vol. 1，pp. 167 及之后；Arbeiter 1988，pp. 173–181。

32. Egeria（*Aetheria*），*itinerarium* 2，24，1–9。

33. iCur ii 4778；ILCV 1857；iCur ii 4778c；ILCV 1857c；Brandenburg 2005/6，p. 242，注释16。

34. 参见上条。

35. 参见上条，p. 5；P. Liverani，Phrygianum：ltur，Suburbium 2006，p. 252；Krautheimer 1989，pp. 3–22。

36. *LP* i，p. 176；Liverani（2006，p. 242，n. 42），这条有关中殿的圆屋顶。

37. 举例 Eusebio，*V. Const.*，3，34. 36，1. 44，

371

1–4. 45. 47, 4. 50, 2;*Hist. Eccl.* 10, 42 及之后，尤其参考 42–65（basilica di Tiro）；Prudenzio, *Perist.* xii, pp. 1–58；Brandenburg 2004，pp. 59–76.

38. bav, *Barb. Lat.*, pp. 2733 及 之 后，158v–159r. F. R. Moretti in Andaloro 2006b, pp. 87–90.

39. Papa Severino（840），参考 *LP* i, p. 329 原文：*renovavit absidem beati Petri Apostoli ex musivo, quod dirutum erat*（"圣彼得大教堂的后殿和马赛克在损毁后得到了重修"）。

40. Mosaico di S. Pudenziana：Andaloro 2006b, pp. 114–124；Brandenburg 2013, pp. 145–151.

41. Mausoleo di Costanza：S. Piazza Andaloro 2006b, pp. 81–86, 图片 32, 36–39；Brandenburg 2013, pp. 86–87, 图片 50–51. Sarcofago di S. Sebastiano：Bovini, Brandenburg in *Repertorium* i, 1967, n. 200, tav. 47.

42. 参考 F. R. Moretti in Andaloro 2006b, pp. 78–90；Longhi 2006, pp. 35–43；D. Cascianelli in Bisconti, Braconi 2013, pp. 623–646. 关于不同看法参见 Brenk, 2010, pp. 55 及之后。

43. iCur ii, pp. 55；iCur ii, 4094.

44. Ruischaert 1967–1968, pp. 171–190；Brandenburg 2013, pp. 98.

45. Ruischaert 1967–1968, pp. 189.

46. 可参照 F. R. Moretti in Andaloro 2006b, pp. 89。

47. Liverani 2000–2001, pp. 177–193.

48. Eutropio, *Breviarium ab urbe condita*, 10, 1, 1–3 原文：*…hic non modo amabilis sed etiam venerabilis...*（"他充满魅力，也受人尊敬"）。

49. Gnilka 2012, pp. 75–86.

50. Prudenzio, *Contra Symmachum* ii, pp. 249–255.

51. *LP* i, pp. 239–240.

52. 在普鲁登修斯同一首诗的另一段中也可找到类似的一处凯旋拱门题词的出处。

53. Vegio, Cod. Vat. 3750；Grimaldi, Cod. Vat. Barb. 2733, 164v；iCur ii, p. 345, nr. 2；iCur ii 4095.

54. 关于此术语的定义参考 *Thesaurus Linguae Latinae* s. v. *expiare*。

55. Krautheimer 1989, pp. 7–9.

56. Guarducci（1978, pp. 58–66）中则认为这个场景是后殿马赛克的下半部分，但缺乏依据。

57. Frothingham 1883, pp. 68–72.

58. iCur ii, 4092；ILCV 1752.

59. Krautheimer 1989, pp. 7–9；Liverani 2008, pp. 155–172.

60. 关于年代数据参考 P. Liverani in Andaloro, 2006b, p. 90。

61. P. Liverani in Andaloro 2006b, pp. 90–91；Brandenburg 2013, pp. 86–87, 图片 50–51.

62. Prudenzio, *Contra Symmachum* ii, 758–9；WiLPert, Schumacher 1976, pp. 61.

63. 根据 *Thesaurus Linguae Latinae* s. v. 所述，*mundus* 这个术语指的是普遍意义上的 l' *orbis terrarum*（世界），关于后殿及后殿拱门上的马赛克介绍参考 Andaloro 2006a, pp. 24–25，里面有对这部分日期和内容的不同解释。关于凯旋拱的部分参考同上，pp. 24. 关于马赛克和铭文参考 Liverani 2008, pp. 155–172。

64. 这段的拉丁文原文参考 *LP* i, 176；iCur ii, 4093：*Constantinus Aug. et Helena Aug. hanc domum regalem [auro decorant quam] simili fulgore coruscans aula circumdat.*

65. *Domus* 为坟墓之意，以 Tibullo 3,2,22 为例；CIL XIII 2104. 7；Stazio, *Silvae* 5, 1, 237. Iscrizione cristiana iCiur i 1965；ILCV 3546：*domus aeternalis.*

66. Brandenburg 2013, pp. 108–113.

67. *LP* i, 177.

68. Brandenburg 2005/6, pp. 264–265.

69. *Esplorazioni*, vol. 1, pp. 147–160；Arbeiter 1988, pp. 90–141；Krautheimer CbCr v, pp. 246–251；264–267；Brandenburg 2013, pp. 96–106.

70. Maischberger 1997, 参考页码若干；Pensabene 2013, pp. 113–141；Brandenburg 2007/8, pp. 109–189, 着重参考 pp. 176–178。

71. Brandenburg 2007/8, pp. 186–187.

72. 关于柱子的部分均参考 Krautheimer, CbCr v, 232–239；Arbeiter 1988, 114–135. 可参照 Bosman, McKitterick *et alii* 2013, pp. 65–80。

73. L. Bosman（2004）最先推测出这些石柱来源于大理石仓库。

74. Fantozzi 1994, pp. 15；Bosman in McKitterick *et alii* 2013, pp. 65 及之后。

75. J. Delaine, *Le thermae imperiali*, in von Hesberg, Zanker 2009, pp. 250–267；H. Brandenburg, *La basilica di Massenzio*, 出处同上, pp. 110–119；Pensabene 2013, pp. 327。

76. Eusebio, *V. Const.*, 3, 31, 1.

77. Brandenburg 2005/6, pp. 137–275；同上 2009, pp. 143–201；同上 2013, pp. 121–138。

78. Brandenburg 2005/6, pp. 237–275；同上 2009, pp. 143–201。

79. 可 参 照 Geyer 1993, pp. 63–77；E. Morvillez in Kaderka 2013, pp. 55–72。

80. Bowersock 2002, pp. 209–217；Barnes 2011, pp. 85–89。

81. Paolino di Nola, *Epist.* 13, 13 原文：*vel qua（sc. basilica）sub alto sui culminis mediis ampla laquearibus longum patet et apostolico eminus solio（i. e sepulcro）coruscans ingredientium lumina stringit et corda laetificat*（在＜大教堂＞穹顶之下，圣徒的宝座＜即圣墓＞散发着光辉，波动人的心弦）。

82. Alfarano, *Cod. Barb.* 2733, fol. 107.

83. Brandenburg, Pàl 2000, pp. 46–51, tavv. 5–7；Pensabene 2013, p. 76.

84. Guidobaldi, Guiglia Guidobaldi 1983, p. 40.

85. 可参照 Andaloro 2006a, pp. 24–25, 图片 v–vi, 里面关于部分日期和解读有不一样的说法，并附有中殿组画的图解。

86. Brandenburg 2005/6, pp. 237–274；Brandenburg 2009, pp. 143–199。

87. 关于圣保罗与圣彼得组图的修复图示可分别参考如下：Andaloro 2006a, pp. 104–112, pp. 32–34, 图片 v–vi。

88. Paolino di Nola, *Carm.* 27, v. 544. 可参照 Brandenburg 2014, pp. 248–251。

89. Kessler 2002.

90. G. Bordi in Andaloro 2006b, pp. 416–418.

91. iCur ii, pp. 10；iCur ii, 4102.

92. Andaloro 2006a, p. 24；Liverani 2008, pp. 170–172.

93. Paolino di Nola, *Epist.* 13, 11 原 文：…

in amplissimam gloriosi Petri basilicam per illam venerabilem regiam cerulae minus fronte ridentem.

94. Krautheimer CbCr v，262–67；Arbeiter 1988，pp. 186–191；De Blaauw 2004，pp. 463–470；Brandenburg 2003，pp. 55–71.

95. Paolino di Nola，*Epist.* 13. 11 原 文：*amplissima basilica*（宏伟的大教堂）。

96. Paolino di Nola，*Epist.* 13，11.

97. 可 参 照 l' iscrizione in iCur ii，4104；Krautheimer CbCr v，pp. 267 及之后。

98. Paolino di Nola，*Epist.* 13，13；Brandenburg 2003，pp. 55–71.

99. Eusebio，*Hist. Eccl.* 10，4，40；Brandenburg 2003，pp. 55–71.

100. iCur ii，p. 349；iCur ii 4098；Epigrammata Damasiana，pp. 93 及之后，n. 4（Ferrua）.

101. *LP* i，455.

102. *LP* i，262.

103. 可参照 Brandenburg 2003，pp. 55–71；Gnilka 2005，pp. 61–87；Brandt 2013，pp. 81–94.

104. *LP* i，249.

105. *Gesta Liberii* 1391–1392；*Liber Pontificalis*，Duchesne Cxxii；De Blaauw，pp. 489.

106. Prudenzio，*Perist.* xii，31–43，v. 34。也可同时参考 Gnilka 2005，pp. 61–87。

107. *LP* i，261；Brandt in McKitterick 2013，pp. 81–94.

108. *LP* i，261；Biering，von Hesberg 1987，pp. 145–182；Niebaum 2007，pp. 101–161；Rasch 1990，pp. 1–18.

109. *Hist. Aug.，Sev. Alex.* 63，3.

110. Brandenburg 2006，p. 193.

111. Dresken–Weiland 2003，pp. 114–120；Johnson 2009，pp. 167–173；McEvoy in McKitterick *et alii* 2013，pp. 123–136.

112. 为铭文记载：iCur ii 4219. Bartolozzi Casti 2011，pp. 427–455；Dresken–Weiland 2003，pp. 118–121.

113. Bovini，Brandenburg 1976，n. 829，tav. 133 及 n. 678，tav. 107.

114. Eusebio，*V. Const.* 4，60，2–4 原文：«Egli credeva che la commemorazione degli apostoli （ossia il culto presso l' altare del sacrificio，出处同上，3，60，2）avrebbe portato alla salvazione della sua stessa anima».

115. 可参照 *Esplorazioni*，vol. 1，p. 59，图片 38，p. 84，图片 58。

116. Bovini，Brandenburg 1976，n. 674，681；Dresken–Weilamd 2003，pp. 114–117，cat. E 4 tra gli altri；Lanza 2010，pp. 229–274.

117. Bovini，Brandenburg 1976，n. 681.

118. Bovini，Brandenburg 1976，n. 680.

119. Bovini，Brandenburg 1976，n. 35.

120. Brandenburg 2013，p. 104；Aug. Conf. 6，2，1.

121. Paolino di Nola，*Epist.* 13，11–13.

122. Gerolamo，*Epist.* 22，32。可同时参考 Liverani 2013，pp. 21–25。

123. Ammiano Marcellino 27，3，6；Brandenburg 2004，p. 94.

124. 可参照 Liverani 2013，pp. 28–31。

125. Brandenburg 1979，pp. 153.

126. 可参照 Arbeiter 1988，pp. 181–184。

127. Egeria（*Aetheria*），*Itinerarium* 24–25. 43；7–8. 44；3. 46；1. 47；1 等。

128. Gerolamo，*Contra Vigilantium*，8（pl 23，361/2），400 年左右。

129. Brandenburg 1995，pp. 71–98.

130. 出处同上。

131. De Blaauw 1994，pp. 482 及之后。

132. 参考 Krautheimer CbCr v，pp. 276 及之后；de Blaauw，1994，pp. 530–539；Brandenburg 2013，pp. 104–105，306，图片 xi，17.

133 *LP* i，417.

第二章

在这里我要致谢圣彼得大教堂管理机构的代表维里奥·兰扎尼阁下，圣彼得大教堂历史档案馆西蒙娜·图利恰尼（Simona Turriziani）博士和苏泰·圣迪（Assunta Di Sante）博士，以及彼得·桑德（Pietro Zander）博士，他是圣彼得大教堂管理机构技术部门文物和梵蒂冈地下墓穴的负责人。最后要感谢的是乔凡娜·萨波里（Giovanna Sapori）。

1. Rice 1997，pp. 255–260.

2. Tronzo 1997，pp. 161–166；Ballardini 2004，pp. 9–11.

3. Apollonj Ghetti，Ferrua，Josi，Kirschbaum 1951；Krautheimer，Frazer 1980，pp. 171–285；Arbeiter 1988；De Blaauw 1994，pp. 455–492；Brandenburg 2013，pp. 92–103. Dall' archeologia prende avvio anche il racconto di Antonio Pinelli，参见 Pinelli 2000，pp. 9–51；2010 年罗马举办了一次由 British School 发起的关于老圣彼得教堂的国际学术讨论会，会议成果编为 *Old Saint Peter's*，Rome 2013。

4. *Liber Pontificalis*（出版 Duchesne I–II，1886–1892；Vogel III，1957）；Geertman 2004（传记：从教宗西尔韦斯特罗到教宗维理 *biografie da Silvestro a Silverio*），pp. 169–235；以下简称 *LP*；McKitterick 2013，pp. 95–118.

5. Mallii *Descriptio basilicae Vaticanae*（Valentini，Zucchetti 1946）；Vegii *De rebus antiquis memorabilibus basilicae S. Petri Romae*（Janningo 1717）；Alpharani *De Basilicae Vaticanae antiquissima et nova structura*（Cerrati 1914）；Grimaldi，*Descrizione della basilica antica di S. Pietro in Vaticano. Codice Barberini latino 2733*（Niggl 1972）.

6. 关于蒂贝里奥·阿尔法拉诺 Tiberio Alfarano（1596）的生平由 Michele Cerrati 整理，参见 Cerrati 1914，pp. xi–xiv；新版参见 Della Schiava 2007，pp. 258 注释2；Lucherini 2012，pp. 62–63；贾科莫·格里马尔迪生平及全部作品名录由 Reto Niggl 整理，参见 Niggl 1971；新版参见 Heid 2012，pp. 610–611.

7. Thoenes 1992，pp. 51–61. Krautheimer 和 Frazer 认为安东尼奥·达·圣加洛所绘的"隔墙"正视图（佛罗伦萨乌菲齐画廊，编号：g. f. s. g.，ua 121）与考古所证实的实况不符，参见 Krautheimer，Frazer 1980，pp. 225–226，图片 196.

8. bav，*Arch. Cap. S. Pietro A. 64 ter*，这本集子被命名为 *Album di San Pietro* 或者 *Album del Grimaldi*，名称来源于当时这位神职人员为这本集子加的旁注；塔塞利与牧师会签订合同书是在 1606 年 3 月 18 日（asr，Trenta Notai Capitolini，9 号办公室，公证员；Quintilianus Gargarius）.

9. bav, *Arch. Cap. S. Pietro A. 64 ter*, ff. 12；11；17；14；16，18；19。

10. 关于老教堂的大量图纸都发表并评注在 Carpiceci-Krautheimer 1995, pp. 21-128。

11. 1615 年 3 月 23-24 日保罗三世时期的"隔墙"被拆除，参见 bav, *Arch. Cap. S. Pietro G. 13*, f. 183r，在 Niggl 1972 中提过，pp. 153、283。

12. 格里马尔迪将这盏金属灯具与一盏哈德良一世时期的一盏十字架形状吊灯联系在一起，参见 bav, *Barb. lat. 2733*, f. 117v（出版 Niggl 1972）, pp. 153 以及 *LP* 97 c. 46。

13. V. Alfarano in bav, *Barb. lat. 2362*, f. 11r-v。

14. Thoenes 2002（第一版 1994）, pp. 381-416，最新版：Thoenes, Aggujaro 2014, https : //www. youtube. com/watch ? v=qAwuZBRlkCw#t=22，另有展览举办：*Donato Bramante e l'arte della progettazione*《多纳托·伯拉孟特与设计艺术》（维琴察，帕拉弟奥博物馆，2014.11.09-2015.02.08）。

15. 1914 年那块铜片仍收藏在圣彼得典籍档案馆，Alpharani, *De Basilicae Vaticanae*（出版 Cerrati 1914）, p. xv, 注释 1。

16. 现仍收藏在圣彼得大教堂管理机构历史档案库中。关于 1571 的平面图参见 Zander 1988；Silvan 1992, pp. 3-23；Bentivoglio 1997, pp. 247-254。

17. 出处同上，248 页以及 252 页的图片 5。

18. Silvan 1992, pp. 4-5, 注释 5。

19. bav, *Arch. Cap. S. Pietro G. 5*, p. 119（"1571 年蒂贝里奥·阿尔法拉诺为圣彼得大教堂旧址所绘图示之标题"）。

20. Cerrati 1914, p. 161, n. 20。

21. 出处同上，pp. 161-161, n. 21；关于亚历山德罗·法尔内塞（1543-1589）担任总本堂神父的信息参见 Rezza, Stocchi 2008, pp. 220-222。

22. Cerrati 1914, pp. 179-199, n. 39。

23. Bredekamp 2005, pp. 124-136。

24. 受到大教堂君士坦丁时期一篇铭文的影响，阿尔法拉诺在柏瑞蒂家徽下方的条带纹饰上记录下西斯都五世如何"将彼得的圣殿送往天上"：可参照 ILCV 1752 以及 De Santis 2010, p. 193, n. 1。

25. 那些年中，纳塔莱·博尼法乔（1538-1592）为西斯廷工程声名远播起到了不少作用：是他描绘了运送方尖碑的图景（1586）；还与乔瓦尼·格拉为西斯廷礼拜堂创作的湿壁画为模板绘制了 6 幅版画，1589 年完成了 39 幅有关多梅尼科·丰塔纳负责工程的版画，命名为《运输梵蒂冈方尖碑》（*Della trasportazione dell'obelisco*），参见 Borroni 1971, pp. 201-204。

26. Fabio Della Schiava 将蒂贝里奥·阿尔法拉诺的一部集锦（现藏 Biblioteca Civica Ursino Recupero di Catania, Fondo Civico B 20）带进大众视野，里面包含贾科莫·埃尔科拉诺亲笔誊写的万卓作品。Fabio Della Schiava 向我们展示出埃尔科拉诺誊写的这部作品的结尾是附带了 *Vat. lat.* 3750 的经文，是 1543 年抄写员 Ferdinando Ruano 抄给教宗保罗三世的这段经文的复制，参见 Della Schiava 2007, p. 262；269-271。Della Schiava 为我们构建出在当代基督教历史学视角下关于马菲奥·万卓《圣彼得大教堂旧事集》（*De rebus antiquis memorabilibus*）的文献定位，同时他对这部作品进行了全面解读，特别参见 Della Schiava 2011。

27. Della Schiava 2007, pp. 261-262 及 265-269。

28. 阿尔法拉诺为马利奥和万卓的著作编写补充材料是牧师埃尔科拉诺建议的，原文中提到"埃尔科拉诺向我讲了所有那些为了今日我们所看到的这座新教堂的建设而推倒的有纪念意义的古迹"，参见 bav, *Arch. del Cap. di S. Pietro G. 5*, pp. 147。关于手稿和一些片段的描述参见 Cerrati 1914, pp. xxlVIII-l 以及附录 nn. 1-36；可同时参考 Della Schiava 2007, pp. 259-260, 注释 6。

29. Alpharani *De basilicae Vaticanae*（Cerrati 1914）, pp. 3-145.

30. 出处同上，p. 3.

31. 参见 Krautheimer, Frazer 1980, pp. 224-225。

32. bav, *Arch. Cap. S. Pietro G. 5*, pp. 373-389 原文："最主要的那份说明表仍记录在我书中，上面附带有整个圣彼得大教堂其他一些有纪念意义的东西。为朝拜者准备的便于参观圣彼得大教堂的短小介绍，一些教堂中值得注意的东西"；以及在 p. 443 中："这是准备放置在圣彼得大教堂中的以拉丁文书写的原版大图表"。

33. bav, *Arch. Cap. S. Pietro G. 5*, p. 207。

34. 关于圣彼得牧师会的历史参见 Rezza, Stocchi, 2008；关于总本堂神父乔瓦尼·埃万杰利斯塔·帕洛塔（1620-1633），出处同上，pp. 223-224。

35. Cerrati 1914, p. 15 以及 p. 123。约翰·卡普格雷夫（John Capgrave, 在 1447 年后）记得四面有柱廊的院子是"一个由居民住宅围起来的广场……"，参见 Capgrave, *Ye Solace of Pilgrimes*（出版 Giosuè 1995）, p. 79。

36. 从 1548 年起，老的"pergula"（一系列葡萄藤雕花石柱外加它们各自的梁结构）中至少有两根葡萄藤雕花石柱之前是被用在圣西蒙娜与圣朱达祭台的，在格里马尔迪绘制的图示中则可以看到三根，bav, *Barb. lat. 2733*, ff. 113v-114r（出版 Niggl 1972, pp. 148-149）, discussione in Zampa 1997, pp. 167-174；在阿尔法拉诺的平面图（1590）中小圣堂被画在了 n. 44，石柱画在 n. 25；关于圣柱和最近对它的修复工作参见 *La Colonna santa* 2015, 包含 A. Gauvain、O. Bucarelli、M. Falcioni 和 D. D'Errico 的研究论文。

37. Capgrave, *Ye Solace of Pilgrimes*（Giosuè 1995）, p. 100；Muffel, *Descrizione della città di Roma nel 1452*（Wiedmann 1999）, p. 47。

38. Alpharani *De Basilicae Vaticanae*（Cerrati 1914）, p. 22。乔瓦尼·唐迪（Giovanni Dondi）在约 1375 年参观了罗马，他数出 26 节台阶，参见 *Codice Topografico* iv（Valentini, Zucchetti 1953）, p. 69。

39. *LP* 53, c. 7, Krautheimer 和 Frazer 不知是否教皇西玛克命人修建的两座侧边台阶就是阿尔法拉诺在平面图中标出的那些："一边的台阶自北边通向庭院前的平台，另一边从这里继续攀升，朝向北边的山丘"，参见 Krautheimer, Frazer 1980, p. 285。

40. *LP* 97, c. 57。

41. 关于这个神职受任的宗教仪式 "ordinatio" 介绍参见 De Blaauw 1994, pp. 608-611；725-732；Paravicini Bagliani 2013, pp. 88-100。

42. Krautheimer, Frazer 1980, p. 225。

43. bav，*Arch. Cap. S. Pietro G. 5*，p. 147。唯一一个与阿尔法拉诺所记述内容的日期相吻合的是教皇约翰十五世（985-996 年在位）掌权时期在圣母阶梯礼拜堂中出现的壁画，参见 *LP* ii 260（插入的文字部分）。

44. bav，*Barb. lat. 2733*，f. 154v（Niggl 1972, p. 190，图片 79）。

45. 可参照 Picard 1971，pp. 171-172。有必要说明一下区别，圣彼得大教堂庭院入口处的建筑整体上看很像四殉道堂的"门塔"（porta-torre），另外其突出的顶部也让人想起著名的洛尔施修道院，可参照 D' Onofrio 1976，pp. 128-138 以及 Jacobsen 1985，pp. 9-75（年代为加洛林王朝末期）。

46. *LP* 94 c. 47.

47. 这个拆除的时间是格里马尔迪记载下来的。在钟楼的废墟中人们找到了罗马帝国及中世纪时期的钱币（7 及 19 世纪），参见 bav，*Barb. lat. 2733*，f. 269v，（出版 Niggl 1972，p. 308）；关于地点名称 inter Turres/in Turribus/inter nolaria 以及圣彼得大教堂钟楼的修建过程，参见 De Blaauw 1994，p. 526 及 pp. 641-642。

48. bav，*Barb. lat. 2733*，ff. 152v-155r 及 157v。格里马尔迪曾为图里圣玛利亚教堂的正面画了无数幅手稿。阿尔法拉诺也描述过它的马赛克装饰和入口大门，"在楼梯的尽头是圣彼得大教堂前的门廊的三扇门，这个门廊被称为塔中圣母教堂（就是一座钟楼），三扇门都损毁了，它们曾经都是金属的，后来尼古拉命人用木材和大理石重建，并在门的上方写上了 Nicolavs 字样，p. v mCCCCxlix。也是在这一侧的大门上方，有极其精美的马赛克，但是年代久远，大部都已损坏了，马赛克的中间是救世主，两侧为站立着的圣彼得与圣保罗，马赛克上写着 xpe tibi sit honor et decor"，参见 bav，*Arch. Cap. S. Pietro G. 5*，p. 147；同时参见阿尔法拉诺，*De Basilicae Vaticanae*（出版 Cerrati 1914），pp. 127-128 及 p. 151。

49. *LP* 97 c. 96.

50. 1167 年在一次巴巴罗萨人的进攻中铜制大门损坏了，英诺森三世下令让维泰博省负责修复。参见 *LP* ii, 416 及 *Gesta di Innocenzo III*（出版 Barone，Paravicini Bagliani 2011），p.

265. 关于那些极有可能是镶嵌技术制作的铭文，参见 Mallii *Descriptio Basilicae Vaticanae*，出自 *Codice topografico* III（出版 Valentini-Zucchetti 1946）p. 433 及 Alpharani *De basilicae Vaticanae* 中的评论（Cerrati 1914），p. 19，注释 1。

51. bav，*Barb. lat. 2733*，f. 155r（Niggl 1972，p. 191，注释 2）。

52. 格里马尔迪对于马赛克图案的描述与阿尔法拉诺的最为相近，可参照本书注释 48。

53. *LP* 95 c. 6（插入的文字部分）。

54. *LP* 94，c. 47，斯蒂芬二世也命人装饰过喷泉池（参见下文）。

55. *LP* 95 c. 6（插入的文字部分）；传记作者的视角似乎是在庭院内部：*in atrium...ante turrem sancte Mariae ad Grada, quod vocatur Paradiso, oraculum ante Salvatorem, in honore sanctae Dei Genitricis Mariae miro opere et decoravit magnifice.*

56. Picard 1974，pp. 875-876；Picard 提出了批判性研究思路，他将阿尔法拉诺绘制的平面图、巴尔达萨雷·佩鲁齐的一幅图稿（佛罗伦萨乌菲齐画廊，编号 g. f. s. g.，ua 11r）、塔塞利和格里马尔迪的水彩画进行了对比研究。

57. ILCV 1755；ICVR ii，4104；参见 De Santis 2010，p. 171 及 p. 195，n. 10。

58. ILCV 1756；ICVR ii，4105；仍旧是在庭院中，但这次在北侧，我们可以找到约翰一世（523-526）留下的铭文，他延续了这项装饰工程，参见 ILCV 1757；ICVR ii，4116 和 De Santis 2010，p. 110 及 p. 198，n. 22。

59. *LP* 53 c. 7.

60. a. v. *compages, is* in THLL，III，coll. 1997-1999.

61. Picard 1974，p. 858.

62. 关于教皇西玛克的工程委任参见 Cecchelli 2000，pp. 111-128 及 Janssens 2000，pp. 265-275。关于教皇宫的演变参见 Monciatti 2005，pp. 91-96。

63. *LP* 80，c. 1.

64. *LP* 97，c. 57.

65. bav，*Barb. lat. 2733*，f. 149v（Niggl. 1972，p. 185），据格里马尔迪所述，石头层是君士坦

丁大帝时期所造。关于地板，庭院和前廊之间的台阶和喷泉的安装信息参见 Krautheimer，Frazer1980，pp. 276-277；关于格里马尔迪观察到的地板类型参见 Guidobaldi Guiglia 1983，pp. 199-201，作者在里面提出了猜测，认为石头层可能来于教皇西玛克或辛普利西奥时期。

66. Paulinus Nolanus Epist. XIII（Hartell 1894，p. 94）；Liverani 1986，pp. 51-63。

67. *LP* 94，c. 52；关于西蒙·德尔·波拉尤奥洛（人称"克罗纳卡"，1457-1508）的画作参见 Hülsen 1904，tav. V. 1，关于弗朗西斯科·德·奥兰达（1517-1585）的画作参见 Tormo 1940，f. 26v；对两人都有评述的可以参见 Finch 1991，pp. 16-26。

68. 格里马尔迪记得两个雕刻有胸像的石柱中其中一个石柱上的胸像是从别的地方移过来的，参见 bav，*Barb. lat. 2733*，f. 151r（Niggl 1972，p. 187），参见 Bergmann，Liverani 2000，pp. 563-564。

69. 这些装饰物的材质都是裸露的铜，参见 Angelucci，Liverani 1994，pp. 5-38。

70. 阿尔法拉诺写道，在 1574 年用于汇聚水流的池子被拆除了，带有狮身鹰头鹰翼怪兽的薄板被重新利用，反着铺成了大教堂的地板。原文：*grifones e vetustate collabentes sublati positi sunt in pavimento navis porte Iudicii anno 1574 versa facie in terra ante crucifixum*，参见 bav，*Arch. Cap. di S. Pietro G. 5*，p. 149，通过 1574 年之后完成的描绘庭院的图纸，我们可以确定薄板的确被移走了，可以参考多西奥的版画和图纸以及塔塞利的水彩画。

71. 1982 年进行额修复工作证实，松果鳞片上的出水口不是在熔铸的时候设计的，而是后来钻出的。这是古代（公元前 1、2 世纪末期）大型铜制器具的典范作品，松果雕塑环形底座的表面刻有铭文：*P（ublius）. Cincius. P（ublii）L（inertus）Salvivs fecit.* 格里马尔迪是第一个指出这些铭文的人 bav，*Barb. lat. 2733*，f. 151v（Niggl 1974，p. 187）；参见 Liverani 1986，pp. 51-63；Di Stefano Manzella 1986，pp. 65-78。

72. Capgrave，*Ye Solace of Pilgrimes*（Giosuè

1995），p. 79。

73. *Liber Pontificalis* 在展示出萨巴蒂诺水渠的修复过程时，提到它取用了哈德良一世时重新组装的古老铅管，参见 *LP* 97 c. 59；*Graphia Aureae Urbis*（13 世纪）中提到了一段铅管，参见 *Codice Topografico* III（Valentini, Zucchetti 1946），p. 86。

74. 参见 Coates-Stephens 2003, pp. 135-137（有对 *LP* 的评论 97 c. 59 及 c. 81）。

75. 也是在相同位置，1606 年 4 月 3 日贾科莫·格里马尔迪起草了描绘大教堂正面马赛克的图纸，"在那房间……总本堂神父……在庭院中面对着大教堂的马赛克"，原文：*in camera...archipresbyteri...in atrio dictae basilicae ac in opposito dicti operis musivi*, bav, *Barb. lat. 2733*, f. 173r（Niggl 1972, p. 210）。

76. 那座十字架于 1606 年 2 月 16 日拆除，如今嵌在梵蒂冈地下墓室的墙上；格里马尔迪描绘此十字架如下文："*crux octangularis...antiquissimo graeco more...cum tribus pallis sive pomis*,"（八角形十字架……古希腊回纹……上有数枚球形装饰）参见 bav, *Barb. lat. 2733*, f. 101r（Niggl 1972, p. 134）。

77. 可参照 Krautheimer, Frazer 1980, p. 255。画作记录地非常细致，可以看到在柱顶横檐梁排水管的下方，桁架双端头的接合以及正面的凹弧饰，画作由 Carpiceci, Krautheimer 1995 出版，p. 55，可惜目前很难找到。

78. 我认为尼古拉五世时期对窗户的修复工作只局限于应用圆形玻璃，即"瓶底形"玻璃，参见 Müntz 1878（出版 1983），pp. 112-114；古时候大教堂的窗户就是玻璃制的了，参见 *LP* 86 c. 11；*LP* 98 c. 34 及 c. 82（色尔爵一世与利奥三世的修复工程）。

79. 关于格里高利九世（原名塞尼的乌戈利诺，Ugo dei Conti di Segni, 1199-1206 年在位）担任总本堂神父的信息参见 Rezza, Stocchi 2008, pp. 173-174。

80. 关于 5 世纪马赛克的信息参见 Bordi 2006, pp. 416-418；关于格里高利九世马赛克的信息最新可参见 Romano 2012, pp. 16-17 及 Queijo 2012, pp. 113-116。圣彼得大教堂正面的马赛

克保存下来三个片段：教宗的头部（罗马博物馆藏）；福音书作者路加的头部（梵蒂冈画廊藏）；圣母的头部（莫斯科，普希金博物馆藏）；格里高利九世的肖像是"为装饰圣彼得大教堂正面增添上去的"，参见 Gandolfo 1989, pp. 131-134；同上 2004, pp. 38-40；关于圣路加头部的信息参见 Ghidoli 1989, pp. 135-138；关于圣母头部的部分参见 Andaloro 1989, pp. 139-140。

81. 曾经奥托二世的墓装饰有一幅马赛克，上面是位于彼得与保罗之间的耶稣（如今它被收藏在梵蒂冈地下墓室）（平面图 E n. 9），并且在庭院入口建筑物的柱廊下方有组图，根据阿尔法拉诺的说法，画作表现了耶稣，彼得和保罗的故事。参见注释 43。

82. Tomei 1989, pp. 141-146；最新可参见 Pogliani 2006, p. 24 及 p. 26（可以看到大教堂西立面的 3D 效果及画作的位置）以及 Quadri 2012, pp. 316-320。这幅组图中有至少 16 幅情景很有名，如今收藏在圣彼得大教堂文物管理机构的仅有组图中"两位圣徒在君士坦丁面前显圣"（*Apparizione dei due Apostoli a Costantino*）里面的彼得和保罗的头部。

83. 自 7 世纪开始，庭院加四周柱廊的建筑结构就被称作 *Paradisus*，参见 Picard 1971, pp. 159-186；De Blaauw 认为，早期基督教堂的庭院就像是为了分隔外部世界与圣地而设置的，有着很强的象征意义，因此圣彼得大教堂的庭院可以看做是"第一代公共基督教教堂建筑工程中工程委托人和建筑师共同的一个最为革新的创造"，参见 De Blaauw 2011, pp. 38-43。

84. Köhren-Jansen 1993；Schwarz 1995, pp. 129-165；Leuker 2001, pp. 101-108。《小船》马赛克的年代一直众说纷纭，也使得乔托在罗马的经历有了不确定性。今年来，Kessler 重新整理了这个疑问，他认为 Serena Romano 的见解是比较有说服力的，他认为庭院马赛克的历史要追溯到 14 世纪第一个十年末期，参见 Kessler 2009, pp. 85-99 及 Romano 2008, pp. 139-140。

85. 关于题词的这个翻译版本参见 Kessler 2009, p. 146。关于格里马尔迪描述的《小船》及斯特凡诺斯基参见 bav, *Barb. lat. 2733*, ff.

154v-156r（Niggl 1972, pp. 181-184, 图片 75）。《小船》如今只保留下来两个片段，上有天使们的胸像，人们认为这些片段原本位于题词的旁边。第一个天使的片段如今收藏在梵蒂冈地下墓穴，第二个收藏在位于博维莱埃尔尼卡（弗罗西诺内省）的伊斯帕诺圣彼得教堂（chiesa di S. Pietro Ispano），Tomei 1989, pp. 153-161；最新可参考 *Frammenti di Memoria* 2009，由 Andaloro、Sansone-Maddalo、Pogliani 与 Zander 整理编写；有关 17 世纪对新大教堂柱廊马赛克的翻新工作参见 Zander 2011, pp. 247-251。

86. 学界研究时，已经习惯于"大理石制圣彼得像"这种为使徒雕塑的命名法，以区分于"铜制圣彼得像"。后者中世纪时放置在圣马尔蒂诺修道院的礼拜堂，它位于老教堂后殿的西南方向（平面图 M）。在艺术史上关于"大理石制圣彼得像"的争论由来已久，夹杂着无数的误解，关于这方面参见 Caglioti 1997, 注释 54，可另外参考 D'Achille, Pomarici 2006 中的文献目录，p. 346。

87. Romanini 1989, pp. 57-89 及 Ead. 1990, pp. 47-50；如今这尊雕像的手部姿态是 18 世纪修复之后的修补工作的结果，但是这座使徒雕像原本的形态有两方面佐证，一是阿尔法拉诺，参见 Alpharani *De basilicae Vaticanae*（出版 Cerrati 1914），p. 195, n. 131，另一方面是格里马尔迪，参见 bav, *Barb. lat. 2733*, f. 144v（出版 Niggl 1972, p. 180）。

88. 另外格里马尔迪记得，在小柱廊被拆除后，那两个红色石柱被重新应用到了位于曾经的君士坦丁温泉所在地，奎里纳尔山的 Bentivoli 红衣主教府邸的门廊中，参见 bav, *Vat. lat. 6437*, f. 101r（cit. Niggl 1972, p. 180, 注释 2）。在阿尔法拉诺对小柱廊的描绘中，我们了解到前侧的石柱是斑岩材质，雕刻出的正门是帕洛斯大理石的，参见 Alpharani *De Basilicae Vaticanae*（出版 Cerrati 1914），p. 116。

89. 阿尔法拉诺的原话："*valvae aeneae antiquissimae*"（古老至极的古铜门扇），出处同上，p. 116 及 p. 18 及注释 1。格里马尔迪提到 1588 年 7 月 15 日西斯都五世下令将庭院的铜门扇拆下，熔铸成为安东尼诺石柱上的圣保罗

雕像，参见 bav，*Barb. lat. 2733*，f. 144*v*–145*r*（出版 Niggl 1972，p. 180，图片 73）。

90. 这一说法参考了格里马尔迪所绘图纸展现出的大致位置，且教堂前廊石柱的高度我们是知道的，由此可以推测出雕像位置大约距离地面 5 米。

91. 我对这个测定的年代不发表自己的看法，因为我没有检视过这些使徒雕像造型支架，他们已被重新应用到教皇宫内一座教宗宝座上；关于这对支架的信息可参考 Cagiano de Azevedo 1968，pp. 52–59，作者认为它们出自阿尔法拉诺的拥护者之手，即 13 世纪末期，另可参考 Caglioti 2000，p. 880，他认为支架的年代不会晚于 13 世纪。

92. 对于"圣彼得雕塑是委托阿尔法拉诺完成并且本意并不是安置在这个 16 世纪我们所看到的这么合适的位置"这种说法，Francesco Caglioti 认为完全没有道理，参见 Caglioti 2000，p. 881；同上 1997，pp. 37–70。

93. 从中世纪前半期开始，前廊的斑岩圆盘装饰就代表着帝王加冕仪式的起点，参考 Andrieu 1954，pp. 198–199；De Blaauw 1994，pp. 612–616。彼得罗·马利奥曾记述过一项古老的传统，由此认为"尊敬的比德"也许就埋葬在前廊的圆盘装饰下，参见 *Codice topografico* III 中的 Mallii *Descriptio basilicae*（Valentini, Zucchetti 1946），p. 419。

94. 只有在最北边的侧殿旁边开了第六条通道：也就是禧年金门（平面图 F n. 20）。

95. 圣彼得大教堂各个门的名称我们早在彼得罗·马利奥的记述中（约 1160 年）就能找到，除此之外万库、阿尔法拉诺和格里马尔迪的记载中也印证了。

96. Picard 1969，pp. 725–782；最新可参考 McKitterick 2013，pp. 105–114。

97. 利奥一世和格里高利一世墓都非常受人敬仰；尤其是后者，826 年时围绕它还发生了一件轰动的偷窃圣物事件，参见 Geary 2000，p. 160。

98. 是教皇君士坦丁一世下令在圣彼得的门廊处增添描绘世界圣工会议的图像，这是在反击皇帝菲利皮科斯在君士坦丁堡摧毁圣像的亵渎行为。参见 *LP* 90 c. 8；教皇本笃三世的传记

中记载了最近一次宗教会议的参加成员，在大教堂大门的最高位置，还陈列着一幅木板画，上绘有耶稣基督与圣母，参见 *LP* 106 c. 12。关于在圣彼得大教堂门厅中展示公开法案的信息参见 Liverani 2013，pp. 32–33。关于大致在尼古拉三世时期，对前廊墙壁的装饰工程的历史最新可参考 Quadri 2012，p. 318，阿尔法拉诺记载了组图的位置（"在大门之上"）以及在格里高利十三世组织的修复工作中（1574）对它的拆除。这位教职人员还另外提到了古时装饰门厅墙壁的辉煌的大理石覆盖层："在格里高利十三世在位的 1574 年……他保留了之前格里高利一世时期的大理石石板；因为年代久远，漂亮的斑岩和大理石破碎掉在了地上，整个正面和门廊的情况都是如此；文物亟待整修，对于建筑师来说就像是营救笼子，也要把笼中的鹦鹉一同救起一样，这样才能让后世也欣赏到如此美丽的艺术品。大门与大门之间的众教皇墓也覆盖着这种装饰：这块来自努米底亚的石头属于哈德良一世的墓，其上有他的名号，这次它被移动到了银门和拉韦纳门之间，保护着它承载的哈德良一世与查理大帝的永恒记忆"，参见 bav，*Arch. del Cap. di S. Pietro G. 5*，p. 152。

99. *LP* 97 cc. 37–38。

100. *LP* 104 cc. 9–11。

101. 色尔爵一世的传记称之为 "*regiae argenteae*"，参见 *LP* 86 c. 11。

102. *LP* 72 c. 2。

103. 关于菲拉里特所述埃涅阿斯门的最初安装位置相关的最新出版著作可参考 Glass 2013，pp. 348–370。

104. 关于银门上霍诺留一世的铭文信息参考 *ICVR-NS* ii，nn. 4119–4120；在 silloge Cantabrigense 中记载了门上的长篇颂歌，和颂歌一起记录下来的还有一个标题 "*in lammina argentea regiae sancti Petri...*"；关于 silloge Cantabrigense 中誊写的 8 世纪手抄本的信息参见 Silvagni 1943，pp. 49–112，尤其参考 pp. 62–64。

105. 为了报复教皇的所作所为，在教皇去世之时，拜占廷人对拉特兰教宗府来了一次真真正正的洗劫。参见 *LP* 73 c. 1 及 Delogu 1988，

pp. 273–293，尤其参考 p. 280。

106. *LP* 105 c. 84；用于修复的幸存下来的金属重量实际上只有 70 磅。

107. *LP* 105 c. 84–85 及 De Blaauw 1994，p. 525。

108. V. Liverani 2003，pp. 17–19。

109. *LP* 34 c. 10。

110. 希腊文 ττττμμτ 意为"磨损坏掉的东西"，古时候人们为了将金子加工成薄片都会用锤子，即 malleus 趁热敲打，这就是柔韧性（malleabilità）一词的来源，用它来说明贵重金属的突出特性，参见 Pacini 2004，pp. 59–73。对于 *Liber Pontificalis* 中多次出现的 camera 一词，学界一直有众多讨论。Paolo Liverani 深入研究了这个问题，认为在书中的 camera 指的并不是后殿，而只是教堂的天花板，参见 Liverani 2003，pp. 13–27。

111. *LP* 97 c. 74。

112. 教皇霍诺留一世是第一位发起这项保护性介入工程的教皇，他在圣彼得大教堂里建起了（levatae）16 根大梁，参见 *LP* 72 c. 2。

113. *LP* 97 c. 64；参见 De Blaauw，pp. 521–522；有关哈德良写给查理大帝的信函参见 *Codex Carolinus*（出版 Gundlach 1892），mgh，*Epistulae*，III，n. 65；参见 Pani Ermini 1992，pp. 485–530，尤其参见 485–507。

114. *LP* 106 c. 29。

115. Anonimo romano，*Cronica*（出版 Porta 1981），pp. 22–23；根据贾科莫·格里马尔迪保存在梵蒂冈地下墓穴的一篇同时代碑文所述，本笃十二世的修复工程于 1341 年完成，但没有对花格平顶天花板进行修复；损毁的桁架换成了从翁布里亚和西西里岛运来的大梁，工程资金来自于大教堂主祭坛的教徒捐款，参见 bav，*Barb. lat. 2733*，ff. 12*r-v* 及 102*v*（出版 Niggl 1972），p. 49 及 137；参见 Cerrati 1915，pp. 81–117 及 De Blaauw 1994，p. 634。

116. *LP* 72 c. 2；格里马尔迪还记录下了一片来自马可·奥勒留时代的陶土瓦片上的铭文"1607 年在老梵蒂冈大教堂挖出"，参见 bav，*Barb. lat. 2733*，f. 280*v*（Niggl 1972，p. 324，图片 184），v. *CIL* 15. 1. 424。

117. bav，*Barb. lat. 2733*，f. 101*v*（出版 Niggl

1972，p. 135），参见 *CIL* 15. 1. 1665a，1669。关于国王狄奥多西对罗马各教堂的照拂最新可参考 Westall 2014，pp. 119–137，尤其参考 pp. 119–122。

118. 格里马尔迪原文："*...vermiculato opere phrigiato ex albis porphyretis serpentinisque lapillis*"，参见 bav，*Barb. lat.* 2733，f. 107*r*（Niggl 172，p. 141），参见 Glass 1980，pp. 121–122；关于上世纪发掘出来的君士坦丁时期地板的描述参见 Apollonj Ghetti, Ferrua, Josi, Kirschbaum 1951，pp. 150 及 167。

119. Bauer 1999，pp. 385–446，Emerick 2005，pp. 50–57。

120. Andrieu 1954，pp. 189–218。

121. Panvinii *De rebus antiquis memorabilibus* in *Spicilegium Romanum* ix（Mai 1843）p. 370；参见 bav，*Barb. lat.* 2733，f. 107*r*（出版 Niggl 172，pp. 141）。除了一块石头的颜色之外，潘维尼奥与格里马尔迪的报告内容都是相符且互相补充的。在新教堂中，那块巨大的斑岩圆盘曾长久地掩埋在地板之下，直到 1649 年人们将它修复，裁齐边缘，放置在新的中殿前部，就像 Andrieu 所写的："*...parlera toujour à l'imagination des visitateurs de Saint-Pierre*"（它每天对着前来的游客诉说，活在他们的想象中），参见 Andrieu 1954，p. 218。

122. 因为新教堂的修建，古老的地板经受了各种各样的摧残，参见 Lanzani 2010，p. 15；在一封 1605 年草拟似的呈给保罗五世的信中，牧师们请求在老教堂的最后一点残存被推倒之前，教皇能保护一下古老的地板，"通过什么办法用木材"把它覆盖住，这地板"如此忠诚，如此知名……一块块的斑岩讲述着殉道者、神父，还有贞女们的无数的故事"，参见 Richardson, Story 2013，pp. 404–415，尤其参考 p. 413。

123. 怀着愤恨，格里马尔迪回忆着记述贾科莫·德拉·波尔塔是如何被人催促着，把那里的几个圆盘整个掀起，建筑坍塌后，这些石头被砸成碎块，人们也完全不在乎，参见 bav，*Barb. lat.* 2733，f. 107*r*（Niggl 172，p. 141）。

124. Guidobaldi, Guiglia 1983，p. 40。

125. Schreiner 1979，pp. 401–410 及

Guidobaldi, Guiglia 1983，p. 55，注释 93。

126. Iacobini 1997，p. 91。

127. *LP* ii，p. 395，关于这次介入内容不是很清楚，参见 De Blaauw 1994，pp. 632–633。

128. 关于柏拉奇二世在圣墓的宗教仪式中扮演的作用特别参见 Lanzani 1999，pp. 22–25，其中有对 Mallii *Descriptio Basilicae Vaticanae* 的评论，后者在 *Codice Topografico* III 中（Valentini, Zucchetti 1946），p. 403 以及对柏拉奇相关铭文的评论，后者出版在 *ICVR-NS* ii，nn. 4117 及 4118。关于这位教皇发起工程的时间线，始于 588 年，604 年结束，可另外参见 De Blaauw 1994，pp. 480–481 及 533–534（出处：Gregorii Turonesis *De Gloria Martyrum* 出版 Arndt, Krusch 1884，pp. 503–504 及 *LP* 66 c. 4）；学者 De Blaauw 观察到 *Liber Pontificalis* 中 altare（本意为祭台）这个专有名词是用来指代圣彼得大教堂的，而它最初作此用途是出现在格里高利一世的传记中，以后才不时出现。参见 De Blaauw 1994，pp. 480–481 及 533–534。

129. 参见 Apollonj Ghetti, Ferrua, Josi, Kirschbaum1951，pp. 173–193；Marcos Pous 1957，pp. 147–165；以及 De Blaauw 1994，pp. 531–548（记载了直到 9 世纪为止的装饰工程的进度情况）。

130. 格里高利一世的圣体盘一开始被修复了，后来被利奥三世换成了一个更辉煌的。参见 De Blaauw 1994，pp. 543–544。

131. 关于放在这个位置的尊座的最早信息追溯到色尔爵一世，这位教皇以一座华盖装点他的位置，华盖包裹着 120 磅的银，证明它曾很受重视。参见 *LP* 86 c. 11。

132. 只考虑罗马地区，我们可以想到圣庞加爵圣殿（霍诺留一世）以及圣基所恭圣殿（格里高利三世）；关于这个话题最新可参考 Trinci Cecchelli 2007，pp. 105–120。

133. 关于专有词汇 *pergula* 及其它在 *Liber Pontificalis* 中出现的艺术历史词汇解析参见 Ballardini in c. di st。

134. 可参照 Walde 1906 p. 461，引用来源 de Blaauw 1994 p. 554，注释 220；这个词汇的凉廊含义来源于普林尼的一个作品片段，里面的

主人公是位名叫 Apelle 的画家。参见 C. Plinii Secundi *Nat. Hist.*, 35，84。

135. 参见 Battaglia 1986，XIII，p. 22 中的词条"pergola"与"pergolato"；关于古时对此术语的植物学用法，可以追溯出一系列葡萄品种"uva pergolese"，参见网址 http://ducange. enc. sorbonne. fr/PERGULA3；可参照 Targioni Tozzetti 1809，ii，p. 105。

136. *LP* 92 c. 7。

137. *LP* 34 c. 16；在格里高利三世的传记中，葡萄藤雕花石柱被称为"*onychinae volutiles*"，参见 *LP* 92 c. 5，关于 onychinae 的评定参见 Liverani 2011，pp. 669–704；石柱的主干是螺旋的，表现出了当时工匠们的精湛技艺，这种形态本身就很有特色。参见 Nobiloni 1997，pp. 81–142，尤其参考 pp. 126–127，图片 71 及 72。

138. 事实上没有任何格里高利时期的文献提到过六根柱子上的过梁，但是色尔爵一世的传记提到之前在"忏悔门前存在一根梁"（*trabes ad ingressum confessionis*），参见 *LP* 86 c. 11，可参照 de Blaauw 1994，pp. 553–555；关于最早的君士坦丁时期的布置参见，出处同上，pp. 475–477。

139. *LP* 92 c. 5。

140. Nobiloni 1997；Ward Perkins 1952，pp. 21–33，以及最新可参考 Kinney 2005，pp. 16–47，尤其参考 pp. 23–24 及 pp. 30–31；关于这段故事参见 Tuzi 2002。

141. 人们观察到在特殊历史文化范围内（比如 16 世纪的俄国东正教教堂），"iconostasi"（即圣像屏）这个术语指的是有分隔作用的祭坛屏障，参见 Walter 1971，pp. 251–267。

142. 菲拉里特在他关于约翰七世礼拜堂的著作中描绘了一对葡萄藤雕花石柱，阿维利诺（Averlino）人称"菲拉里特"，*Trattato di Architettura*，出版 Finoli, Grassi 1972，p. 219。关于这对从 8 世纪初就在约翰七世礼拜堂中的雕花石柱参见 Ballardini 2010，pp. 99–100。

143. *LP* 98 c. 34。

144. Lanzani 1999，pp. 26–27。

145. 在这一维度 *pergula* 的结构体现出拜占廷风格的影响，参见 De Blaauw 1994，pp. 554–555 及 p. 617。

146. Boesch Gajano 2004，pp. 44–48.

147. 关于 6 世纪圣索菲亚大教堂包裹了银的 *templon* 梁上雕刻的 *imagines clipeatae*（意为圆盾上的肖像）参见 Xydis 1947，pp. 1–24，尤其参考 p. 9 以及 Fobelli 2005，pp. 181–183 中的详细描述。

148. 保罗·西伦齐亚里曾这样比喻圣索菲亚大教堂圣坛围栏上悬挂的灯盏："是闪耀的花序……我们都能把它们称之为树了……"，参见 Paolo Silenziario, *Descrizione della Santa Sofia*，871–883 卷（Fobelli 2005, p. 89 及 163，图片 28 及 38）。

149. *LP* 92 c. 5；关于 *Liber Pontificalis* 中使用的 *presbyterium* 一词的不同语义参见 Ballardini in c. di st。

150. 视角不同，比如在 *LP* 105 c. 88 中所述：*crocifixum…qui in laeva introitus parte inter columnas magnas positus*（sic!）。

151. "1492–1499 年间石柱仍处在它们原来的位置上，因为 Arnoldo di Harff……提到它们是如何形成一个统一的整体的"，参见 Apollonj Ghetti, Ferrua, Josi, Kirschbaum 1951, pp. 185–186，及图片 141。

152. 第一排与第二排葡萄藤雕花石柱间的距离估计为 3 米左右，参见 De Blaauw 1994, p. 553。考虑到耳堂的深度，墩座墙和 *presbyterium* 之间的距离大概有 6.6 米左右。

153. 在现代基督教教堂中，"presbiterio" 区域会包括祭台附近的主祭牧师区以及讲道台和一些 "*subsellia*"（座位）；然而在 *Liber Pontificalis* 中 presbiterio 这个术语从来不是现如今的这个含义。

154. 圣彼得大教堂的读经台第一次被提及是在柏拉奇一世（556–561）的传记中，参见 *LP* 62 c. 2；有一篇铭文将一座很有可能是大理石制的读经台归于柏拉奇二世时期，参见 *ICVR-NS* ii, n. 4118 及 De Blaauw 1994, pp. 484–485。

155. 除了一位教士，祭礼还由大教堂附近的四座修道院轮流负责，参见 de Blaauw 1994, pp. 596–598；Bauer 2004 pp. 54–56。

156. Eugenio Russo 对圣彼得大教堂中属于基督教早期及中世纪前半期的大理石进行了深入研究，这位学者将这些大理石分为两个主要时间

阶段，根据他的看法，一段属于格里高利一世，一段属于格里高利三世。参见 Russo 1985, pp. 3–33；同上 2000, pp. 92–199，尤其参考 195–197 及 p. 645 n. 349。对于那些被归为格里高利一世时期的大理石，Claudia Barsanti 与 Alessandra Guiglia Guidobaldi 发表了他们不同的看法，参见 Barsanti, Guiglia Guidobaldi 1992, pp. 130–132 及 Guiglia Guidobaldi 2002, pp. 1512–1524。没有人对老教堂内的大理石进行过系统的分类统计，也缺少目录表来说明它们的实际产地及碎片发掘地点；大多数情况下信息难以重构。圣彼得管理机构档案馆中的一系列资料事实上显示在 16、17 世纪间，围绕着大教堂有活跃的大理石贸易发生，不论是输送给大教堂还是从大教堂运向别的地方。最新可参考 Ballardini 2008, pp. 229–236 以及 *Ead.* 2010, pp. 141–148。

157. Krautheimer, Frazer 1980, pp. 204–205, 图片 174；De Blaauw 1994 pp. 548–551 及图片 23（格里高利时期墩座墙的发掘平面图，包含对墙体 m–n 的标识）。

158. *LP* 98 c. 28；利奥三世时期的这些围栏如今收藏梵蒂冈地下墓穴，参见 Ballardini 2008, pp. 235–237；关于圣墓"从君士坦丁到文艺复兴时期"的装饰工程最新可参见 Lanzani 1999, pp. 11–41。

159. 中世纪的那块圣台围起来的区域是庇护二世下令拆除的；这位教皇也将遍布大教堂地面的无数坟墓稍稍排布整齐，De Blaauw 1994 p. 579 及 p. 659（附带出处）；实际上 bav, *Arch. di S. Pietro G.* 5 中阿尔法拉诺誊写下来的那些墓志铭年代几乎都晚于 15 世纪。

160. 祭台于 1123 年 3 月 25 日这个星期日，同时也是天使报喜节再次祝圣，Mallii *Descriptio Basilicae Vaticanae in Codice Topografico* III（出版 Valentini, Zucchetti 1946），p. 435；在克雷芒八世发起的对祭台的最后一次重建前，贾科莫·格里马尔迪记述到他注意到了这座中世纪祭台前侧的来自教皇卡利克斯特二世的铭文，参见 bav, *Barb. lat. 2733*, f. 166r（出版 Niggl 1972, p. 205），参见 Lanzani 1999, pp. 31–32（提到了 1130 年阿纳克莱托二世与英诺森二世爆发冲突时对祭台的掠夺）；关于直到近代的

圣彼得祭台相关情况参见 De Blaauw 2008, pp. 227–241。

161. 圣体盘似乎仍是利奥四世时期的那个；霍诺留三世后来进行了更换，这位教皇为天盖包裹上了银（*LP* ii, p. 453）；老使徒祭台的最后一个圣体盘是保罗二世和西斯都四世时期雕刻出的那件，参见 Silvan 1984, pp. 87–98, Gallo 2000, pp. 342–351 及 Roser 2005, pp. 103–118。如今我们可以在锡耶纳的皮科罗米尼家族图书馆的壁画（平托瑞丘 Pinturicchio 作，1507）中看到描绘出的那座矗立在四根石柱间的祭台；除此之外还有君士坦丁厅中的壁画（拉斐尔学院，1520–1524）及塞巴斯蒂安·韦罗（Sebastian Werro）的草图（1581）；贾科莫·格里马尔迪则给出了不一样的描述（1619），他认为四根石柱矗立在祭台上方。参见 bav, *Barb. lat. 2733*, 169v（Niggl 1972, p. 199，图片 85）。

162. *LP* ii, p. 323（文中提到了帷幔、砌面装饰、银烛台、钟及地板）。

163. De Blaauw 1994, pp. 562–563（对帕力德·格拉西的 *Caeremonialium opuculum* 进行了诸多评论）。关于教皇尊座及它们有关神灵的传统性象征表示参见 Gandolfo 1980, pp. 339–366；同上 1981, pp. 11–28。

164. 关于名匠保罗参与卡利克斯特工程的信息参见 Claussen 1987, pp. 10–12；De Blaauw 认为这种将礼拜仪式装饰变成罗马大理石的风格转变也蔓延到了围起来留给低级教士和唱诗班的区域。De Blaauw 1994, pp. 658–659 以及 Claussen 2002 p. 161（这位学者赞成 De Blaauw 的假设）。关于卡利克斯特二世的教皇生涯最新可参见 Stroll 2004。

165. 尖顶教皇宝座的创新为传说中的 *cathedra Petri*（彼得圣座）增添了真实性，这件宝座自 875 年便收藏在大教堂内，它由木头与象牙制成，参见 Gandolfo 1983, pp. 112–113；Maccarrone 1985, pp. 349–447；最新可参见 Paravicini Bagliani, pp. 13–19。关于将一座新的读经台（工匠洛伦佐及儿子建造）归于英诺森三世时期，以及将一件巨大的复活节蜡烛（工匠 Vassalletto 制作）归于霍诺留三世时期的观点参见 Claussen 1987, pp. 64–65 与 Abb. 72,

111–112。

166. 铭文原文：*Summa Petri sedes est h（a）ec sacra principis aedes mater cunctar（um）decor et decus ecclesiar（um）/ devotus Chr（ist）o qui tenplo servit in isto flores virtutis capiet fructusq（ue）salutis*. 这篇马赛克铭文收录在 bav, *Arch. Cap. S. Pietro A 64 ter*, f. 50。

167. 蒂贝里奥·阿尔法拉诺是第一个签署这份证明的人；关于这份文件的产生过程和流传参见 Ballardini 2004, pp. 7–80。

168. 关于英诺森三世时期完成的圣彼得大教堂后殿马赛克参见 Iacobini 1989, pp. 119–129；Pace 2003, pp. 1226–1235；Iacobini 2004, pp. 38–41；Casartelli, Ballardini 2005, pp. 155–160；Romano 2005, pp. 555–556；Ballardini 2009, pp. 242–243；Queijo 2012, pp. 62–66。

169. *Gesta Innocentii III* 中提到"有关马赛克"的修复内容，参见 Queijo 2012, p. 63；*Gesta di InnocenzoIII*（出版 Barone, Paravicini Bagliani 2011），p. 275。

170. 关于圣彼得大教堂后殿最初马赛克形象中的 *Traditio Legis*（基督在中间，圣彼得与圣保罗分列两旁的一种马赛克画作题材）参见 Schumacher 1959, pp. 1–39；Christe 1976, pp. 42–55；Spera 2000, pp. 288–293；Bisconti 2002, pp. 1633–1658，尤其参见 pp. 1643–1646。

171. *LP* 73 cc. 1–4。

172. 此处参见注释 105 及 Ballardini 2015, pp. 899–900。

173. 铭文原文 «...*aditus interior gazarum estuat opus /depicta nitent cumulis ipsa suis / aureis, in metalis gemmarum clauditur ordo / et superba teget blattea palla fanum...*»，参见 *ICVR-NS* ii, nn. 4119–4120, Krautheimer, Frazer1980 中引用过, p. 180。

174. 参见 Maccarrone 1991, pp. 517–519；这是 4 世纪后半叶出现的一个标题：*Iustitiae sedes fidei domus aula pudoris / haec est quam cernis pietas quam possidet omnis / quae patris et filii virtutibus inclyta gaudet / auctoremque suum genitoris laudibus aequat*，参见 ILCV i, n. 1753 及 De Santis 2010, pp. 193–194, n. 3。

175. Gandolfo 2004, pp. 30–32.

176. 关于教宗与罗马教会的精神婚姻参见 Iacobini 1989, p. 126。

177. bav, *Vat. lat. 2733*, f. 164*v*（Niggl 1972, p. 203）及 Vegii *De rebus antiquis memorabilibus basilicae S. Petri Romae*（Janningo 1717）, p. 62；关于北侧边房圣彼得事迹组图的年代推测参见 Tronzo 1985, pp. 105–106（7 世纪）及 Kessler 1999, p. 265（9 世纪）；关于这个问题的讨论参见 Viscontini 2006, pp. 412–413。

178. Viscontini 2006, pp. 411–415 及 Pogliani 2006, pp. 24–25，附有格里马尔迪描述（1619）（bav, *Vat. lat. 2733*）中北墙和南墙上水彩画的 3D 重建图。

179. Tronzo 认为耶稣受难图的尺幅被扩展可能源自一次对建筑布局的更新（发生在 7 世纪与 9 世纪之间），正如 Andrieu 曾提示过的，人们在第六个柱间对应的位置增设了一座祭台，用于崇拜耶稣受难十字架，Tronzo 1985, p. 98 及 Andrieu 1936, pp. 95–95。Kessler 更倾向于认定耶稣受难图的创作时间为 9 世纪中期，参见 Kessler 1989, p. 49。

180. Kessler 1999, p. 266.

181. Tronzo 1985, pp. 93–112；同上 1994, pp. 355–368；Kessler 2002（第一章至第四章）。

182. 教皇福慕曾资助过一次对壁画的全面重绘，参见 *LP* ii, p. 227。

183. 关于尼古拉三世修复教堂的信息出自 Tolomeo da Lucca（*Historia ecclesiastica*，出版 1727, ris, xi, coll. 1180–1181）；Bordi 2006, pp. 378–397（关于将圣保罗教堂内教皇肖像赠与利奥一世的信息）。

184. 利奥一世时期在圣彼得大教堂正面进行的马赛克装饰工程（参见上文）印证了中殿带有圆框教皇肖像的马赛克装饰中楣来自于 5 世纪中期。

185. 在描绘正面内墙的水彩画中，塔塞利和格里马尔迪精准地展现出了柱顶横檐梁以及突出于托架的檐口，将它们与墙体上的其他层拱框架区分开，参见 bav, *Arch. Cap. S. Pietro A. 64 ter*, f. 18 及 bav, *Barb. lat. 2733*, ff. 116*v*, 118*r* 及 120*v*–121*r*（Niggl 1972, p. 152, 图片 57；p. 154, 图片 58；pp. 156–157, 图片

59）；这个建筑细节可以让我们更好地理解建筑师安东尼奥·达·圣加洛在设置"分隔墙"（参见上文）时的规划。

186. Krautheimer, Frazer 1980, pp. 253–254；柱顶横檐梁光滑面的高度可以从凯鲁比诺·阿尔贝蒂绘制的图表（罗马, Gabinetto Nazionale delle Stampe, 2502 卷）中得知，其中写道"……整个柱顶横檐梁的高度为 2. 88 米，约为整个柱体，包括柱头和基座在内的高度的三分之一"，参见 Carpiceci, Krautheimer 1996 p. 30 及图片 34。

187. Ghiberti, *I Commentari*（Morisani 1947），p. 36；Vasari, *Le vite*（Barocchi, Bettarini, 1967），p. 186；Hetherington, 1979, pp. 122–123；Gandolfo 1988, p. 333（关于任命 Orsini）；最新可参见 Tomei 2000, pp. 13–14。

188. Tomei 2000, pp. 50–51.

189. 现今存世的博尼法乔八世墓葬文物包括：有逝者遗体的石棺，两件争论颇多的天使像，一些建筑碎片（梵蒂冈地下墓穴藏）及两片托里蒂创作的马赛克（莫斯科普希金艺术博物馆及纽约布鲁克林博物馆藏）。教皇卡埃塔尼的半身像则收藏在教皇宫；文献目录参考 D'Achille, Pomarici 2006, pp. 345–346。

190. 铭文中有托里蒂的签名，参见 De Rossi 1891 pp. 73–100；Tomei 2000, p. 161, 注释 53。

191. Tomei, 1990, pp. 127–129；同上 2000, pp. 50–151。

192. 阿尔法拉诺如此记述道："在博尼法乔八世棺椁上方是圣母与双膝跪地的教皇形象，边缘写有铭文博尼法乔八世；1574 年时这座祭台还是被铁栏杆围起来的，也是那年栏杆被拆除"，bav, *Arch. del Cap. di S. Pietro G. 5*, p. 173。

193. D'Arrigo 1980, pp. 373–378；Gardner 1983, pp. 513–515；Rash, 1987, pp. 47–58；Romanini 1983, pp. 43–45；Ead., 1986, pp. 203–209。

194. 博尼法乔雕像与著名的圣彼得铜像持有同样的体态，如今位于大教堂之内的阿诺尔夫雕像也是同样姿势，它曾经放置在与老圣彼得大教堂后殿毗邻的圣马尔蒂诺修道院教堂；文献目录参考 D'Achille, Pomarici 2006, pp. 349；关于博尼法乔八世肖像的"创新性和

杜撰成分"参见 Paravicini Bagliani 2003，pp. 222–235。

195. Emerick 2005，p. 50 及 p. 55。

196. Wirbelauer 2000，pp. 39–51；Sardella 2000，pp. 11–37 及 Carmassi 2003，pp. 235–266。

197. *LP* 53 c. 7；最新可参考 Brandt 2013，pp. 81–94。

198. 关于术语 *oratorium/oraculum* 在 *Liber Pontificalis* 中的含义参见 Ballardini in c. di s.；关于西方 *oratoria*（小礼拜堂）的早期发展史参见 Mackie 2003。

199. *LP* 53 c. 6：祭台用于供奉圣托马索、圣卡西亚诺、圣普罗托（Proto）、圣贾齐托（Giacinto）、圣亚博那与圣索西奥（平面图 K nn. 70–74）；关于陵墓信息参见 Gem 2005，pp. 1–45。

200. De Blaauw 1994，p. 567 及 p. 596。

201. *LP* 94 c. 52（插入文字部分）及 *LP* 95 c. 3（插入文字部分）；关于霍诺留的陵墓信息最新可参考 McEvoy 2013，pp. 119–136，圣彼得罗妮拉圆形大厅是"罗马教廷与法国王室联合的纪念象征"，关于它的祝圣参见 De Blaauw 1994，pp. 576–577。

202. 但可以肯定的是朝拜者们一定会在大教堂内一些次要的朝拜地点停留，参见 Bauer 2004，pp. 154–159，图片 73 及 Story 2013，pp. 261–266。

203. Emerick 2005，p. 55。

204. Canetti 2002，pp. 44–45。

205. *LP* 86 c. 12，在这座人称"四利奥"的礼拜堂中也安葬着利奥二世、利奥三世及利奥四世；关于近代以来在地下墓穴中这座小教堂所经历的事情参见 Lanzani 2010，pp. 47–52。

206. 除了格里高利一世祭台，还有一些附属祭台是献给其他圣人的，比如圣塞巴斯蒂亚诺、圣戈尔戈尼奥与圣蒂布尔齐奥祭台（平面图 nn. 48–49；这间礼拜堂用于皇帝加冕礼的仪式开始阶段，参见 Andrieu 1936，pp. 61–99；De Blaauw 1994，pp. 574–575 及 p. 735）。

207. Picard 1969，p. 774。

208. 其中最为重要的有救济圣母（位于"四利奥"小教堂）；柱廊圣母（Madonna della Colonna，位于大殿的北侧柱廊）；博洽达圣母

（Madonna della Bocciata，位于大教堂前廊）；费布勒圣母（Madonna della Febbre，位于圣安德鲁圆形大厅），以及不能遗落的约翰七世礼拜堂中的女王圣母（Madonna Regina），参见 Lanzani 2011，pp. 69–72 及 82–90；Turriziani 2011，pp. 207–233。

209. 约翰七世的继任者们都没有选择北侧大门（女性可以从这扇门出入）的位置，他们更偏爱将自己的小圣堂建在耳堂或者南侧大门处。

210. Ballardini 2011，pp. 94–116 及 Ballardini, Pogliani 2013，pp. 190–213，参考这些文章可以全方位地深入了解（出处及文献综述）。

211. *Iohannis servi s*（*an*）*c*（*t*）*ae Mariae*，参见 Silvagni 1944，i，tav. Xii，6；Gray 1948，p. 49，n. 3；经过几次迁移后，牌匾如今收藏在梵蒂冈地下墓室。Nordhagen 强调了牌匾的拜占庭工艺："这在西方中世纪早期铭文中是一个非常独特的特征"，参见 Nordhagen 1969，pp. 113–119。

212. 关于祭台上的铭文参见 Ballardini 2011，pp. 105–109 及 pp. 114–115，注释 78。

213. Andaloro 1989，pp. 169–177；最新可参考 Pogliani 2013，pp. 204–213；*Ead.* 2014，pp. 443–450。

214. Ballardini 2011，p. 110。

215. Bertelli 1961，p. 121，注释 11。

216. *LP* 92 c. 7；参见 de Blaauw 1994，pp. 571–572；596–597；661–664；Bauer 1999，pp. 385–446，尤其参考 pp. 425–432；及同上 2004，pp. 53–58。

217. Mallii *Descriptio Basilicae Vaticanae Codice Topografico* III（出版 Valentini, Zucchetti 1946），pp. 387–388；Kempers, De Blaauw 1987，pp. 83–113。

218. De Blaauw 1994，p. 597。

219. 同上，pp. 571–572；661–664 及 702–705。

220. 关于这些珠宝首饰参见 Bertelli 1961，pp. 66–70。

221. 关于术语 *absida* 在 *Liber Pontificalis* 中的含义参见 De Blaauw 2003，pp. 105–114。

222. Manzari 2004，pp. 74，77 及 84。

223. Bauer 1999，pp. 410–411。

224. de Blaauw 1994，pp. 663–664。

225. 这块裹尸布更广为人知的名称是维罗尼卡圣面布，关于它有两方面都众说纷纭，一是上面的基督面庞留下的痕迹，二是它最初的主人，圣女维罗尼卡，甚至有传闻说这位圣人被埋在了同一个小礼拜堂，参见 Wolf 2000，pp. 103–114；关于早期（6 世纪）和较近时期（11 世纪后）的关于维罗尼卡的传说参见 Dobschütz 2006（prima 1899），pp. 149–189；关于在约翰七世礼拜堂中对圣面布的崇拜尤其参见 pp. 162–165；最新可参考 Van Dijk 2013，pp. 229–256。关于影像科学下的透视图，参见 Belting 2001（prima 1990），pp. 255–277 以及同上 2007，pp. 51–146。

226. Tronzo 1987，pp. 477–492（作者将一些马赛克作品归于西莱斯廷三世时期）及 Pogliani 2001，pp. 505–523（作者将一些马赛克作品归于英诺森三世时期）。

227. 关于名字最初起源的相关证据 *"ubi dicitur a Veronice* o *in Beronica"* 参见 De Blaauw 1994，p. 669；绝妙罗马风格的圣体盘带有贮藏所，为了储藏圣骨或是圣像。参见 Claussen 2001，pp. 229–249，尤其参考 229–234。

228. Celestinus pp III fecit fieri / hoc opus pontificatus sui anno / vii Ubert（us）Placenti（ae）fecit eas ianuas，参见 bav，*Barb. lat.* 2733，f. 75r 及 91v（出版 Niggl 1972 p. 107 及 p. 122）；关于拉特朗宫和圣面布圣体盘配备的铜门以及铸造工匠的信息参见 Iacobini 1990，pp. 76–95。

229. Claussen 2001，p. 233。

230. bav，*Arch. Cap. di S. Pietro H. 3*，cc. 34v–35r。

231. 可参照 Manfredi 2009，pp. 63–87，尤其参考 pp. 78–82。

232. 通常认为大赦门或称禧年金门是亚历山德罗六世所造，同样它的开闭仪式也是由这位教皇所规定，参见 Abbamondi 1997，pp. 51–54。

233. 与教士们的做法不同，西斯都四世埋葬的时候是将脚朝向祭台，这样他的头部就可以完美朝向后殿的圣母像。Iohannes Burckardus 描写了更多有关教皇安葬情况的细节，参见 Burckardus，*Liber notarum* i（Celani 1943），p. 16；此外波拉尤奥洛制作的铜像脚下的铭文中也明确了教皇的这一愿望："*cum modice*

381

ad plano solo condi mandavisset"，参见 Gallo 2000，pp. 927–932；Roser 2005，pp. 188–197。

234. 在西斯都四世祭台的拆迁（1609 年 11 月 16 日）记录中，格里马尔迪细致地描绘了圣骨的埋葬状况：在祭坛之下，在一尊斑岩的 *labrum* 中有一件意大利柏木的小匣子，里面保护着一件象牙质的圣骨盒，大概有一拃长。这件盒子做工精美，仍被封存着。在一张铅片上刻有西斯都四世年代的铭文。铭文中记录了 1479 年 12 月 8 日"在感受到圣母玛利亚的圣意后"，赛莱诺大主教古列尔莫·德罗查（Pietro Guglielmo de Rocha）为这座祭台举行了祝圣仪式，并放入了很大数量的圣物。这些圣物中头等重要的便是圣母的头纱碎片："...et in hoc altare reliquias sanctorum infrascriptas recondidit de velo B. Virginis；de spatula s. Stephani protomartiris etc..." 可参照 bav，*Barb. lat. 2733*，ff. 224*v*–225*r*（出版 Niggl 1972，p. 261）。约三十年前，在 1577 年，人们对小礼拜堂的祭台进行了一些改建，蒂贝里奥·阿尔法拉诺见到了圣物原原本本的样子，此事后来格里马尔迪在 1609 年证实，参见 Alpharani *De basilicae Vaticanae*（出版 Cerrati 1914），pp. 165–166。但对于西斯都四世为了开一扇圣门曾改变约翰七世礼拜堂中祭台的位置的说法仍需要确实证据。

第三章

1. 新的圣彼得大教堂在建造伊始便在一些文学作品中被提及（比如作家塞利奥 Serlio、瓦萨里 Vasari、潘维尼奥 Panvinio、阿尔法拉诺 Alfarano、格里马尔迪 Grimaldi、费拉博斯科 Ferrabosco/Costaguti、卡洛·丰塔纳 Carlo Fontana、博南尼 Buonanni、波伦尼 Poleni）。19 世纪以来关于此的历史艺术研究方向文学作品多到无法再次罗列；在最近刊出的会议报告和作品集中可以找到一些综述信息（Spagnesi 1997，Petros Eni 2006，Satzinger/ Schütze 2008）。相关专著可以参考：Rocchi Coopmans de Yoldi 1996，Satzinger 2006 及 2008，Frommel 1994a 及 2008；另外这些著作中的有些章节是大教堂历史概述：Contardi

1998、Casalino 1999、Pinelli 2000、Tronzo 2005、Thoenes 2011；也可参照 Thoenes 2013。

2. 关于此处参见 Thoenes 2009b。

3. T. Alfarano，*De Basilicae Vaticanae antiquissima et nova structura*.

4. 关于此处参见 Bredekamp 2000。

5. 我们可以算出 16 世纪的平均工程进度，以建筑的东西轴为准，只有大约每年 1.40 米。

6. 可参照 n. 75。

7. 依据来源 Magnuson 1958；最近的研究结果：Burroughs 1990、Curti 1995、Frommel 1997、2005 及 2006，Satzinger 2004、Thoenes 2005 及 2011，Niebaum 2007、Roser 2009；也可参照 Bonatti/ Manfredi 2000。

8. 部分文本内容可参见 Magnuson 1958，pp. 351–362；意大利语译文完整版参见 Modigliani 1999。

9. Modigliani 1999，p. 179。

10. Pastor，i，p. 428 n. 2。

11. Alberti，i，p. 75。

12. Magnuson 1958，p. 206。

13. Prodi 1982。

14. 可参照 pp. 175 及之后.

15. Hubert 1988。

16. 摘要参见 Curti 1995；关于此方面最新可参考 Satzinger 2005，Frommel 2005、2006。

17. Thoenes 2005，pp. 69 及之后。

18. 关于此方面参见 Günther 1997。

19. 这份最早的文献可能是 Dehio 1880。当代的评论文章可以参考 Massimo Miglio，Modigliani 1999，pp. 13–18 等页码若干。

20. Urban 1963，p. 133；Tafuri 1992，pp. 63 及之后。不同解释参见 Frommel 1997。

21. Alberti，i，pp. 75；ii，p. 999；i，p. 63。

22. Krautheimer 1961。

23. Alberti，i，p. 101。

24. 可参照 Thoenes 1999。

25. 马内蒂也提到过罗塞利诺（*Bernardum nostrum florentinum*）：Magnuson 1958，p. 360。

26. Frommel 1983。此事的契机是拜占廷的最后一任皇帝将圣安德鲁的圣物献给了教皇，这件圣物被神圣的宗教仪仗队护送，从米尔比奥

桥一路到达圣彼得大教堂。

27. Cantatore 1997。

28. N. 50。

29. P. 241。

30. 儒略二世和伯拉孟特的工程从 19 世纪中叶起就引发了很多意见不同的讨论。Tessari 1996 中给出了一个整体的讨论状态。近期出版文献可以参考展览名录和会议报告（Petros Eni 2006，Barock im Vatikan 2006，Satzinger/ Schütze 2008）。专著（集）：Frommel 1984、2006 及 2008，Thoenes 1994b、2005，Günther 1995，Kempers 1996，Shearman 2001，Bruschi 2003，Niebaum 2004 及 2008（最新出版的细致研究资料），Satzinger 2004、2006，Bosman 2004，Klodt 2007，Brodini 2009，Tanner 2010，Bellini 2011。Frommel 1976 仍是本书之后内容的主要支撑。

31. Condivi，25；Vasari，vii，p. 163。

32. 可参照 Thoenes 1990/92。区分三种工程的标准是各自的"规模示意图"，图表参见 Thoenes 2002，pp. 408–414。关于接下来伯拉孟特的方案草图可参考 Wolff Metternich/ Thoenes 中的专题研究。

33. Hubert 1988 中的推测。

34. Geymüller 对图纸进行了重绘；可参照 Niebaum 2004。

35. 拉丁十字形平面图且拥有多个先例：帕维亚教堂、洛雷托教堂、弗朗西斯科·迪乔治（Francesco di Giorgio）停留在理论阶段的工程方案。Wolff Metternich/ Thoenes 1987，p. 22。

36. Thoenes 1982。

37. GDSU 20 是一幅小穹顶的图纸，我们可以通过支柱的形状推断出来；穹顶的中心沿着图纸边缘。在这个纵向图纸中"五点梅花形"的构思浮现了出来。

38. 圣加洛所写"伯拉孟特所绘圣彼得大教堂"以及"没有效力的伯拉孟特所绘圣彼得大教堂图纸"，参见 Frommel/Adams，p. 64。

39. 最新可参考 Frommel 2006，pp. 42 及之后；Satzinger 2006，pp. 75 及之后。

40. Krauss/Thoenes 1991/92。所以这块徽章上的大教堂图案介于第一版和第二版方案之间。

41. Wolff Metternich/Thoenes 1987，pp. 94–99。

一开始柱子形成的环被绘在纸张的背面；后来在正面又很潦草地重画了一遍。

42. 参见上文，n. 32。

43. 参见下文，n. 73；也可参照 Kinney 2005, p. 39。

44. Thoenes 2001.

45. GDSU 51a, 55a, 57a, 1542a（r. 及 v.）。可参照 Frommel/Adams 中的相关图表。

46. Guarna 1970, p. 58.

47. Wolff Metternich/Thoenes 1987, pp. 69–73。

48. 出处同上, pp. 3–80（被认为仍与 GDSU 20a 这个初级阶段方案相同）。

49. 可参照 GDSU 20a 中左边缘上的数据 "72"（在 Hubert 1988 中指出）。

50. 1513 年 2 月 19 日的敕令；Frommel 1976, p. 126。

51. 朱利安·达·圣加洛, GDSU 7a, 9a 及 *Cod. Barb. lat.* 4424。塞利奥介绍他绘的图纸是伯拉孟特的设计, 在伯拉孟特去世后又由拉斐尔完成的。与最早的文献（潘维尼奥、格里马尔迪、博南尼）所述不同, 自 Geymüller 之后, 这份图纸被解释为是拉斐尔第一次添加了大教堂的纵向部分, 可参照 Thoenes 1990/92。

52. Wolff Metternich/Thoenes 1987, pp. 105–108.

53. 可参照圣加洛设计的横向结构: GDSU 54a 及 70a。

54. Frommel 1976, p. 95, n. 26。深入了解请参见出处同上, pp. 59–72。

55. 出处同上, p. 100, n. 69。

56. 出处同上, p. 127, n. 73。关于阿尔贝蒂给予的评价可参照 Cap. i, n. 15。Secondo Condivi 1998, p. 26, 儒略想让大教堂焕然一新, "用更漂亮、更雄伟的设计"。

57. 相关内容参见 Günther 1997 及 Miarelli Mariani 1997。

58. 关于此方面参见 Ackerman 1974。德·格拉西斯也被禁止进入圣塞尔索和朱利亚诺大教堂（basilica dei SS. Celso e Giuliano）, 这座大教堂后来也被伯拉孟特拆除。

59. 参见上文 n. 46。

60. 相关内容请再次参见 Frommel 1976, pp. 59–72。

61. 关于脚手架的搭建参见 Wolff Metternich/Thones 1987, pp. 188–193。

62. Vasari, iv, p. 162；Wolff Metternich/Thoenes 1987, p. 188。

63. Vasari, iv, p. 157.

64. Ackerman 1974.

65. Wolff Metternich/Thoenes 1987, p. 127；Thoenes 1990/92, p. 159。

66. Wollf Metternich/Thoenes 1987, pp. 164–169；稍有不同的观点请参见 Frommel 1994, p. 610。

67. Frommel 1976, pp. 98 及之后, n. 8；Wolff Metternich/Thoenes 1987, p. 45。

68. 关于此处参见 Thoenes 2008a。

69. Alberti, ii, pp. 604 及之后。

70. 出处同上, ii, pp. 614 及之后。

71. Frommel 1976, p. 105, n. 121.

72. Wolff Metternich/Thoenes 1987, p. 118；Denker–Nesselrath 1990, pp. 79–90。

73. 40 拃≈30 罗马脚, 参见上文, n. 14。

74. 关于圣加洛绘制的图纸可参照 Frommel/Adams（作者 A. Bruschi）, 还有 Bruschi 1992, Frommel 1994a, Niebaum 2011；关于佩鲁齐参见 Bruschi 1990/92 及 Hubert 2005。

75. Frommel 1976, pp. 82 及 109, n. 175。

76. 出处同上, pp. 81 及之后数页、101；也可参照 Thoenes 1997b, p. 28, n. 36。

77. Shearman 2003, i, pp. 180–184.

78. Shearman 1974, Tronzo 1997, Frommel 1994a.

79. Apollonj Ghetti 1951, i, p. 208.

80. Shearman 1974.

81. 可参照 n. 4。

82. Shearman 2003, i, pp. 186–189.

83. 可参照 Niebaum 2011, p. 48, n. 33.

84. GDSU 44a。关于 "乔瓦尼·焦孔多修建的壁龛" 参见 Wolff Metternich/Thoenes 106；Niebaum 2006。

85. 图片 Frommel 1984, pp. 270–273；同上 1994, pp. 617 及之后。

86. 图片 Frommel, 出处同上。

87. 关于此方面也可参照 Hubert 2008。

88. "只是个设想罢了"（opionione）, 这是圣加洛写下的评论。

89. GDSU 1973f 号图纸不像是一个工程计划, 而更像是一种展示；由 Gnann 展示在阿尔贝蒂娜博物馆的草图仍在等待一个合理的解释。Gnann 2008；也可参照 Frommel 2000 及 2006；Klodt 2007。

90. 关于年代鉴定最新可参考 Niebaum 2011, p. 17。

91. 可参照 GDSU 34a。

92. "纪念册"（可参照 n. 17）, punto 5。

93. Jung 1997。关于佩鲁齐图纸绘制的惯例也可参照 Tuttle 1994。

94. Serlio, 37.

95. Vasari, iv, p. 599.

96. 可参照 p. 241。

97. 完成于哈德良六世时期, 1522 年 1 月到 1523 年 9 月之间；Niebaum 2008, p. 55, n. 19。

98. Dacos 1995, p. 134；可参照 Thoenes 2002, p. 274, Jatta 2006。

99. Bellini 2011, i, p. 23；Niebaum 2013, p. 68.

100. 深入了解请参见 Prodi 1994。

101. Tuttle 1994；Frommel 1994, p. 230.

102. GDSU 12a, 15–19a.

103. 实际上绘本只是一堆被黏在一起的纸张, 参见 Bartsch/Seiler 2012。

104. 关于此方面参考 Thoenes 1986。

105. Krautheimer 1949.

106. "纪念册"（可参照 n. 17）, 最后一段。

107. 可参照 n. 84。

108. 关于圣加洛去世时大教堂的建设情况可参照 Giovannoni 1959, pp. 146–150；Millon/Smyth 1976, pp. 141 及之后；Bellini 2011, ii, p. 299。圣加洛的设计可以在 Frommel/Adams（testi Ch. Thoenes）的图纸全集中找到；分析参考 Bruschi 1992, Frommel 1994a 及 1999；Thoenes 1994a 及 1998；Benedetti 2009。

109. Reinhardt 1996, pp. 282、291 及之后。

110. Saalman 1978, p. 492（doc. 9）.

111. Bruschi 1989, p. 187.

112. Frommel 1964；Kuntz 2005 及 2009。

113. 佩鲁齐也做了同样的工作: GDSU 11a, r、v；也可参照 26a, 105a。

114. 因此工程的时间顺序是：GDSU 39a（1534/38）–40a（1537/38）–119a（1538）–256a（1538 末）。

115. 可参照 Frommel/Adams 88（GDSU 66a）。

116. Wolff Metternich/Thoenes 1987, p. 175.

117. 关于圣加洛为穹顶绘制的设计草图参见 Thoenes 1994a、1996、1998、2002, pp. 469 及之后；Benedetti 1992、1994、2009；Zanchettin 2011。

118. Vasari, V, 467.

119. GDSU 41a, 71a, 110a, 114a, 84a, 42a, 83a。

120. 关于模型的深入研究参见 Kulavik 2002（现在也有 PDF 版本的了）；此外还可参考 Benedetti 1994 及 2009, Thoenes 1994a 及 1998。

121. 没人知道教皇是怎样从教皇宫的第二三层到达祝福凉廊的。

122. 此方面参见 Benedetti 1994。

123. Vasari, V, 468.

124. Hierzu Hager 1997a.

125. Thoenes 1994, pp. 646 及之后, Evers 1995, pp. 367–371。

126. Thoenes 1994, pp. 648–650, Evers 1995, pp. 372–377.

127. Kulawik 提出的推测。

128. GDSU 2a.

129. 圣加洛也称它们为"小神殿"（"tempietti"）（GDSU 65a）。也可参照 Thoenes in Frommel/Adams III（仍未出版）。

130. Evers 1995, pp. 373 及之后。

131. GDSU 267a. Thoenes 1994a.

132. Thoenes 2002, pp. 467 及之后，以及 Maria Teresa Bartoli 提到的工程的部分。

133. Vasari, v, p. 467.

134. GDSU 1173a.

135. Thoenes 1992a, p. 54, n. 16.

136. 出处同上, p. 53。

137. 可参照 n. 43。

138. 伯拉孟特设计的高度与宽度之比为 20 米：18 米；圣加洛的约为 16 米：18 米。

139. Zollikofer 1997.

140. Vasari, v, 467.

141. 主要资料是米开朗基罗的通信集以及同时代的 Condivi 和 Vasari（Vasari/Milanesi）为他所著生平，生平这部分有一个新版本，附带对 Paola Barocchi（Vasari/Barocchi）作品的详细评论。图纸资料（较少）参考 Tolnay 1975–80。对于所有方面的全面介绍参考 Bellini 2011；关于此话题之前的参考资料可参照 Argos 2011 的 Vitale Zanchettin 评论，以及辅助资料：Zanchettin 2006、2008。

142. 参见 Bellini, Saalman 1978, De Maio 1978, Bardeschi Ciulich 1977、1983, Brodini 2009、2012。

143. De Maio 1978, pp. 309 及之后。

144. 即便如此，Nanni di Baccio Bigio 留任到了 1563 年（Bellini i, 2011, p. 54）。

145. 最新参见 Bredekamp 2008。

146. Prodi 1982.

147. Carteggio, iv, pp. 251 及之后。

148. 出处同上, v, 30、35 及之后。

149. Vasari/Milanesi, IV, 162 及之后；可参照 Thoenes 2008b, 64 及之后。

150. 类比 n. 147。

151. Saalman 1978, p. 491.

152. Vasari/Milanesi, VII, 220 及之后。

153. 类比 n. 7。

154. 关于米开朗基罗的模型参见 Bellini 2011, i, p. 113 及之后，也可参照 Argan/Contardi 1990, pp. 324 及之后。

155. Thoenes in Evers 1995, pp. 373 及之后。

156. Vasari/Milanesi, v, p. 467.

157. "谁若脱离了伯拉孟特定下的规矩，就比如圣加洛，那他就是与 Verità 背道而驰"，Carteggio, iv, pp. 251 及之后。这里的"Verità"理解为可靠、坦率、透明，意思是建筑在形态和结构上内外部呼应一体。

158. 关于顶楼的讨论最新可参考 Bellini 2011, i, pp. 154–163。

159. Carteggio, iv, pp. 271 及之后。

160. 出处同上, v, p. 30。

161. 关于米开朗基罗和德拉·波尔塔设计穹顶的施工细节参见 Bellini 2011, i, pp. 293–403。

162. Vasari/Milanesi, vii, pp. 248–257.

163. Bellini 2011, i, p. 50.

164. Carteggio, v, pp. 117 及之后。关于此方面可参照 Zanchettin 2006、2008。

165. 关于此处的日期信息请主要参考 Bellini 2011, i, 参考页码若干。

166. 最新参考 Brodini 2005。后殿木质模型由 Wolff Metternich 在 1960 年被人们发现。

167. Carteggio, v, p. 123；Frings 1998（书中这句话被无故用到了形容穹顶上）。

168. Bellini 2011, i, pp. 151–188.

169. Vasari/Milanesi, vii, pp. 249–257.
关于 Dupérac 的版画可参照 Bedon 1995、2008, pp. 198 及之后；Bellini 2011, i, pp. 166 及之后。

170. Keller 1976, pp. 36 及之后相关内容，以及后面的参考页码若干。

171. 出处同上；Bellini 2011, i, pp. 167 及之后。

172. Bellini 2011, i, pp. 71 及之后, 178 及之后。

173. 出处同上, 173 及之后。

174. 更多信息参考 Brodini 2009。

175. 出处同上, pp. 135–143；Bortolozzi 2012, p. 298。

176. Thoenes 2006, p. 81.

177. Thoenes 2009/10, p. 58, n. 41；Bellini 2011, i, pp. 212–217.

178. 最新参见 Curcio 2011。

179. 这个说法的出处不明确。参见 Krauss/Thoenes 1991/92, p. 189.

180. Bellini, 2011, i, pp. 371–403.

181. 出处同上, pp. 375 及之后。

182. 出处同上, p. 374。

183. 出处同上, pp. 361, 384–392。

184. 出处同上, pp. 361–365 及之后的参考页码若干。

185. 出处同上, p. 395。

186. 与前事有关的最重要的资料来源是 Pastor, xii；也可参照 De Maio 1978, Jobst 1997。保罗五世时期的工程都可以在 Orbaan 1919 中找到生动描述。关于马代尔诺主要参考 Hibbard 1971；另外也辅助参考 Thoenes 1992b, McPhee 2002、Kuntz 2005、Connors 2006 和 Dobler 2008 中的信息。最新的全面介绍是 2012 出版的 Anna Bortolozzi 的著作，引用书目非常广泛。

187. Thoenes 1997b，2013.

188. Alfarano/Cerrati 1914.

189. Bortolozzi 2012，p. 314.

190. 出处同上，pp. 284 f 及 313。

191. 了解更多请参见 Jobst 1997。

192. Silvan 198/9；据 Bentivoglio 1997 所说版画的一部分被剪贴出来，黏在了新的工程方案上。

193. 关于此方面参见 Thoenes 2009 b。

194. De Maio 1978，pp. 326 及之后。

195. Alfarano/Cerrati 1914，pp. 24 及之后。可参照 Bortolozzi 2012，pp. 312 及之后。

196. Thoenes 1968；可参照上文 n. 7。

197. Wassermann 1966 中将其年代测定为1584–1585。

198. Thoenes 1992b，pp. 172 及之后；Bortolozzi 2012，pp. 285，289。

199. Thoenes 1968；Bortolozzi 2012，p. 291。如今文件已遗失。关于日期推测可参照 Thoenes 2012，p. 55。

200. Bortolozzi 2012，pp. 296–311.

201. 出处同上，p. 291。

202. Pastor，xii，p. 584.

203. Thoenes 1963，p. 112。保罗自己举例西斯都五世作为例证（Bortolozzi 2012，p. 285）。

204. Bortolozzi 2012，p. 284.

205. 出处同上，p. 285；可参照 De Maio 1978，p. 327。

206. Niggl 1971.

207. 可参照马代尔诺给保罗五世的"献礼信"（lettera dedicatoria），Bredekamp 2008，pp. 110–115。

208. Bortolozzi 2012，p. 307.

209. 关于此方面可参考 Kuntz 2005。

210. Orbaan 1919，pp. 15，18，62.

211. Marconi 2004.

212. Thöne 1960.

213. McPhee 2002；Struck 2012.

214. Thoenes 1992a，p. 61.

215. Bellini 2002；也可参照 Thoenes 1990.

216. 深入了解可参照 Thoenes 1992b 中的专题研究。

217. Thoenes 1963，pp. 112 及之后。

218. 可参照 Cap. Iv，n. 5。

219. Kuntz 2005.

220. Thoenes 1963，p. 130.

221. Cap. v，n. 17.

222. Thoenes 2006.

223. Bosman 2002.

224. 深入了解参见 Lavin 1968；最新出版请参见 Dobler 2008 及 De Blaauw 2008。

225. Pergolizzi 1999；Lanzani s. a. 也可参照 McPhee 2008。

226. Bortolozzi 2011.

227. Torrigio 1618；Lanzani/Zander 2003；Lanzani s. a.

228. Rudolf Wittkower 的研究成果十分深入，参见 Brauer/Wittkower 1931。Fagiolo 1967 及 Marder 1998 是更新的研究成果；此外还有 Satzinger，Schütze 和 Kemper 也做过相关研究，参见 *Barock im Vatikan* 2006。

229. 其中包括保罗五世和格里高利十五世，后者贝尔尼尼曾为其工作，只负责雕塑工作。

230. Baldinucci 1682，p. 7.

231. Bortolozzi 2012，pp. 307 及后面内容相关页，以及之后的参考页码若干。

232. 深入了解参见 Lavin 1968 及 1984，Kirvin 1981，Preimesberger 1983、1992 及 2008，Connors 2006b，Schütze 2008。

233. Ward Perkins 1952；Kinney 2005，29–31 及页码若干；Tuzi 2002。

234. Rice 2008.

235. McPhee 2002 及 2008；Connors 2006A。也可参照上文 n. 213。

236. 菲拉波斯科也这样做，参见 tav. Xvi。

237. Brauer/Wittkower 1931，pp. 42 f 和 80 f。

238. 出处同上，pp. 64–102；此外还可参考 Thoenes 1963、2010，Guidoni Marino 1973，Haus 1970 及 1983/84 Krautheimer/Jones 1975，Del Pesco 1988，Marino 1997，Sladek 1997，Haus 1997。

239. Thoenes 1963，pp. 122–124.

240. Hager 1997b.

241. Haus 1970.

242. Brauer/Wittkower 1931,pp. 77 及之后（"III. Bericht"）。关于这一关键性说法参见 Haus 1970，p. 65。

243. Marder 1997；也可参照 Thoenes 2010，p. 82。

244. 大量相关文学作品参见 Thoenes 2010，p. 79。

245. Guidoni Marino 1973.

参考文献

第一章

这里我只能列举出从圣彼得大教堂无数相关文献的选出的一部分，也就是那些研究最为深入以及最新发布的，前文已经提到过了。更为详尽的参考文献可以查阅 Arbeiter 1988，pp. 238–255，Brandenburg 2013，p. 357，以及 R. McKitternick *et alii* 2013 中有关圣彼得大教堂的文选。

Alföldy 1990

G. Alföldy, *Der Obelisk auf dem Petersplatz in Rom. Ein historisches Monument der Antike*, Heidelberg 1990.

Andaloro 2006

M. Andaloro, *L'orizzonte tardoantico e le nuove immagini（312-468）*, in M. Andaloro, S. Romano, *La pittura medievale a Roma（312-1431）. Corpus e Atlante*, Corpus i, Jaca Book, Milano 2006.

Andaloro，Romano 2006

M. Andaloro, S. Romano（a cura di）*La pittura medievale a Roma（312-1431）. Corpus e Atlante*, Corpus i, Jaca Book, Milano 2006.

Apollonj Ghetti，Ferrua，Josi，Kirschbaum 1951

Esplorazioni sotto la confessione di San Pietro in Vaticano eseguite negli anni 1940-1949, a cura di B. M. Apollonj Ghetti, A. Ferrua, S. J. E. Josi, E. Kirschbaum, S. J., Mons. L. Prefazione di Kaas, Appendice numismatica di C. Serafini, 2 voll., Tipografia Poliglotta Vaticana, Città del Vaticano 1951.

Arbeiter 1988

A. Arbeiter, *Alt-St. Peter in Geschichte und Wissenschaft. Abfolge der Bauten, Reconstruktion, Architekturprogramm*, Mann, Berlin 1988.

Barnes 2011

T. Barnes, *Constantine. Dynasty, Religion and Power in the Later Roman Empire*, Wiley–Blackwell, Oxford 2011.

Bartolozzi Casti 2010-2011

G. Bartolozzi Casti, *La Basilica Vaticana tra Medioevo e Rinascimento: la distruzione del Mausoleo degli Anici*, in Atti della Pontificia Accademia romana di archeologia, Rendiconti III serie（2010/2011）, 427–455.

Bentivoglio 1997

E. Bentivoglio, *Tiberio Alfarano: le piante del vecchio S. Pietro sulla pianta del nuovo edita dal Duperac*, in G. Spagnesi（a cura di）, *L'architettura della basilica di S. Pietro: storia e costruzione, Atti del Convegno（Roma 1995）*, Roma 1997, 247–254.

Biering，von Hesberg 1987

R. Biering, H. von Hesberg, *Zur Bau- und Kultgeschichte von St. Andreas apud S. Petrum. Vom Phrygianum zum Kenotaph Theodosius d. Gr.?*, in «Rö–mische Quartalschrift», 82（1987）, 145–182.

Bisconti，Braconi 2013

F. Bisconti, M. Braconi（a cura di）*Incisioni figurate della Tarda antichità ; atti del convegno di studi, Roma, Palazzo Massimo, 22-23 marzo 2012*, Pontificio Istituto di archeologia cristiana, Città del Vaticano 2013.

Borgolte 1995

M. Borgolte, *Petrusnachfolge und Kaiserimitation. Die Grablegen der Päpste. Ihre Genese und Traditionsbildung*, Vandenhoeck, Göttingen 1995.

Bosman 2013

L. Bosman, *Spolia in the fourth century basilica*, in *Old Saint Peter's, Rome* 2013, 65–80.

Bovini，Brandenburg 1976

G. Bovini, H. Brandenburg, *Repertorium der christlich-antiken Sarkophage* i, *Rom und Ostia*, Steiner Verlag, Wiesbaden 1976.

Bowersock 2002

G. W. Bowersock, *Peter and Constantine*, in Humana sapit. *Mélanges en honneur de Lellia Cracco Ruggini*, Brepols, Turnhout 2002.

Bowersock 2005

G. W. Bowersock, *Peter and Constantine*, in W. Tronzo（a cura di）*St Peter's in the Vatican*, Cambridge University Press, Cambridge 2005, 5–15.

Brandenburg 1979

H. Brandenburg, *Roms Frühchristliche Basiliken des 4. Jahrhunderts*, München 1979.

Brandenburg 1994

H. Brandenburg, Coemeterium. *Der Wandel des Bestattungswesens als Zeichen des Kulturumbruchs der Spätantike*, in «Laverna», v（1994）, 206–232.

Brandenburg 1995

H. Brandenburg, *Altar und Grab. Zu einem Problem des Märtyrerkultes im 4. Und 5. Jh.*, in M. Lamberigts, P. Van Deun（a cura di）*Martyrium in multidisciplinary perspective. Memorial Louis Reekmans*, Univ. Press Peeters, Leuven 1995.

Brandenburg 1995

H. Brandenburg, *Kirchenbau und*

Liturgie. Überlegungen zum Verhältnis von architektonischer Gestalt und Zweckbestimmung des frühchristlichen Kultbaues im 4. und 5. Jh., in C. Fluck *et alii* (*a cura di*) Divitiae Aegypti. *Koptologische und verwandte Studien zu Ehren von Martin Krause*, Reichert Verlag, Wiesbaden 1995, 36–69.

Brandenburg 2003

H. Brandenburg, *Das Baptisterium und der Brunnen des Atriums von Alt-St. Peter in Rom*, in «Boreas», 26 (2003), 55–71.

Brandenburg 2004

H. Brandenburg, *Die frühchristlichen Kirchen Roms vom 4. bis zum 7. Jahrhundert: der Beginn der abendländischen Kirchenbaukunst*, Schnell und Steiner, Regensburg 2004.

Brandenburg 2005/6

H. Brandenburg, *Die Architektur der Basilika S. Paolo fuori le mura. Das Apostelgrab als Zentrum der Liturgie und des Märtyrerkultes*, in «Römische Abteilungen», 112 (2005/6), 237–275.

Brandenburg 2006

H. Brandenburg, *S. Petribasilica, coemeterium, episcopia, cubicula, habitacula, porticus, fons, atrium*, in «Itur, *Suburbium*», iv (2006), 183–195.

Brandenburg 2007-2008

H. Brandenburg, *Magazinierte Baudekoration und ihre Verwendung in der spätantiken Architektur Roms des 4. und 5. Jh.*, in «Boreas», 30–31 (2007–2008), 169–192.

Brandenburg 2009

H. Brandenburg, *Die Architektur und Bauskulptur von San paolo fuori le mura. Baudekoration und Nutzung von Magazinmaterial im späteren 4. Jh.*, in «Mitteilungen des Deutschen Archäologischen Instituts. Römische Abteilung», 115 (2009), 143–201.

Brandenburg 2011

H. Brandenburg, *Die Aussagen der Schriftquellen und der archäologischen Zeugnisse zum Kult der Apostelfürsten in Rom*, in S. Heid (a cura di) *Petrus und Paulus in Rom. Eine interdisziplinäre Debatte*, Herder, Freiburg 2011.

Brandenburg 2011

H. Brandenburg, *The Use of older Elements in the Architecture of Fourth- and Fifth-Century Rome: A Contribution of the Evaluation of* Spolia, in R. Brilliant, D. Kinney, *Reuse Value. Spolia and Appropriation in Art and Architecture from Constantine to Sherrie Levine*, Ashgate, Farnham 2011, 53–74.

Brandenburg 2013

H. Brandenburg, *Le prime chiese di Roma*, Jaca Book, Milano 2013.

Brandenburg 2014

H. Brandenburg, *Das* Hypopgaeum *von S. Maria in Stelle (Verona) und die Bildausstattung christlicher Kultbauten des 4. und frühen 5. Jh.*, in D. Graen *et alii* (*a cura di*) *Otium cum dignitate*. Festschrift Angelika Geyer (bar International Series 2605), Oxford 2014, 239–258.

Brandenburg, Pàl 2000

H. Brandenburg, J. Pàl, *S. Stefano Rotondo in Roma: archeologia, storia dellarte, restauro*, «Atti del convegno internazionale, Roma 10–13 ottobre 1996», Reichert Verlag, Wiesbaden 2000.

Brandt 2013

O. Brandt, *The Early Christian Baptistry of Saint Peter's*, in *Old Saint Peter's*, Rome 2013, 83–94.

Bredekamp 2000

H. Bredekamp, *Sankt Peter in Rom und das Prinzip der produktiven Zerstörung. Bau und Abbau von Bramante bis Bernini*, Klaus Wagenbach, Berlin 2000

Brenk 2010

B. Brenk, *The Apse, the Image and the Icon*, Reichert, Wiesbaden 2010.

Carpiceci, Krautheimer 1995

A. C. Carpiceci, R. Krautheimer, *Nuovi dati sull'Antica Basilica di San Pietro in Vaticano (Parte i)*, in «Bollettino d'Arte» a. lxxx, s. vi, 93–94 (1995), 1–70.

Christern 1967

J. Christern, *Der Aufriß von Alt-St. Peter*, in «Römische Quartalschrift», 61 (1967), 133–183.

Christern, Thiersch 1969

J. Christern, K. Thiersch, *Der Aufriß von Alt-St. -Peter ii, Ergänzungen zum Langhaus; Querschiffhöhe*, in «Römische Quartalschrift», 64 (1969), 1–34.

Coates-Stephens 2003

R. Coates-Stephens, *Gli acquedotti in epoca tardoantica nel Suburbium*, in P. H. Pergola, R. Santangeli Valenziani, R. VoLPe (a cura di) *Suburbium. Il Suburbio di Roma dalla crisi del sistema delle ville a Gregorio Magno*, Collection de l'École Française de Rome 311, Roma 2003, 415–436.

De Blaauw 1994

S. de Blaauw, *Cultus et decor. Liturgia e architettura nella Roma tardoantica e medievale. Basilica Salvatoris, Sanctae Marie, Sancti Petri*, 2 voll., Biblioteca Apostolica Vaticana, Città del Vaticano 1994.

De Blaauw 2000

S. De Blaauw, *L'altare nelle chiese di Roma come centro di culto e della committenza papale*, in «Settimane di studio Spoleto», 48 (2000), 969–989.

De Blaauw 2006

S. de Blaauw, *Konstantin als Kirchenstifter*, in

Demandt, Engemann 2006, 163–172.

De Blaauw 2010

S. de Blaauw, *Le origini e gli inizi dell'architettura cristiana*, in S. de Blaauw, *Storia dell'architettura italiana da Costantino a Carlo Magno*, Electa, Milano 2010, 22–53.

De Blaauw 2011

S. de Blaauw, *The Church Atrium as a Ritual Place: The Cathedral of Tyre and St. Peter's in Rome*, in F. Andres, *Ritual and Space in the Middle Ages*, Doughton 2011, 30–43.

Deichmann 1982

F. W. Deichmann, *Untersuchungen zu Dach und Decke der Basilika*, in F. W. Deichmann, *Rom, Ravenna, Konstantinopel, Naher Osten. Gesammelte Schriften*, Steiner Verlag, Wiesbaden 1982, 212–227.

Demandt, Engemann 2006

A. Demandt, J. Engemann (a cura di) *Konstantin der Große. Internationales Kolloquium vom 10. –15. Oktober 2005 an der Universität Trier*, Trier 2006.

Dresken-Weiland 2003

J. Dresken-Weiland, *Sarkophagbestattungen des 4. - 6. Jhs. im Westen des Römischen Reiches. 55. Supplementheft der Römischen Quartalschrift*, Herder, Freiburg 2003.

Duval 1988

Y. Duval, *Auprès des saints, corps et âmes. L'inhumation "ad sanctos" dans la chrétienté d'Orient et d'Occident du IIIe au VIIe siécle*, Études Augustiniennes, Paris 1988.

Eusebius von Caesarea, *Vita Constantini* (ed. 2007)

Eusebius von Caesarea, *Vita Constantini*. Über das Leben Konstantins, ed. H. Schneider (Fontes Christiani 83), Turnhöut 2007.

Fantozzi 1994

A. Fantozzi (a cura di) *Nota d'anticaglie et spoglie et cose meravigliose et grande sono nella città de Roma da vederle volentieri*, Roma 1994.

Frommel 2006

Ch. L. Frommel, *San Pietro da Nicolò v al modello di Sangallo*, in *Petros Eni – Pietro è qui*, Catalogo della mostra (Città del Vaticano, ottobre 2006–marzo 2007), Città del Vaticano 2006, 31–39.

Frothingham 1883

A. Frothingham, *Une mosaïque constantinienne inconnue à Saint Pierre de Rome*, in «Revue Archéologique» 3, 1 (1883), 68–72.

Geertman 2004

H. Geertman, *Il fastigium lateranense e l'arredo presbiteriale*, in H. Geertman, Hic fecit basilicam. *Studi sul Liber Pontificalis e gli edifici ecclesiastici a Roma da Silvestro a Silverio*, Leuven 2004, 144–148.

Geyer 1993

A. Geyer, Ästhetische Kriterien in der spätantiken Baugesetzgebung, in «Boreas» 16 (1993), 63–77.

Gnilka 2005

Ch. Gnilka, *Prudentius über den Colymbus bei St. Peter*, in «Zeitschrift für Papyrologie und Epigraphik», 132 (2005), 61–87.

Gnilka 2011

Chr. Gnilka, *Philologisches zur römischen Petrustradition*, in Heid 2011, 247–282.

Gnilka 2012

Ch. Gnilka, *Prudentius und das Apsisepigramm in Alt-St. Peter*, in «Zeitschrift für Papyrologie und Epigraphik», 183 (2012), 75–86.

Grimaldi, *Descrizione della basilica antica di S. Pietro* (ed. Niggl 1972)

G. Grimaldi, *Descrizione della basilica antica di S. Pietro in Vaticano. Codice Barberini latino 2733*, edizione e note a cura di R. Niggl, (*Codices e Vaticanis selecti*, 32), s. l. 1972.

Guidobaldi, Guiglia 1983

F. Guidobaldi, A. Guiglia, *Pavimenti marmorei di Roma dal iv al ix secolo*, Pontificio Istituto di Archeologia Cristiana, Città del Vaticano 1983.

Heid, Gnilka 2013

St. Heid, Chr. Gnilka (a cura di) *Blutzeugen*, Freiburg 2013.

Heid, Gnilka, Riesner 2014

St. Heid, Chr. Gnilka, R. Riesner (a cura di) *La morte e il sepolcro di Pietro*, Libreria Editrice Vaticana, Città del Vaticano 2014.

Jeffery 2013

P. Jeffery, *The early liturgy at Saint Peter's and the Roman liturgical year*, in *Old Saint Peter's* 2013, 157–177.

Johnson 2009

M. J. Johnson, *The Roman Mausoleum in Late Antiquity*, Cambridge University Press, Cambridge 2009.

Kaderka 2013

K. Kaderka (a cura di) *Les Ruines. Entre destruction et construction de l'Antiquité à nos jours*, Campisano, Roma 2013.

Kessler 2002

H. L. Kessler, *Old St. Peter's and church decoration in medieval Italy*, Old St. Peter's and church, Centro Italiano di Studi sull' Alto Medioevo, Spoleto 2002.

Kirschbaum 1974

E. Kirschbaum, *Die Gräber der Apostelfürsten*, Societäts-Verl., Frankfurt a. M. 1974.

Klein 2003

R. Klein, *Prudentius in Rom*, in «Römische Quartalschrift», 98 (2003), 93–111.

Krautheimer 1985

R. Krautheimer, *St. Peter's and Medieaval Rome*, Unione internazionale degli istituti di archeologia, storia e storia dell' arte in Roma, Roma 1985.

Krautheimer 1987

R. Krautheimer, *A Note on the Inscription in the Apse of Old St. Peter's*, in «Dumbarton Oaks Papers», 41 (1987), 317–320.

Krautheimer 1989

R. Krautheimer, *The building inscriptions and the dates of construction of Old Saint Peter': a reconsideration*, in «Römisches Jahrbuch für Kunstgeschichte», 25 (1989), 3–23.

Krautheimer 1999

R. Krautheimer, *Rome. Porträit d'une ville 312-1308. Mis à jour*, Librairie générale française, Paris 1999.

Krautheimer, Frazer 1980

R. Krautheimer, A. K. Frazer, *S. Pietro*, in R. Krautheimer, S. Corbett, A. K. Frazer, *Corpus Basilicarum Christianarum Romae. Le basiliche paleocristiane di Roma (sec. iv-ix)*, v, Pontificio Istituto di Archeologia Cristiana, Città del Vaticano 1980, 171–285.

Lang 2003

U. M. Lang, *Conversi ad Dominum. Zur Geschichte und Theologie der christlichen Gebetsrichtung*, Johannes Verlag, Einsiedeln 2003.

Lanzani 2010

V. Lanzani, *Le Grotte Vaticane. Memorie storiche, devozioni, tombe dei papi*, Fabbrica di San Pietro in Vaticano, Roma 2010.

Liverani 1999

P. Liverani, *La topografia antica del Vaticano*, Edizioni Musei Vaticani, Città del Vaticano 1999.

Liverani 2003

P. Liverani, *L'agro vaticano*, in P. H. Pergola, R. Santangeli Valenziani, R. VoLPe (a cura di) *Suburbium. Il Suburbio di Roma dalla crisi del sistema delle ville a Gregorio Magno*, Collection de l' École Française de Rome 311, Roma 2003, 399–413.

Liverani 2006

P. Liverani, *La basilica costantiana di San Pietro in Vaticano*, in *Petros Eni – Pietro è qui*, catalogo della mostra (Città del Vaticano, ottobre 2006–marzo 2007), Città del Vaticano 2006, 81–147.

Liverani 2006

P. Liverani, *Costantino offre il modello della basilica sull'arco trionfale*, in M. Andaloro, S. Romano (a cura di) *La pittura medievale a Roma (312-1431). Corpus e Atlante*, Corpusi, Jaca Book, Milano 2006.

Liverani 2006

P. Liverani, *L'architettura costantiniana tra committenza imperiale e contributo delle èlites locali*, in Demandt, Engemann 2006, 235–244.

Liverani 2008

P. Liverani, *Il Phrygianum vaticano*, in B. Palma (a cura di) *Testimonianze dei culti orientali tra scavi e collezionismo*, Atti del Convegno (Roma, 2006 年 3 月 23-24), Roma 2008, 40–48.

Liverani 2008

P. Liverani, *Saint Peter's, Leo the Great and the leprosy of Constantine*, in «Papers of the British School at Rome», 76 (2008), 155–172.

Liverani 2009

P. Liverani, *San Paolo fuori le mura e le visite degli imperatori*, in *San Paolo in Vaticano*, catalogo della mostra (Città del Vaticano 2009. 6. 25–2009. 9. 27), Tau editrice, Todi 2009, 91–97.

Liverani 2011

P. Liverani, *De lapide onychio. La provenienza delle colonne vitinee di S. Pietro in Vaticano*, in *Miscellanea Emilio Marin sexagenario dicata*, in «Ka/i. Acta Provinciae SS. Redemptoris Ordinis Fratrum Minorum in Croatia», 41–43 (2009–2011), 699–704.

Liverani 2013

P. Liverani, *S. Peter's and the city of Rome between Late Antiquity and the Early Middle Ages*, in *Old Saint Peter's* 2013, 21–34.

Liverani, Spinola, Zander 2010

P. Liverani, G. Spinola, P. Zander, *Le necropoli vaticane. La città dei morti di Roma*, Jaca Book, Milano 2010 (edizioni tedesca e inglese).

Logan 2010

A. H. Logan, *Constantine, the Liber Pontificalis and the Christian basilicas of Rome*, in «Studia Patristica», 50 (2010), 51–53.

Longhi 2006

D. Longhi, *La capsella eburnea di Samagher*, Edizioni del Girasole, Ravenna 2006.

Maischberger 1997

M. Maischberger, *Marmor in Rom*, Reichert Verlag, Wiesbaden 1997.

Mazzoleni 2006

D. Mazzoleni, *I poveri a San Pietro*, in *Petros Eni – Pietro è qui*, catalogo della mostra (Città del Vaticano, 2006. 10- 2007. 3), Città del Vaticano 2006, 148–149.

Niebaum 2007

J. Niebaum, *Die spätantiken Rotunden an Alt-S. Peter in Rom*, in «Marburger Jahrbuch für Kunstwissenschaft», 34 (2007), 101–161.

Niebaum 2013

J. Niebaum, *Die Peterskirche als Baustelle. Studien zur Organisation der Fabbrica di San*

Pietro（1506-5047），in K. Schröck，B. Klein，St. Burger（a cura di）*Kirche als Baustelle*，Köln 2013，60–72.

Niggl 1971

R. Niggl，*Giacomo Grimaldi（1568-1623）. Leben und Werk*，Diss. München 1971. *Old Saint Peter's* 2013 *Old Saint Peter's, Rome*，ed. by R. McKitterick，J. Osborne，C. M. Richardson and J. Story，Cambridge University Press，Cambridge 2013.

Paolucci 2008

E. Paolucci，*La tomba dell'imperatrice Maria e alter sepulture di rango di età tardoantica a S. Pietro*，in «Temporis signa»，3（2008），225–252.

Pensabene 2013

P. Pensabene，*I marmi nella Roma antica*，Carocci，Roma 2013.

Piccard 1969

J. Ch. Piccard，Étude sur l'emplacement des tombes des Papes du *IIIe au xe siècle*，in «Mélanges d'Archéologie et d'Histoire»，École francaise de Rome，81（1969），723–782.

Pietri 1976

C. Pietri，*Roma christiana*，Roma 1976.

Pinelli 2000

A. Pinelli，*L'antica basilica*，in *La basilica di San Pietro in Vaticano*，a cura di A. Pinelli，4 voll.，Franco Cosimo Panini，Modena 2000，9–51.

Rasch 1990

J. Rasch，*Zur Rekonstruktion der Andreasrotunde an Alt. -St. Peter*，in «Römische Quartalschrift»，85（1990），1–18.

Reekmans 1970

L. Reekmans，*Le développement topographique de la région du Vatican à la fin de l'Antiquité et au dé-but du Moyen Âge*，in *Mélanges Jacque Lavalleye*，Leuven 1970，197–235.

Richardson，Story 2013

C. M. Richardson，J. Story，*Letter of the canons of Saint Peter's to Paul v concerning the demolition of the old basilica 1605*，in *Old Saint Peter's* 2013，404–415.

Ruischaert 1967-1968

J. Ruischaert，*L'inscription absidale primitive de S. Pierre*，in «Rendiconti della Pontificia Accademia di Archeologia Romana»，40（1967–1968），171–190.

Thümmel 1999

H. G. Thümmel，*Die Memorien für Petrus und Paulus*，de Gruyter，Berlin 1999. Toynbee，Ward-Perkins 1956 J. Toynbee，J. Ward-Perkins，*The Shrine of S. Peters and the Vatican Excavations*，London 1956.

Utro 2009

U. Utro，*San Paolo in Vaticano*，catalogo della mostra（Città del Vaticano 2009. 6. 25–2009. 9. 27），Tau editrice，Todi 2009.

Verdon 2005

T. Verdon，*La Basilica di San Pietro. I Papi e gli artisti*，Mondadori，Milano 2005. Voelkl 1953 L. Voelkl，*Die konstantinischen Kirchenbauten nach Eusebius*，in «Rivista di Archeologia Cristiana»，29（1953），187–206.

Voelkl 1954

L. Voelkl，*Die konstantinischen Kirchenbauten nach den literarischen Quellen des Okzidents*，in «Rivista di Archeologia Cristiana»，30（1954），99–136.

von Hesberg，Zanker 2009

H. von Hesberg，P. Zanker（a cura di）*Storia dell'Architettura Italiana i. Architettura Romana. I grandi monumenti di Roma*，Electa，Milano 2009.

Zander 2007

P. Zander，*La necropoli sotto la Basilica di S. Pietro in Vaticano*，De Rosa，Roma 2007.

Zander 2010

P. Zander，*The necropolis underneath St. Peter's basilica*，in Liverani，G. Spinola，P. Zander，*Le necropoli vaticane. La città dei morti di Roma*，Jaca Book，Milano 2010，209–233.

Zander 2010

P. Zander，*Il ciborio degli Apostoli*，Città del Vaticano，in «Bollettino dell'Archivio»（2010），15–16.

Zwierlein 2011

O. Zwierlein，*Petrus in Rom. Die literarischen Zeugnisse*，De Gruyter，Berlin 2011.

第二章

缩略词

CIL = Corpus Inscriptionum Latinarum，Berolini，apud G. Reimerum 1893.

DBV = v. Mallii Descriptio（ed. Valentini，Zucchetti 1946）.

ICVR = G. B. de Rossi，Inscriptiones Christianae Urbis Romae，2 voll.，Libreria Pontificia，Romae 1857– 1888.

ICVR-NS = A. Silvagni，A. Ferrua，D. Mazzoleni et alii，Inscriptiones Christianae Urbis Romae. Nova series，10 voll.，Befani，Romae 1922–1992.

ILCV = E. Diehl，Inscriptiones Latinae Christianae Veteres，3 voll.，Berolini apud Weidmannos 1961.

LA = Liber Anniversariorum di S. Pietro v. Egidi 1908–1914，i vol.，167–291.

LP = Liber Pontificalis v. *Le Liber Pontificalis*.

THLL = *Thesaurus Linguae Latinae, editus auctoritate et consilio academiarum quinque Germanicarum*，Teubner，Leipzig–München 1900.

Abbamondi 1997

L. Abbamondi，*La porta santa*，in *"Dell'aprire*

et serrare la Porta Santa". Storie e immagini della Roma degli Anni Santi, catalogo della mostra（Roma，Biblioteca Vallicelliana 4 dicembre 1997-30 aprile 1998），a cura di B. Tellini Santoni e A. Manodor，Centro Tibaldi，s. l.，51-54.

Alpharani *De Basilicae Vaticanae*（ed. Cerrati 1914）

Tiberii Alpharani*De Basilicae Vaticanae antiquissima et nova structura*，con introduzione e note di M. Cerrati，Tipografia Poliglotta Vaticana，Roma 1914.

Andaloro 1989

M. Andaloro，«A dexteris eius beatissima Deipara Virgo» : dal mosaico della facciata vaticana，in *Fragmenta picta* 1989，139-140.

Andaloro 1989

M. Andaloro，*I mosaici dell'oratorio di Giovanni vii*，in *Fragmenta picta* 1989，169-177.

Andaloro 2006

M. Andaloro，*L'orizzonte tardoantico e le nuove immagini*，in M. Andaloro，S. Romano，*La pittura medievale a Roma（312-1431）. Corpus e Atlante*，Corpus i，Jaca Book，Milano 2006.

Andaloro 2009

M. Andaloro，*Giotto tradotto. A proposito del mosaico della Navicella*，in *Frammenti di memoria. Giotto, Roma e Bonifacio VIII*，a cura di M. Andaloro，S. Maddalo，M. Miglio，Istituto Storico Italiano per il Medio Evo，Roma 2009，17-35.

Andaloro, Maddalo, Miglio 2009

Frammenti di memoria Giotto. Roma e Bonifacio VIII，a cura di M. Andaloro，S. Maddalo，M. Miglio，Istituto Storico Italiano per il Medio Evo，Roma 2009.

Andrieu 1936

M. Andrieu，*La chapelle de Sainte-Grégoire*

dans l'ancienne Basilique Vaticane，in «Rivista di archeologia cristiana»，13（1936），61-99.

Andrieu 1954

M. Andrieu，*La rota porphyretica de la basilique Vaticane*，in «Mélanges d'archéologie et d'histoire»，66（1954），189-218.

Angelucci, Liverani 1994

S. Angelucci，P. Liverani，*Pavones aurei qui sunt in cantaro Paradisi: indagine sullo stato di conservazione e restauro; analisi storico-archeologica*，in «Bollettino dei Musei e Gallerie Pontificie»，14（1994），5-38.

Anonimo romano, *Cronica*（ed. Porta 1981）

Anonimo romano，*Cronica*，a cura di G. Porta，AdeLPhi，Milano 1981.

Apollonj Ghetti, Ferrua, Josi, Kirschbaum 1951

Esplorazioni sotto la confessione di San Pietro in Vaticano eseguite negli anni 1940-1949，a cura di B. M. Apollonj Ghetti，A. Ferrua，S. J. E. Josi，E. Kirschbaum，S. J.，prefazione di Mons. L. Kaas，Appendice numismatica di C. Serafini，2 voll.，Tipografia Poliglotta Vaticana，Città del Vaticano 1951.

Arbeiter 1988

A. Arbeiter，*Alt-St. Peter in Geschichte und Wissenschaft. Abfolge der Bauten, Reconstruktion, Architekturprogramm*，Mann，Berlin 1988.

***L'architettura della basilica di San Pietro* 1997**

L'architettura della basilica di San Pietro. Storia e costruzione，Atti del convegno internazionale di studi（Roma，Castel S. Angelo，1995. 11. 7-10），a cura di G. Spagnesi，in «Quaderni dell'Istituto di Storia dell'Architettura»，25-30（1995-97），1997.

Ballardini 2004

A. Ballardini，*La distruzione dell'abside dell'antico San Pietro e la tradizione iconografica*

del mosaico innocenziano tra la fine del sec. xvi e il sec. xvii，in «Miscellanea Bibliothecae Vaticanae»，11（2004），7-80.

Ballardini 2008

A. Ballardini，*Scultura per l'arredo liturgico nella Roma di Pasquale i（817-824）: tra modelli paleocristiani e Flechtwerk*，in *Medioevo: arte e storia*，Atti del x convegno internazionale（Parma，2007. 9. 18-22），a cura di A. C. Quintavalle，Electa，Milano 2008，225-246.

Ballardini 2009

A. Ballardini，*83. L'apostolo Paolo, memoria del mosaico absidale dell'antica basilica di San Pietro*，in *San Paolo in Vaticano. La figura e la parola dell'apostolo delle genti nelle raccolte pontificie*，catologo della mostra，Città del Vaticano，Musei Vaticani，2009. 6. 26-2009. 9. 27，a cura di U. Utro，Tau editore，Todi 2009，242-243.

Ballardini 2010

A. Ballardini，*Scultura a Roma. Standards qualitativi e committenza（VIII secolo）*，in *L'VIII secolo, un secolo inquieto*，Atti del convegno internazionale di studi（Cividale del Friuli，2008. 12. 4-7），a cura di V. Pace，Comune di Cividale，Cividale del Friuli 2010，141-148.

Ballardini 2011

A. Ballardini，*Un'oratorio per la Theotokos. Giovanni vii（705-707）committente a San Pietro*，in *Medioevo: i committenti*，Atti del XIII convegno internazionale di studi（Parma，2010. 9. 21-26），a cura di A. C. Quintavalle，Electa，Milano 2011，94-116.

Ballardini 2015

A. Ballardini，«In antiquissimo ac venerabili Lateranensi palatio» : la residenza dei pontefici secondo il Liber Pontificalis，in *Le corti nell'alto medioevo*，lxii Settimana di studio del cisam（Spoleto，2014. 4. 24-30），Centro Italiano di Studi sull'Alto Medioevo，Spoleto 2015，889-

927（Tavv. i–xvi）.

Ballardini in c. di st.

A. Ballardini, *Stat Roma pristina nomine. Nota sulla terminologia storico-artistica nel Liber Pontificalis*, in *La committenza papale a Roma nel medioevo*, a cura di M. d'Onofrio, Viella, in c. di st. Ballardini, Pogliani 2013 A. Ballardini, P. Pogliani, *A reconstruction of the oratory of John vii（705-7）*, in *Old Saint Peter's* 2013, 190–213.

Barsanti, Guiglia 1992

C. Barsanti, A. Guiglia Guidobaldi, *Gli elementi della recinzione liturgica ed altri frammenti minori nell'ambito della produzione scultorea protobizantina*, in F. Guidobaldi, C. Barsanti, A. Guiglia Guidobaldi, *San Clemente. La scultura del vi secolo*, Collegio San Clemente, Roma 1992, 67–304.

***La basilica di San Pietro* 2000**

La basilica di San Pietro in Vaticano, a cura di A. Pinelli, 4 voll., Franco Cosimo Panini, Modena 2000.

Battaglia 1961-2002

S. Battaglia, *Grande dizionario della lingua italiana*, 21 voll., utet, Torino 1961–2002.

Bauer 1999

F. A. Bauer, *La frammentazione liturgica nella chiesa romana del primo medioevo*, in «Rivista di archeologia cristiana», 75（1999）, 385–446.

Bauer 2004

F. A. Bauer, *Das Bild der Stadt Rom in Frühmittelalter. Papststiftungen im Spiegel des Liber Pontificalis von Gregor dem Dritten bis zu Leo dem Dritten*, Reichert, Wiesbaden 2004.

Belting 2001（i ed. 1990）

H. Belting, *Il culto delle immagini*, Carocci, Roma 2001.

Belting 2007（i ed. 2005）

H. Belting, *La vera immagine di Cristo*, Bollati Boringhieri, Torino 2007.

Bentivoglio 1997

E. Bentivoglio, *Tiberio Alfarano: le piante del vecchio San Pietro sulla pianta del nuovo edito dal Dupérac*, in *L'architettura della basilica di San Pietro* 1997, 247–254.

Bergmann, Liverani 2000

M. Bergmann, P. Liverani, *Busto con ritratto imperiale non pertinente*, in *Aurea Roma, dalla città pagana alla città cristiana*, catalogo della mostra（Roma, Palazzo delle Esposizioni 22 dicembre 2000–20 aprile 2001）, a cura di S. Ensoli E. La Rocca, L'Erma di Bretschneider, Roma 2000, 563–564.

Bertelli 1961

C. Bertelli, *La Madonna di Santa Maria in Trastevere. Storia, iconografia, stile di un dipinto romano dell'ottavo secolo*, Roma 1961.

Bisconti 2002

F. Bisconti, *Progetti decorativi dei primi edifici di culto romani: dalle assenze figurative ai grandi scenari iconografici*, in *Ecclesiae Urbis* 2002, III vol., 1643–1646.

Boesch Gajano 2004

S. Boesch Gajano, *Gregorio Magno. Alle origini del Medioevo*, Viella, Roma 2004.

Bordi 2006

G. Bordi, *46. L'Agnus Dei, i quattro simboli degli Evangelisti e i ventiquattro Seniores nel mosaico della facciata di San Pietro in Vaticano*, in Andaloro 2006, 416–418.

Borroni 1971

F. Borroni, *a. v. Bonifacio（Bonifatio, Bonifazio）, Natale, detto Bonifacio da Sebenico o Natale Dalmatino*, in *Dizionario Biografico degli Italiani*, vol. 12, Istituto della

Enciclopedia Italiana, Roma 1971, 201–204.

Brandenburg 2013

H. Brandenburg, *Le prime chiese di Roma*, Jaca Book, Milano 2013, 92–103.

Brandt 2013

O. Brandt, *The Early Christian baptistery of Saint Peter's*, in *Old Saint Peter's* 2013, 81–94.

Bredekamp 2005

H. Bredekamp, *La fabbrica di San Pietro. Il principio della distruzione produttiva*, Einaudi, Torino 2005（ed. orig. Berlin 2000）. Burckardi *Liber notarum*（ed. Celani 1910–1943）Johannis Burckardi *Liber Notarum, ab anno MCCCCLXXXIII usque ad annum mdvi*, a cura di E.

Celani, 2 voll., S. Lapi, Città di Castello 1910-1943.

Cagiano de Azevedo 1968

M. Cagiano de Azevedo, *Le immagini dei SS. Pietro e Paolo nel trono del papa in Vaticano*, in «Commentari», 19（1968）, 58–64.

Caglioti 1997

F. Caglioti, *Da Alberti a Ligorio, da Maderno a Bernini e a Marchionni: il ritrovamento del "San Pietro" vaticano di Mino da Fiesole（e di Niccolò Longhi da Viggiù）*, in «Prospettiva», 86（1997）, 37–70.

Caglioti 2000

F. Caglioti, *San Pietro（schede nn. 1723-1724）*, in *La basilica di San Pietro in Vaticano*, a cura di A. Pinelli, 4 voll., Franco Cosimo Panini, Modena 2000,（Schede）, 879–882.

Canetti 2002

L. Canetti, *Frammenti di eternità. Corpi e reliquie tra Antichità e Medioevo*, Viella, Roma 2002. Capgrave（ed. Giosuè 1995）J. Capgrave, *Ye Solace of Pilgrimes. Una guida di Roma per*

参考文献

i pellegrini del Quattrocento, Introduzione e traduzione integrale a cura di D. Giosuè, Roma nel Rinascimento, Roma 1995.

Carmassi 2003

P. Carmassi, La prima redazione del Liber Pontificalis nel quadro delle fonti contemporanee. Osservazioni in margine alla vita di Simmaco, in Il Liber Pontificalis e la storia materiale 2003, 235–266.

Carpiceci, Krautheimer 1995

A. C. Carpiceci, R. Krautheimer, Nuovi dati sull'Antica Basilica di San Pietro in Vaticano (Parte i), in «Bollettino d'Arte» a. lxxx, s. vi, 93–94 (1995), 1–70.

Carpiceci, Krautheimer 1996

A. C. Carpiceci, R. Krautheimer, Nuovi dati sull'Antica Basilica di San Pietro in Vaticano (Parte ii), in «Bollettino d'Arte» a. lxxx, s. vi, 95 (1996), 1–84.

Casartelli, Ballardini 2005

S. Casartelli Novelli, A. Ballardini, Aula Dei claris radiat speciosa metallis. I manifesti absidali della Chiesa di Roma mater ecclesia catholica, ispirati "unicamente" all'immaginario dell'Apocalisse di Giovanni (iv-ix sec.), in Medioevo: immagini e ideologie 2005, 145–164.

Cecchelli 2000

M. Cecchelli, Interventi edilizi di papa Simmaco, in Il papato di san Simmaco 2000, 111–128.

Cerrati 2015

M. Cerrati, Il tetto della basilica Vaticana rifatto per opera di Benedetto xii, in «Mélanges. d'Archéologie et d'Histoire», 35 (1915), 81–117.

Christe 1976

Y. Christe, Apocalypse et «Traditio legis», in «Römische Quartalschrift», 71 (1976), 42–55.

Claussen 1987

P. C. Claussen, Magistri Doctissimi Romani. Die rö-mischen Marmorkünstler des Mittelalters, Franz Steiner Verlag, Wiesbaden 1987.

Claussen 2001

P. C. Claussen, Il tipo romano del ciborio con reliquie: questioni aperte sulla genesi e la funzione, in Arredi di culto e disposizioni liturgiche a Roma da Costantino a Sisto iv, Atti del colloquio internazionale (Istituto Olandese a Roma, 3–4 dicembre 1999), in «Mededelingen van het Nederlands Instituut te Rome. Historical Studies», 59 (2000) 2001, 229–249.

Claussen 2002

P. C. Claussen, Marmo e splendore. Architettura, arredi liturgici, spoliae, in M. Andaloro, S. Romano, Arte e iconografia a Roma dal tardoantico alla fine del medioevo, Jaca Book, Milano 2002, 151–174.

Coates-Stephens 2003

R. Coates-Stephens, Gli impianti ad acqua e la rete idrica urbana, in Il Liber Pontificalis e la storia materiale 2003, 135–153.

Codice topografico della città di Roma

Codice topografico della città di Roma, a cura di R. Valentini e G. Zucchetti, 4 voll., Tipografia del Senato, Roma 1940–1953.

La Colonna santa 2015

La Colonna santa, in «Bollettino d'archivio», 28–29 (2015), (Archivum Sancti Petri. Studi e documenti sulla storia del Capitolo Vaticano e del suo clero, collana diretta da D. Rezza). D'Achille, Pomarici 2006 A. M. D'Achille, F. Pomarici, Bibliografia arnolfiana, Silvana, Cinisello Balsamo 2006.

D'Arrigo 1980

M. D'Arrigo, Alcune osservazioni sullo stato originario della tomba di Bonifacio VIII, in Federico ii e l'arte del Duecento 1980, i vol.,

373–378.

D'Onofrio 1976

M. D'Onofrio, La Königshalle di Lorsch presso Worms, in Roma e l'età Carolingia, Atti delle giornate di studio, 3–8 maggio 1976, a cura dell'Istituto di Storia dell'Arte dell'Università di Roma, Multigrafica ed., Roma 1976, 128–138.

De Blaauw 1994

S. de Blaauw, Cultus et decor. Liturgia e architettura nella Roma tardoantica e medievale. Basilica Salvatoris, Sanctae Marie, Sancti Petri, 2 voll., Biblioteca Apostolica Vaticana, Città del Vaticano 1994.

De Blaauw 2003

S. de Blaauw, L'abside nella terminologia architettonica del Liber Pontificalis, in Il Liber Pontificalis e la storia materiale 2003, 105–114.

De Blaauw 2008

S. de Blaauw, Unum et idem: der Hochaltar von Sankt Peter im 16. Jahrhundert, in Sankt Peter in Rom 1506-2006, Beiträge der internationalen Tagung von 22. –25 Februar 2006 in Bonn, hrsg. Von G. Satzinger und S. Schütze, Hirmer, München 2008, 227–241.

De Blaauw 2011

S. de Blaauw, The Church Atrium as a Ritual Space: the Cathedral of Tyre and St. Peter's in Rome, in Ritual and Space in the Middle Ages (Harlaxton Symposium, 2009), a cura di F. Andrews, Shaun Tyas, Donington 2011, 30–43.

De Blaauw 2012

S. De Blaauw, Origins and Early Developments of the Choir, in La place du choeur. Architecture et liturgie du Moyen Âge aux Temps modernes, Actes du colloque de l'École Pratique des Hautes Études, sous la direction de S. Frommel et L. Lecomte avec la collaboration de R. Tassin

393

(Institut National d' Histoire de l' Art, les 10 et 11 décembre 2007), ePicard-Campisano Editore, Paris-Roma 2012, 25-32.

De Rossi 1891

G. B. de Rossi, *Raccolta di iscrizioni romane relative ad artisti e alle loro opere nel medio evo, compilata alla fine del secolo xvi*, in «Bullettino di Archeologia Cristiana», s. v, ii (1891), 95, 187-198.

De Santis 2010

P. De Santis, *Sanctorum monumenta. "Aree sacre" del suburbio di Roma nella documentazione epigrafica (iv-vii secolo)*, Edipuglia, Bari 2010.

Della Schiava 2007

F. Della Schiava, *Per la storia della basilica vaticana nel '500. Una nuova silloge di Tiberio Alfarano a Catania*, in «Italia Medievale Umanistica», 48 (2007), 257-282.

Della Schiava 2011

F. Della Schiava, *Il De rebus antiquis memorabilibus di Maffeo Vegio tra i secoli xv-xvii: la ricezione e i testimoni*, in «Italia medioevale e umanistica», 52 (2011), 139-196.

Delogu 1988

P. Delogu, *Oro e argento in Roma tra vii e ix secolo*, in *Cultura e società nell'Italia medievale. Studi per Paolo Brezzi*, Istituto Storico Italiano per il Medioevo, Roma 1988, 273-293.

Di Stefano Manzella 1986

I. Di Stefano Manzella, *Le iscrizioni della pigna vaticana*, in «Bollettino dei Monumenti Musei e Gallerie Pontificie», 6 (1986), 65-78.

Dobschütz 2006 (i ed. 1899)

E. von Dobschütz, *Immagini di Cristo*, Medusa, Milano 2006. Dondi, *Iter Romanum* (ed. Valentini, Zucchetti 1953) G. Dondi, *Iter*

Romanum, in *Codice topografico della città di Roma*, iv vol., 65-73.

***Ecclesiae Urbis* 2002**

Ecclesiae Urbis, Atti del congresso internazionale di studi sulle chiese di Roma (iv-x secolo), Roma 4-10 settembre 2000. A cura di F. Guidobaldi e A. Guiglia Guidobaldi, 3 voll., Pontificio Istituto di Archeologia Cristiana, Città del Vaticano 2002.

Egidi 1908-1914

P. Egidi, *Necrologi e libri affini della provincia Romana*, 2 voll., Istituto Storico Italiano, Roma 1908-1914.

Emerick 2005

J. J. Emerick, *Altars personifi ed. The Cult of the Saints and the Chapel System in Pope Paschal i's S. Prassede (817-819)*, in *Archaeology in architecture. Studies in honor of Cecil L. Striker*, ed. by J. J. Emerick and D. M. Deliyannis, Zabern, Mainz am Rhein 2005, 43-63.

Federico ii e l'arte del Duecento italiano

Federico ii e l'arte del Duecento italiano, Atti della III Settimana di studi di storia dell' arte medievale dell' Università di Roma (15-20 maggio 1978), a cura di A. M. Romanini, 2 voll., Congedo Editore, Galatina 1980.

Filarete, *Trattato di Architettura* (ed. Finoli, Grassi 1972)

A. Averlino detto il Filarete, *Trattato di Architettura*, a cura di A. M. Finoli e L. Grassi, Il Polifilo, Milano 1972.

Finch 1991

M. Finch, *The Cantharus and Pigna at Old St. Peter's*, in «Gesta», 30 (1991), 16-26.

***Fragmenta picta* 1989**

Fragmenta Picta. Affreschi e mosaici staccati del Medioevo romano, catalogo della mostra (Roma, Castel Sant' Angelo 1989. 12. 15- 1990. 2. 18),

Argos, Roma 1989.

Gallo 2000

M. Gallo, *Note sul cosiddetto ciborio di Sisto iv: documenti e precisazioni*, in *Sisto iv. Le arti a Roma nel primo Rinascimento*, Atti del convegno internazionale di studi, Roma 23-25 ottobre 1997, a cura di F. Benzi, Edizioni dell' Associazione Culturale Shakespeare and Company 2, Roma 2000, 342-351.

Gandolfo 1980

F. Gandolfo, *La cattedra papale in età Federiciana*, in *Federico iie l'arte del Duecento*1980, i, 339-366.

Gandolfo 1981

F. Gandolfo, *Simbolismo antiquario e potere papale*, in «Studi romani», 29 (1981), 11-28.

Gandolfo 1983

F. Gandolfo, *Assisi e il Laterano*, in «Archivio della Società Romana di Storia Patria», 106 (1983), 63-113.

Gandolfo 1988 (= aggiornamento a G. Matthiae)

G. Matthiae, *Pittura romana del Medioevo. Secoli xixiv*, Aggiornamento scientifico e bibliografia di F. Gandolfo, Palombi, Roma 1988.

Gandolfo 1989

F. Gandolfo, *Il ritratto di Gregorio ix dal mosaico di facciata di San Pietro in Vaticano*, *Fragmenta picta* 1989, 131-134.

Gandolfo 2004

F. Gandolfo, *Il ritratto di committenza nella Roma Medievale*, Unione internazionale degli istituti di archeologia, storia e storia dell' arte in Roma, Roma 2004.

Gardner 1983

J. Gardner, *Bonifacio VIII as Patron of ScuLPture*, in *Roma anno 1300*, Atti della iv

Settimana di studi di storia dell'arte medievale dell'Università di Roma La Sapienza, 19–24 maggio 1980, a cura di A. M. Romanini, L'Erma di Bretschneider, Roma 1983, 513–528.

Geary 2000

P. J. Geary, *Furta sacra. La trafugazione delle reliquie nel Medioevo*, Vita e Pensiero, Milano 2000.

Geertman 2004

H. Geertman, *Hic fecit basilicam. Studi sul Liber Pontificalis e gli edifici ecclesiastici di Roma dal Silvestro a Silverio*, a cura di S. de Blaauw, Peeters, Leuven 2004.

Gem 2005

R. Gem, *The Vatican Rotunda: a Severan monument and its early history, c. 200 to 500*, «Journal of the British Archaeological Association», 158 (2005), 1–45.

Gesta di Innocenzo III (ed. Barone, Paravicini Bagliani 2011)

Gesta di Innocenzo III, traduzione di S. Fioramonti, a cura di G. Barone e A. Paravicini Bagliani, Viella, Roma 2011.

Ghiberti, I commentari (ed. Morisani 1947)

L. Ghiberti, *I commentari*, a cura di O. Morisani, Ricciardi, Napoli 1947.

Ghidoli 1989

A. Ghidoli, *La testa di S. Luca dal mosaico di facciata di San Pietro*, in *Fragmenta Picta* 1989, 135–138.

Glass 2013

R. Glass, *Filarete's renovation of the Porta Argentea at Old Saint Peter's*, in *Old Saint Peter's* 2013, 348–370.

Gray 1948

N. Gray, *The Paleography of Latin Inscriptions in the Eighth, Ninth and Tenth Centuries in Italy*, in «Papers of the British School at Rome», 16

(1948), 38–171.

Gregorii Turonesis De Gloria Martyrum (ed. Arndt, Krusch 1884)

Gregorii Turonesis *De Gloria Martyrum*, ed. W. Arndt, B. Krusch, in mgh Scriptores rerum Merovingicarum i 1, Hannover 1951, 484–561.

Grimaldi, Descrizione della basilica antica di S. Pietro (ed. Niggl 1972)

G. Grimaldi, *Descrizione della basilica antica di S. Pietro in Vaticano. Codice Barberini latino 2733*, edizione e note a cura di R. Niggl, (*Codices e Vaticanis selecti*, 32), s. l. 1972.

Guidobaldi, Guiglia 1983

F. Guidobaldi, A. Guiglia, *Pavimenti marmorei di Roma dal iv al ix secolo*, Pontificio Istituto di Archeologia Cristiana, Città del Vaticano 1983.

Guiglia Guidobaldi 2002

A. Guiglia Guidobaldi, *La scultura di arredo liturgico nelle chiese di Roma: il momento bizantino*, in *Ecclesiae Urbis* 2002, III vol., 1479–1524.

Heid 2012

S. Heid, *a. v. Grimaldi, Giacomo /Jacopo, Archivar, Bibliothekar*, in *Personenlexikon zur Christlichen*

Archäologie 2012, i vol., 610–611.

Hetherington 1979

P. Hetherington, *Pietro Cavallini a study in the art of late medieval Rome*, Sagittarius, London 1979.

Hülsen 1904

Ch. Hülsen, *Der Cantharus von Alt-St.-Peter und die antiken Pignes-Brunnen*, in «Mitteilungen des

Deutschen Archäologischen Instituts. Römische Abteilung», 19 (1904), 87–116.

Iacobini 1989

A. Iacobini, *Il mosaico absidale di San Pietro in Vaticano*, in *Fragmenta picta* 1989, 119–129. Iacobini 1990 A. Iacobini, *Le porte bronzee medievali del Laterano*, in *Le porte di bronzo dall'antichità al secolo XIII*, a cura di S. Salomi, Istituto dell'Enciclopedia Italiana, Roma 1990, 71–95.

Iacobini 1997

A. Iacobini, «Haec sacra principis aedes»: la Basilica Vaticana da Innocenzo III a Gregorio ix (1198-1241), in *L'architettura della basilica di San Pietro* 1997, 91–100.

Jacobsen 1985

W. Jacobsen, *Die Lorscher Torhalle. Zum Problem ihrer Datierung und Deutung. Mit einen Katalog deu bauplastischen Fragmente als Anhang*, in «Jahrbuch des Zentralinstituts für Kunstgeschichte», 1 (1985), 9–75.

Janssens 2000

J. Janssens, *Papa Simmaco e i monumenti*, in *Il papato di san Simmaco* 2000, 265–275.

Kempers, De Blaauw 1987

B. Kempers, S. de Blaauw, *Jacopo Stefaneschi, Patron and Liturgist. A New Hypothesis regarding the Date, Iconography, Authorship and Function of his Altarpiece for Old Saint Peter's*, in «Mededelingen van het Nederlands Instituut te Rome», 47/ns 12 (1987), 83–113.

Kessler 1989

H. L. Kessler, *L'antica basilica di San Pietro come fonte e ispirazione per la decorazione delle chiese medievali*, in *Fragmenta picta* 1989, 45–62.

Kessler 1999

H. L. Kessler, *L'apparato decorativo di S. Pietro*, in *Romei & Giubilei. Il pellegrinaggio medievale alla tomba di San Pietro* (350-1359), catalogo della mostra (Roma, Museo Nazionale del Palazzo di Venezia, 1999. 10. 29– 2000. 2.

26）, a cura di M. D'Onofrio, Electa, Milano 1999, 263–270.

Kessler 2002

H. L. Kessler, *Old St. Peter's and church decoration in Medieval Italy*, *Old St. Peter's and church*, Centro Italiano di Studi sull'Alto Medioevo, Spoleto 2002.

Kessler 2009

H. Kessler, *Giotto e Roma*, in *Giotto e il Trecento. "Il più sovrano maestro stato in dipintura"*, catalogo della mostra（Roma, Complesso del Vittoriano, 2009. 3. 6–2009. 6. 29）, a cura di A. Tomei, 2 voll., Skira, Milano 2009, ii vol., 85–99.

Kinney 2005

D. Kinney, *Spolia*, in *St. Peter's in the Vatican* 2005, 16–47.

Köhren-Jansen 1993

H. Köhren-Jansen, *Giottos Navicella. Bildtradition, Deutung, Rezeptiongeschichte*（Römische Studien der Bibliotheca Hertziana, 8）, Werner, Worms am Rhein 1993.

Krautheimer, Frazer 1980

R. Krautheimer, A. K. Frazer, *S. Pietro*, in R. Krautheimer, S. Corbett, A. K. Frazer, *Corpus Basilica rum Christianarum Romae. Le basiliche paleocristiane di Roma（sec. iv-ix）, v*, Pontificio Istituto di Archeologia Cristiana, Città del Vaticano 1980, 171–285.

Lanzani 1999

V. Lanzani, *'Gloriosa confessio'. Lo splendore del sepolcro di Pietro da Costantino al Rinascimento*, in *La Confessione nella basilica di San Pietro*, a cura di A. M. Pergolizzi, Silvana Editoriale, Cinisello Balsamo 1999, 10–41.

Lanzani 2010

V. Lanzani, *Le grotte vaticane. Memorie storiche, devozioni, tombe dei papi*, Fabbrica di San Pietro in Vaticano, Città del Vaticano 2010.

Lanzani 2011

V. Lanzani, *Lettura iconografica della basilica di San Pietro. Il messaggio artistico e spirtuale dei mosaici*, in Ch. Thoenes, V. Lanzani, G. Mattiacci *et alii* 2011, 68–132.

Leuker 2001

T. Leuker, *Der Titulus von Giottos 'Navicella' als massgeblicher Baustein für die Deutung und Datierung des Mosaik*, in «Marburger Jahrbuch für Kunstwissenschaft», 28（2001）, 101–108.

Le Liber Pontificalis

Le Liber Pontificalis. Texte, introduction et commentaire par L. Duchesne, I–II t., Paris 1886–1892 e III t., *Additions et corrections de* Mgr L. Duchesne, C. Vogel 出 版, Boccard, Paris 1957（réim1981）.

***Il Liber Pontificalis e la storia materiale* 2003**

Il Liber Pontificalis e la storia materiale, Atti del colloquio internazionale（Roma, 2002. 2. 21–22）, a cura di H. Geertman, in «Mededelingen van het Nederlands Instituut te Rome. Antiquity», 60/61（2001–2002）2003.

Liverani 1986

P. Liverani, *La pigna vaticana. Note storiche*, in «Bollettino dei Monumenti, Musei e Gallerie Pontificie», 6（1986）, 51–63.

Liverani 2003

Liverani, *Camerae e coperture delle basiliche paleocristiane*, in *Il Liber Pontificalis e la storia materiale* 2003, 13–27.

Liverani 2011

P. Liverani, *De lapide onychio. La provenienza delle colonne vitinee di S. Pietro in Vaticano*, in *Miscellanea Emilio Marin sexagenario dicata*, in «Ka/i . Acta Provinciae SS. Redemptoris Ordinis Fratrum Minorum in Croatia», 41–43（2009–2011）, 699–704.

Liverani 2013

P. Liverani, *Saint Peter's and the city of Rome between Late Antiquity and early Middle Ages*, in *Old Saint Peter's* 2013, 21–34.

Lucherini 2012

V. Lucherini *a. v. Alfarano, Tiberio/Tiberius Alpharanus, Historiker*, in *Personenlexikon zur Christlichen Archäologie* 2012, i vol., 62–63.

Maccarone 1985

M. Maccarrone, *La "Cathedra Sancti Petri" nel medioevo da simbolo a reliquia*, in «Rivista di storia della Chiesa in Italia», 39（1985）, 349–447.

Maccarrone 1991

M. Maccarrone, *Romana Ecclesia, Cathedra Petri*, a cura di P. Zerbi, 2 voll, Herder, Roma 1991.

Mackie 2003

G. Mackie, *Early Christian chapels in the west: decoration, function and patronage*, University of Toronto Press, Toronto, Buffalo, London 2003.

Mallii *Descriptio*（ed. Valentini, Zucchetti 1946）

Petri Mallii *Descriptio basilicae Vaticanae aucta atque emendata a Romano presbitero*, in *Codice topografico della città di Roma*, III vol., 375–442.

Manfredi 2009

A. Manfredi, *La penitenzieria Apostolica del Quattrocento attraverso i cardinali penitenzieri e le bolle dei giubilei*, in *La Penitenzieria Apostolica e il sacramento della penitenza. Percorsi storicogiuridici, teologici e prospettive pastorali*, a cura di M. Sodi e J. Ickx, Libreria Editrice Vaticana, Città del Vaticano 2009, 63–87.

Manzari 2004

F. Manzari, *Gli antifonari tardoduecenteschi per i Canonici della Basilica di S. Pietro a Roma*, in «Arte Medievale», n. s. 3 (2004), 1, 71–84.

Marcos Pous 1957

A. Marcos Pous, *Consideraciones en torno al aspecto del presbiterio realzado de la Basilica de San Pedro in Vaticano*, in «Cuadernos de Trabajos de la Escuela Española de Historia y Arqueología en Roma», 9 (1957), 145–165.

***Medioevo: immagini e ideologie* 2005**

Medioevo: immagini e ideologie, Atti del convegno internazionale di studi (Parma, 2002. 9. 23–27), a cura di A. C. Quintavalle, Electa, Milano 2005.

Monciatti 2005

A. Monciatti, *Il palazzo Vaticano nel Medioevo*, Olschki, Firenze 2005. Muffel (ed. Wiedmann 1999)

N. Muffel, *Descrizione della città di Roma nel 1452.*

Delle indulgenze e dei luoghi sacri di Roma, traduzione italiana e commento a cura di G. Wiedmann, Pàtron, Bologna 1999.

Müntz 1983 (i ed. 1878-1882)

E. Müntz, *Les arts à la cour des papes pendant le xve e le xvie siècle*, 3 voll. in 1, Olms Zürich, New York, Hildesheim 1983.

Niggl 1971

R. Niggl, *Giacomo Grimaldi (1568-1623). Leben und Werk des römischen Archäologen und Historikers*, München 1971.

Nobiloni 1997

B. Nobiloni, *Le colonne vitinee della basilica di San Pietro a Roma*, in «Xenia Antiqua», 6(1997), 81–142.

Nordhagen 1969

P. J. Nordhagen, *A carved marble Pilaster in the Vatican Grottoes. Some remarks on the scuLPtural*

techniques of Early Middle Ages, in «Acta ad archaeologiam et artium historiam pertinentia», 4 (1969), 113–119.

***Old Saint Peter's* 2013**

Old Saint Peter's, Rome, ed. R. McKitterick, J. Osborne, C. M. Richardson and J. Story, Cambridge University Press 2013.

Pace 2003

V. Pace, *La committenza artistica di Innocenzo III*, in *Innocenzo III Urbs et Orbis*, Atti del convegno internazionale di studi (Roma, 9–15 settembre 1998), a cura di A. Sommerlechner, 2 voll., Istituto Storico Italiano per il Medio Evo, Roma 2003, ii vol., 1226–1244.

Pacini 2004

A. Pacini, *Studi ed esperimenti su preziosi policromi antichi*, Tipografia Madonna delle Querce, Montepulciano 2004.

Pani Ermini 1992

L. Pani Ermini, *Renovatio murorum tra programma urbanistico e restauro conservativo: Roma e il ducato romano*, in *Committenti e produzione artistico-letteraria nell'alto medioevo occidentale*, xxxix Settimana di studio del cisam (Spoleto, 1991. 4. 4–10), Centro Italiano di Studi sull'Alto Medioevo, Spoleto 1992, 485–530.

Panvinii *De rebus antiquis* (ed. Mai 1843)

Onuphrii Panvinii *De rebus antiquis memorabilibus*, A. ed. Mai, in *Spicilegium Romanum*, 10 voll., Typis collegii urbani, Romae 1843, ix vol., 192–382.

***Il papato di san Simmaco* 2000**

Il papato di san Simmaco (498-514), Atti del convegno internazionale di studi (Oristano1990. 11. 19–21), a cura di G. Mele e N. Spaccapelo, Pontificia Facoltà Teologica della Sardegna, Cagliari 2000.

Paravicini Bagliani 1998

A. Paravicini Bagliani, *Le Chiavi e la Tiara. Immagini e simboli del papato medievale*, Viella, Roma 1998.

Paravicini Bagliani 2003

A. Paravicini Bagliani, *Bonifacio VIII*, Giulio Einaudi Editore, Torino 2003.

Paravicini Bagliani 2013

A. Paravicini Bagliani, *Morte e elezione del papa. Norme, riti e conflitti. Il Medioevo*, Viella, Roma 2013.

***Personenlexikon zur Christlichen Archäologie* 2012**

Personenlexikon zur Christlichen Archäologie, Forscher und Persönlichkeiten von 16. bis zum 21. Jahrhundert, hrsg. von S. Heid und M. Dennert, 2 voll., Schnell und Steiner, Regensburg 2012.

Picard 1969

J. -Ch. Picard, Étude sur l' emplacement des tombes des Papes du *iie au xe siècle*, in «Mélanges d' archéologie et d' histoire», 81 (1969), 725–782.

Picard 1971

J. -Ch. Picard, *Les origines du mot Paradisus-Parvis*, in «Mélanges de l' Ecole Française de Rome. Moyen âge, temps modernes», 83 (1971), 159–186.

Picard 1974

J. -Ch. Picard, *Le quadriportique de Saint-Pierre-duVatican*, in «Mélanges de l' Ecole Française de Rome. Antiquité», 86 (1974), 851–890.

Pinelli 2000,

A. Pinelli, *L'antica basilica*, in *La basilica di San Pietro in Vaticano*, a cura di A. Pinelli, 4 voll., Franco Cosimo Panini, Modena 2000, 9–51.

Pogliani 2001

P. Pogliani, *Le storie di Pietro nell'oratorio di*

Giovanni vii nella basilica di San Pietro, in *La figura di San Pietro nelle fonti del Medioevo*, a cura di L. Lazzari e A. M. Valente Bacci, Fédération internationale des instituts d'études médiévales, Louvain-La-Neuve 2001, 505-523.

Pogliani 2006

P. Pogliani, *1. San Pietro*, in M. Andaloro 2006, 21-44.

Pogliani 2009

P. Pogliani, *L'angelo di Giotto: dal quadriportico dell'antica basilica di San Pietro alle Grotte Vaticane. Notizie sullo scacco e sui restauri*, in *Frammenti di memoria Giotto, Roma e Bonifacio VIII*, a cura di M. Andaloro, S. Maddalo, M. Miglio, Istituto Storico Italiano per il Medio Evo, Roma 2009, 53-65.

Pogliani 2014

P. Pogliani, *Pittori e mosaicisti dei cantieri di Giovanni vii (705-707)*, in *L'Officina dello sguardo*, 2 voll., *Immagine, memoria, materia*, a cura di G. Bordi *et alii*, Gangemi, Roma 2014, ii vol., 443-450.

Quadri 2012

I. Quadri, *59. Il ciclo con storie dei santi Pietro e Paolo e di san Silvestro e Costantino nel portico di San Pietro in Vaticano*, in Romano 2012, 316-320.

Queijo 2012a

K. Queijo, *19. Il mosaico della facciata di San Pietro in Vaticano*, in Romano 2012, 113-116.

Queijo 2012b

K. Queijo, *5. Il mosaico absidale di San Pietro in Vaticano*, in Romano 2012, 62-66.

Rash 1987

N. Rash, *Boniface VIII and honorific portraiture: observations on the halflenght image in the Vatican*, in «Gesta», 26 (1987), 47-58.

Rezza, Stocchi 2008

D. Rezza, M. Stocchi, *Il Capitolo di San Pietro in Vaticano dalle origini al xx secolo*, 出版 Capitolo Vaticano, [Città del Vaticano] 2008.

Rice 1997

L. Rice, *La coesistenza delle due basiliche*, in *L'architettura della basilica di San Pietro* 1997, 255-260.

Richardson, Story 2013

C. M. Richardson, J. Story, *Letter of the canons of Saint Peter's to Paul v concerning the demolition of the old basilica*, 1605, in *Old Saint Peter's* 2013, 404-415.

Roma anno 1300

Roma anno 1300, Atti della iv Settimana di studi di storia dell'arte medievale dell'Università di Roma La Sapienza, 19-24 maggio 1980, a cura di A. M. Romanini, L'Erma di Bretschneider, Roma 1983.

Romanini 1983

A. M. Romanini, *Arnolfo e gli "Arnolfo" apocrifi*, in *Roma anno 1300*, 27-51.

Romanini 1986

A. M. Romanini, *Il ritratto gotico in Arnolfo di Cambio*, in *Europäische Kunst um 1300*, Akten des xxv. Internationalen Kongresses für Kunstgeschichte, Wien 4.-10 September 1983, Böhlau, Wien, Köln, Graz 1986, 203-209.

Romano 2005

S. Romano, *Due absidi per due papi: Innocenzo III e Onorio III a San Pietro in Vaticano e a San Paolo fuori le Mura*, in *Medioevo: immagini e ideologie* 2005, 555-564.

Romano 2008

S. Romano, *La O di Giotto*, Electa, Milano 2008.

Romano 2012

S. Romano, *Il Duecento e la cultura gotica (1198-*

1287 ca.), in M. Andaloro, S. Romano *La pittura medievale a Roma (312-1431). Corpus e Atlante*, Corpus v, Jaca Book, Milano 2012.

Roser 2005

H. Roser, *St. Peter in Rom im 15. Jahrhundert. Studien zu Architektur und skulpturaler Ausstattung*, Hirmer, München 2005.

Russo 1985

E. Russo, *La recinzione del presbiterio di S. Pietro in Vaticano dal vi all'VIII secolo*, in «Atti della Pontificia Accademia Romana di Archeologia. Rendiconti», 55-56 (1982-1983; 1983-1984), 1985, 3-33.

Russo 2000

E. Russo, *Apparati decorativi*, in *Aurea Roma. Dalla città pagana alla città cristiana*, catalogo della mostra (Roma 22 dicembre 2000-20 aprile 2001), a cura di S. Ensoli, E. La Rocca, l'Erma di Bretschneider, Roma 2000, 92-199.

Sansone, Maddalo 2009

S. Sansone, S. Maddalo, *Ideologia e tradizione di un soggetto iconografico prima e oltre Giotto*, in *Frammenti di memoria Giotto, Roma e Bonifacio VIII*, a cura di M. Andaloro, S. Maddalo, M. Miglio, Istituto Storico Italiano per il Medio Evo, Roma 2009, 37-52.

Sardella 2000

T. Sardella, *Simmaco e lo scisma laurenziano: dalle fonti antiche alla storiografia moderna*, in *Il papato di san Simmaco* 2000, 11-37.

Schreiner 1974

P. Schreiner, *Omphalion und Rota Porphyretica. Zum Kaiserzeremoniell in Konstantinopel und Rom*, in *Byzance et le Slaves*, études de civilisation. Mélanges Ivan Dujčev, Paris 1979, 401-410.

Schumacher 1959

N. Schumacher, «Dominus legem dat», in

«Römische Quartalschrift», 54 (1959), 1–39.

Schwarz 1995

M. V. Schwarz, *Giottos Navicella zwischen "Renovatio" und "Trecento" ein genealogischer Versuch*, in «Wiener Jahrbuch für Kunstgeschichte», 48 (1995), 129–163.

Silenziario, Descrizione della Santa Sofia (出版 Fobelli 2005)

M. Fobelli, *Un tempio per Giustiniano. Santa Sofia di Costantinopoli e la Descrizione di Paolo Silenziario*, Viella, Roma 2005.

Silvagni 1943

A. Silvagni, *La silloge di Cambridge*, in «Rivista di Archeologia Cristiana», 20 (1943), 49–112.

Silvagni 1944

A. Silvagni, *Monumenta Epigraphica christiana saeculo XIII antiquiora, quae in Italiae finibus adhuc exstant iussu Pii xii edita*, I, Pontificio Istituto di Archeologia Cristiana, Città del Vaticano 1944.

Silvan 1984

P. L. Silvan, *Il ciborio di Sisto iv nell'antica Basilica di San Pietro in Vaticano. Ipotesi per una ideale ricomposizione*, in «Bollettino d'Arte», s. vi, 69 (1984), n. 26, 87–98.

Silvan 1992

P. L. Silvan, *Le origini della pianta di Tiberio Alfarano*, in «Rendiconti della Pontificia Accademia Romana di Archeologia», 62 (1992), 3–23.

Spera 2000

L. Spera, s. v. *Traditio legis et clavium*, in *Temi di iconografia paleocristiana*, edizione e introduzione a cura di F. Bisconti, Istituto Pontificio di Archeologia Cristiana, Città del Vaticano 2000, 288–293.

St. Peter's in the Vatican 2005

St. Peter's in the Vatican, a cura di W. Tronzo, Cambridge University Press 2005.

Story 2013

J. Story, *The Carolingians and the oratory of Saint Peter the Shepherd*, in *Old Saint Peter's* 2013, 261–266.

Stroll 2004

M. Stroll, *Callixtus ii (1119-1124) : a pope borne to rule*, Brill, Leiden 2004.

Targioni Tozzetti 1809

O. Targioni Tozzetti, *Dizionario botanico italiano che comprende i nomi volgari italiani, specialmente toscani, e vernacoli delle piante raccolti da diversi autori, e dalla gente di campagna, col corrispondente latino linneano*, presso Guglielmo Piatti, Firenze 1809.

Thoenes 1992

C. Thoenes, *Alt- und Neu-St. -Peter unter einem Dach zu Antonio da Sangallos "Muro Divisorio"*, in *Architektur und Kunst im Abendland. Festschrift zur Vollendung des 65. Lebensjahres von Günter Urban*, hrsg. von Michael Jansen, Herder, Rom 1992, 51–61.

Thoenes 2002 (prima ed. 1994)

Ch. Thoenes, *Neue Beobachtungen an Bramantes St. -Peter-Entwürfen* (1994), in *Id., Opus Incertum. Italienische Studien aus drei Jahrzehnten*, Deutscher Kunstverlag, München 2002, 381–416.

Thoenes, Lanzani et alii 2011

Ch. Thoenes, V. Lanzani *et alii*, *San Pietro in Vaticano. I Mosaici e lo spazio sacro*, Jaca Book, Milano 2011.

Tomei 1989

A. Tomei, *I due angeli della Navicella di Giotto*, in *Fragmenta picta* 1989, 153–161.

Tomei 1990

A. Tomei, *Iacobus Torriti pictor. Una vicenda figurativa del tardo Duecento romano*, Argos, Roma 1990.

Tomei 2000

A. Tomei, *Pietro Cavallini*, Silvana, Cinisello Balsamo 2000.

Tormo 1940

E. Tormo y Monzó, *Os desenhos das antigualhas que vio Francisco d'Ollanda, pintor portugués (1539-1540)*, Madrid 1940.

Tronzo 1985

W. Tronzo, *The Prestige of St. Peter's: Observations on the Function of Monumental Narrative Cycles in Italy*, in *Pictorial Narrative in Antiquity and the Middle Ages*, Symposium held in Baltimore on 16–17 March 1984, ed. H. L. Kessler e M. Shreve Simpson, National Gallery of Art, Washington D. C. 1985, 93–112.

Tronzo 1987

W. Tronzo, *Setting and structure in two Roman wall decorations of the early middle ages*, in «Dumbarton Oaks papers», 41 (1987), 477–492.

Tronzo 1997

W. Tronzo, *Il Tegurium di Bramante*, in *L'architettura della basilica di San Pietro. Storia e costruzione (Roma, 7-10 novembre 1995)*, a cura di G. Spagnesi, «Quaderni dell'Istituto di Storia dell'Architettura» 25–30 (1995–1997), 1997, 161–166.

Turriziani 2011

S. Turriziani, *Le immagini mariane nell'arte musiva della basilica*, in Thoenes, Lanzani *et alii* 2011, 207–233.

Tuzi 2002

S. Tuzi, *Le colonne e il tempio di Salomone: la storia, la leggenda, la fortuna*, Gangemi Editore, Roma 2002.

Van Dijk 2013

A. Van Dijk, *The Veronica, the Vultus Christi and the veneration of icons in medieval Rome*, in *Old Saint Peter's* 2013, 229–256.

Vasari, *Le vite* (ed. Barocchi, Bettarini 1867)

G. Vasari, *Le vite de' più eccellenti pittori, scultori e architettori nelle redazioni del 1550 e 1568*, a cura di P. Barocchi, R. Bettarini, Sansoni, Firenze 1967.

Vegii *De rebus antiquis* (*ed.* Janninго 1717)

Maphei Vegii Laudensis *De rebus antiquis memorabilibus basilicae S. Petri Romae*, in *Acta Sanctorum Iunii* [···], *illustrata a* Conrado Janningo, Tomus vii seu Pars ii, Antverpiae, apud Ioannem Paulum Robyns, 1717, 61–85.

Viscontini 2006

M. Viscontini, *45. I cicli vetero e neo testamentari della navata di San Pietro in Vaticano*, in Andaloro 2006, 411–415.

Walde 1906

A. Walde, *Lateinisches etymologisches Wörterbuch*, Winter, Heidelberg 1906.

Ward Perkins 1952

J. B. Ward Perkins, *The Shrine of St. Peter and its Twelve Spiral Columns*, in «Journal of Roman Studies», 42 (1952), 21–33.

Westall 2014

R. Westall, *Theoderic Patron of the Churches of Rome?*, in «Acta ad archaeologiam et artium historiam pertinentia», 27 (2014), 116–138.

Woolf 2000

G. Wolf, *"Or fu sì fatta la sembianza vostra? Sguardi alla "vera icona" e alle sue copie artistiche*, in *Il volto di Cristo*, catalogo della mostra (Roma, Palazzo delle Esposizioni 2000. 12. 9–2001. 4. 16), a cura di G. Morello e G. Woolf, Electa, Milano 2000, 103–114.

Xydis 1947

S. G. Xydis, *The Chancel Barrier, Solea and Ambo of Hagia Sophia*, in «Art Bulletin», 29 (1947), 1–24.

Zampa 1997

P. Zampa, *Arredi architettonici rinascimentali nella basilica costantiniana. La cappella del Sacramento*, in *L'architettura della basilica di San Pietro* 1997, 167–174.

Zander 1988

G. Zander, *Ritrovata la pianta originale (1571) di S. Pietro di Tiberio Alfarano*, comunicazione alla seduta della Pontificia Accademia Romana di Archeologia, 1988. 3. 24 (inedita).

Wirbelauer 2000

E. Wirbelauer, *Simmaco e Lorenzo. Ragioni del conflitto negli anni 498-506*, in *Il papato di san Simmaco* 2000, 39–51.

Zander 2009

P. Zander, *L'angelo di Giotto nella sistemazione seicentesca delle Grotte Vaticane*, in *Frammenti di memoria Giotto, Roma e Bonifacio VIII*, a cura di M. Andaloro, S. Maddalo, M. Miglio, Istituto Storico Italiano per il Medio Evo, Roma 2009, 67–80.

第三章

Ackerman 1974

J. S. Ackerman, *Notes on Bramante's Bad Reputation*, in Bruschi 1974, 339–349.

Alberti 1966

L. B. Alberti, *De re aedificatoria / L'architettura*, 2 voll., ed. G. Orlandi, Milano 1966.

Alfarano

T. Alfarano, *De Basilicae Vaticanae antiquissima et nova structura*, ed. M. Cerrati, Roma 1914.

Apollonj-Ghetti 1951

B. M. Apollonj-Ghetti *et alii*, *Esplorazioni sotto la confessione di S. Pietro in Vaticano*, Tipografia Poliglotta Vaticana, Città del Vaticano 1951.

Argan, Contardi 1990

G. C. Argan, B. Contardi, *Michelangelo architetto*, Electa, Milano 1960.

Baldinucci 1682

F. Baldinucci, *Vita del Cavaliere Gio. Lorenzo Bernini*, Firenze 1682.

Bardeschi Ciulich 1977

L. Bardeschi Ciulich, *Documenti inediti su Michelangelo e l'incarico di San Pietro*, in «Rinascimento», 17 (1977), 235–275.

Bardeschi Ciulich 1983

L. Bardeschi Ciulich, *Nuovi documenti su Michelangelo architetto maggiore di San Pietro*, in «Rinascimento», 23 (1983), 173–186.

Barock im Vatikan 2006

Barock im Vatikan, Catalogo mostra, s. 1. 2006.

Bartsch, Seiler 2012

T. Bartsch, Seiler (ed. s), *Rom zeichnen, Maarten van Heemskerck 1532-1536/37*, Mann Verlag, Berlin 2012.

Bedon 1995

A. Bedon, *Le incisioni di Dupérac per San Pietro*, in «Disegno di architettura», 6 (1995), 5–11.

Bedon 2008

A. Bedon, *Il Campidoglio*, Electa, Milano 2008.

Bellini 2002

F. Bellini, *L'"Architettura della Basilica di San Pietro" di Martino Ferrabosco*, in «Scholion», 1 (2002), 88–122.

Bellini 2011

F. Bellini, *La Basilica di San Pietro da Michelangelo a Della Porta*, 2 voll., Roma

2011.

Benatti，Manfredi 2000

F. Benatti，A. Manfredi（a cura di）*Niccolò v nel sesto centenario della nascita*，Biblioteca Apostolica Vaticana，Città del Vaticano 2000.

Benedetti 1986

S. Benedetti，*Il modello per il S. Pietro Vaticano di Antonio da Sangallo il Giovane*，in Spagnesi 1986.

Benedetti 1992

S. Benedetti，*L'officina architettonica di Antonio da Sangallo il Giovane: La cupola per il S. Pietro di Roma*，in «Quaderni dell'Istituto di Storia dell'architettura»，15–20（1990–92），i，485–504.

Benedetti 1994

S. Benedetti，*Il modello per il San Pietro*，in Millon，Lampugnani 1994，632–635.

Benedetti 2009

S. Benedetti，*Il grande modello per il San Pietro in Vaticano*，Gangemi，Roma 2009.

Bentivoglio 1997

E. Bentivoglio，*Tiberio Alfarano: Le piante del vecchio San Pietro sulla pianta del nuovo edita dal Dupérac*，in Spagnesi 1997，247–254.

Bernini 1713

D. Bernini，*Vita del Cavalier Gio. Lorenzo Bernini*，Roma 1713.

De Blaauw 2008

S. de Blaauw，*Unum et idem, der Hochaltar von Sankt Peter*，in Satzinger，Schütze 2008，227–242.

Borsi 1989

F. Borsi，*Bramante*，Milano 1989.

Bortolozzi 2011

A. Bortolozzi，*Recovered Memory: The Exhibition of the Remains of Old St. Peter's in the Vatican Grottos*，in «Kunsthistorisk Tidskrift»，80（2011）.

Bortolozzi 2012

A. Bortolozzi，*Il completamento del nuovo San Pietro sotto il Pontificato di Paolo v*，in «Römisches Jahrbuch der Bibliotheca Hertziana»，39（2009/10）（2012），281–328.

Bosman 2004

L. Bosman，*The Power of Tradition*，Uitgeverij Verloren，Hilversum 2004.

Brauer，Wittkower 1931

H. Brauer，R. Wittkower，*Die Zeichnungen des Gianlorenzo Bernini*，2 voll.，Keller，Berlin 1931.

Bredekamp 2000

H. Bredekamp，*St. Peter in Rom und das Prinzip der produktiven Zerstörung*，Berlin 2000.

Bredekamp 2000

H. Bredekamp，*Zwei Souveräne: Paul III. und Michelangelo*，in Satzinger，Schütze 2008，147–158.

Brodini 2005

A. Brodini，*Michelangelo e la volta della Cappella del re di Francia in San Pietro*，in «Annali di Architettura»，17（2005），115–126.

Brodini 2009

A. Brodini，*Michelangelo a San Pietro*，Campisano，Roma 2009.

Brodini 2012

A. Brodini，*"Carico d'anni e di pecati pieno": Michelangelo nel cantiere della basilica di San Pietro*，in *Porre un limite all'infinito errore*，Roma 2012，67–77.

Bruschi 1969

A. Bruschi，*Bramante architetto*，Bari 1969.

Bruschi 1974

A. Bruschi（a cura di）*Studi bramanteschi*，Atti del convegno internazionale 1970，Roma 1974.

Bruschi 1987

A. Bruschi，*Problemi del S. Pietro bramantesco*，in «Quaderni dell'Istituto di storia dell'architettura»，1–10（1987），273–292.

Bruschi 1988

A. Bruschi，*Plans for the Dome of St. Peter's from Bramante to Antonio da Sangallo the Younger*，in *Domes from Antiquity to the Present*，Mimar Sinan Üniversitesi，Istanbul 1988，233–244.

Bruschi 1989

A. Bruschi，*Baldassarre Peruzzi in S. Pietro*，in «Il disegno di architettura»，1989，181–190.

Bruschi 1990/92

A. Bruschi，*Le idee del Peruzzi per il Nuovo San Pietro*，in «Quaderni dell'Istituto di storia dell'architettura»，15–20（1990–92），447–484.

Bruschi 1992

A. Bruschi，*I primi progetti di Antonio da Sangallo il Giovane per San Pietro*，in Jansen/Winands1992，63–80.

Bruschi 1997

A. Bruschi，*S. Pietro: Spazi, strutture, ordini*，in Spagnesi 1997.

Bruschi 2003

A. Bruschi，*Bramante e la sua idea conclusiva per San Pietro*，in «Parametro»，246–247（2003），86–89.

Bruschi 2005

A. Bruschi，*Baldassarre Peruzzi per San Pietro*，in Frommel 2005a，353–369.

Buonanni 1696

F. Buonanni，*Numismata Summorum Pontificum*

Templi Vaticani fabricam indicantia, Roma 1696.

Burroughs 1990

Ch. Burroughs, *From Signs to Design: Environmental Process and Reform in Early Renaissance Rome*, Cambridge (Mass.), 1990.

Cantatore 1997

F. Cantatore, *Tre nuovi documenti sui lavori per San Pietro al tempo di Paolo ii*, in Spagnesi 1997, 119–122.

Caramuel 1697

J. Caramuel de Lobkowitz, *Architectura civil, recta y obliqua*, Vigevano 1697.

Carpiceci 1987

A. C. Carpiceci, *La basilica vaticana vista da Maarten van Heemskerck*, in «Bollettino d'Arte», 44–45 (1987), 67–128.

Casalino 1999

D. Casalino, *San Pietro in Vaticano*, Le Lettere, Firenze 1999.

Colalucci 2006

F. Colalucci, *Paul v.*, in *Barock im Vatikan* 2006, 229–238.

Condivi

A. Condivi, *Vita di Michelangelo Buonarroti*, ed. G. Nencioni, Firenze 1998.

Connors 2006a

J. Connors, *Carlo Maderno e San Pietro*, in Petros Eni, 111–126.

Connors 2006a

J. Connors, *Bernini e il baldacchino per San Pietro*, in Petros Eni, 105–110.

Contardi 1998

B. Contardi (a cura di) *San Pietro*, F. Motta, Milano 1998.

Curcio 2011

G. Curcio *et alii* (a cura di) *Studi su Domenico*

Fontana, Mendrisio 2011.

Curti 1995

M. Curti, *Indagini sul San Pietro di Niccolò v*, in «Quaderni del Dipartimento Patrimonio architettonico e urbanistico», 10 (1995), 55–72.

Dacos 1995

N. Dacos, *Fiamminghi a Roma 1508-1608*, Skira, Milano 1995.

Dehio 1880

G. Dehio, *Die Bauprojekte Nikolaus v. und L. B. Alberti*, in «Repertorium für Kunstwissenschaft», 5 (1880), 141–157.

Del Pesco 1988

D. Del Pesco, *Colonnato di San Pietro*, Università degli studi di Roma, Roma 1988.

De Maio 1978

R. De Maio, *Michelangelo e la Controriforma*, Laterza, Roma–Bari 1978.

Denker Nesselrath 1990

Ch. Denker Nesselrath, *Die Säulenordnungen bei Bramante*, Wernersche Verlagsgesellschaft, Worms 1990.

Di Pasquale 1994

S. Di Pasquale, *Giovanni Poleni tra dubbi e certezze nell'analisi della cupola vaticana*, in «Palladio», 14 (1994), 275–278.

Di Pasquale 1997

S. Di Pasquale, *La cupola, le fratture, le polemiche*, in Spagnesi 1997, 381–388.

Di Stefano 1963

R. Di Stefano, *La cupola di S. Pietro*, Edizioni scientifiche italiane, Napoli 1963.

Dobler 2008

R. –M. Dobler, *Die Vierungspfeiler von Neu-SanktPeter und ihre Reliquien*, in Satzinger,

Schütze 2008, 301–324.

Evers 1995

B. Evers (a cura di) *Architekturmodelle der Renaissance*, Prestel, München–New York 1995.

Fagiolo 1967

M. e M. Fagiolo, *Bernini*, De Luca, Roma 1967.

Fanti, Lenzi 1994

M. Fanti, D. Lenzi (a cura di) *Una Basilica per una Città, Sei secoli di San Petronio*, Bologna 1994.

Ferrabosco 1620

M. Ferrabosco, *Libro de l'architettura di San Pietro in Vaticano*, Roma 1620.

Fiore 2005

F. P. Fiore (a cura di) *La Roma di Leon Battista Alberti*, Skira, Milano 2005.

Fontana 1694

C. Fontana, *Il tempio Vaticano e sua origine*, Electa, Roma 1694.

Frings 1998

M. Frings, *Zu Michelangelos Architekturtheorie*, in «Zeitschrift für Kunstgeschichte», 61 (1998), 227–243.

Frommel 1974

Ch. L. Frommel, *Antonio da Sangallos Cappella Paolina*, in «Zeitschrift für Kunstgeschichte», 27 (1964), 1–42.

Frommel 1976

Ch. L. Frommel, *Die Peterskirche unter Papst Julius ii. im Licht neuer Dokumente*, in «Römisches Jahrbuch für Kunstgeschichte», 16 (1976), 57–136.

Frommel 1977

Ch. L. Frommel, „*Capella Julia*", *Die*

Grabkapelle Julius' ii. in Neu-St. -Peter, in «Zeitschrift für Kunstgeschichte», 40 (1977), 26–62.

Frommel 1983

Ch. L. Frommel, *Francesco del Borgo, Architekt Pius' ii. und Pauls ii.*, in «Römisches Jahrbuch für Kunstgeschichte», 20 (1983), 107–154.

Frommel 1984

Ch. L. Frommel, *San Pietro, Storia della costruzione*, in Frommel, Ray, Tafuri 1984, 241–310.

Frommel 1991

Ch. L. Frommel, *Il cantiere di San Pietro prima di Michelangelo*, in *Les chantiers de la Renaissance*, Picard, Paris 1991, 175–190.

Frommel 1994a

Ch. L. Frommel, *San Pietro*, in Millon, Lampugnani 1994, 399–423, 599–632

Frommel 1994b

Ch. L. Frommel, *Il progetto di Domenico Aymo da Varignana per la facciata di S. Pietro*, in Fanti, Lenzi 1994, 223–241.

Frommel 1997

Ch. L. Frommel, *Il San Pietro di Niccolò v*, in Spagnesi 1997, 103–110.

Frommel 1998

Ch. L. Frommel, *Roma*, in F. Fiore (a cura di) *Il Quattrocento* (*Storia dell'architettura italiana*), Milano 1998, 374–433.

Frommel 1999

Ch. L. Frommel, *Riflessioni sulla genesi del modello ligneo e gli ultimi progetti di Sangallo per San Pietro*, in *Arte d'Occidente, temi e metodi*, Edizioni Sintesi Informazione, Roma 1999, 1103–1111.

Frommel 1999

Ch. L. Frommel, *Raffaels späte Utopie für St.*

Peter, in Gnann 2000b, 56–69.

Frommel 2005a

Ch. L. Frommel *et alii* (*a cura di*) *Baldassarre Peruzzi 1481-1536*, Marsilio, Venezia 2005.

Frommel 2005b

Ch. L. Frommel, *Il San Pietro di Niccolò v*, in Fiore 2005, 103–111.

Frommel 2006

Ch. L. Frommel, *San Pietro da Niccolò v al modello di Sangallo*, in Petros Eni, 31–77.

Frommel 2008

Ch. L. Frommel, *Der Chor von St. Peter im Spannungsfeld von Form, Funktion, Konstruktion und Bedeutung*, in Satzinger, Schütze 2008, 83–110.

Frommel, Adams 2000

Ch. L. Frommel, N. Adams (a cura di) *The Architectural Drawings of Antonio da Sangallo and his Circle*, ii, New York 2000.

Frommel, Ray, Tafuri 1984

Ch. L. Frommel, S. Ray, M. Tafuri (a cura di) *Raffaello architetto*, catalogo della mostra, Roma 1984, Electa, Milano 1984.

Geymüller 1875-80

H. von Geymüller, *Die ursprünglichen Entwürfe für Sankt Peter in Rom*, Wien–Paris 1875–80.

Giovannoni 1959

G. Giovannoni, *Antonio da Sangallo il Giovane*, 2 voll., Roma 1959.

Gnann 2008

A. Gnann, *Zum neuentdeckten Grundriss Raphaels für St. Peter*, in Gnann, Willinger 2008, 70–81.

Gnann, Willinger 2008

A. Gnann, B. Willinger (a cura di) *Festschrift für Konrad Oberhuber*, Milano 2008.

Grimaldi 1972

G. Grimaldi, *Descrizione della Basilica Antica di S. Pietro in Vaticano*, ed. R. Niggl, Città del Vaticano 1972.

Guarna

A. Guarna, *Scimmia*, ed. E. e G. Battisti, Roma 1970.

Guidoni Marino 1973

A. Guidoni Marino, *Il colonnato di San Pietro, Dall'architettura obliqua di Caramuel al classicismo berniniano*, in «Palladio», 23 (1973), 18–120.

Günther 1995

H. Günther, *Leitende Bautypen in der Planung der Peterskirche*, in J. Guillaume (a cura di) *L'église dans l'architecture de la Renaissance*, Paris 1995, 41–78.

Günther 1995

H. Günther, *„Als wäre die Peterskirche mutwillig in Flammen gesetzt"*, in «Münchner Jahrbuch der bildenden Kunst», 3. Folge, 48 (1997), 67–112.

Hager 1997a

H. Hager, *Bernini, Carlo Fontana e la fortuna del "Terzo braccio" del colonnato di Piazza San Pietro in Vaticano*, in Spagnesi 1997, 337–360.

Hager 1997b

H. Hager, *Clemente ix, il Museo dei modelli della Reverenda Fabbrica di S. Pietro e l'origine del museo architettonico*, in «Rivista storica del Lazio», 7 (1997), 137–183.

Haus 1970

A. Haus, *Der Petersplatz in Rom und sein Statuenschmuck*, Freiburg 1970.

Haus 1983/84

A. Haus, *Piazza San Pietro, concetto e forma*, in G. Spagnesi, M. Fagiolo (a cura di) *Gian Lorenzo Bernini architetto*, 2 voll., Roma

1983/84, ii, 291–316.

Hibbard 1971

H. Hibbard, *Carlo Maderno and Roman Architecture 1580-1630*, London 1971.

Hubert 1988

H. Hubert, *Bramantes St. -Peter-Entwürfe und die Stellung des Apostelgrabes*, in «Zeitschrift für Kunstgeschichte», 51 (1988), 195–221.

Hubert 1992

H. Hubert, *Bramante, Peruzzi, Serlio und die Peterskuppel*, in «Zeitschrift für Kunstgeschichte», 61 (1992), 353–371.

Hubert 2005

H. Hubert, *Baldassarre Peruzzi und der Neubau der Peterskirche in Rom*, in Frommel 2005a, 371–409.

Hubert 2005

H. Hubert, *"Fantasticare col disegno"*, in Satzinger, Schütze 2008, 111–125.

***Il disegno dell'architettura* 1989**

Il disegno dell'architettura, Atti del Convegno di Milano 1988, Milano 1989.

Jansen, Winands 1992

M. Jansen, K. Winands (a cura di) *Architektur und Kunst im Abendland*, Roma 1992.

Jatta 2006

B. Jatta, *Pieter Coecke, Costruzione della nuova Basilica Vaticana*, in *Petros Eni* 2006, 136.

Jung 1997

W. Jung, *Verso quale nuovo S. Pietro*□, in Spagnesi 1997, 149–156.

Jobst 1997

Ch. Jobst, *La basilica di S. Pietro e il dibattito sui tipi edili*, in Spagnesi 1997, 243–246.

Keller 1976

F. E. Keller, *Zur Planung am Bau der römischen Peterskirche*, in «Jahrbuch der Berliner Museen», 18 (1976), 24–56.

Kemper 2006

M. E. Kemper, *Alexander vii.*, in *Barock im Vatikan* 2006, 313–327.

Kempers 1996

B. Kempers, *Diverging Perspectives, New St. Peter's*, in «Mededelingen van het Nederlands Institut te Rome, Deel iv», 55 (1996), 213–251.

Kinney 2005

D. Kinney, *Spolia*, in Tronzo 2005, 16–47.

Kirwin 1981

W. C. Kirwin, *Bernini's Baldachino Reconsidered*, in «Römisches Jahrbuch für Kunstgeschichte», 19 (1981), 141–171.

Kitao 1974

T. K. Kitao, *Circle and Oval in the Square of St. Peter's*, New York University Press for the College Art Assoc. of America, New York 1974.

Klodt 2007

O. Klodt, *Raffael oder Bramante*□, in K. Butler, F. Krämer (a cura di) *Jabobsweg*, Weimar 2007, 73–86.

Krauss, Thoenes 1991/92

F. Krauss Franz, Ch. Thoenes, *Bramantes Entwurf für die Kuppel von St. Peter*, in «Römisches Jahrbuch der Bibliotheca Hertziana», 27/28 (1991/92), 183–200.

Krautheimer 1949

R. Krautheimer, *Some Drawings of Early Christian Basilicas in Rome*, in «The Art Bulletin», 31 (1949), 211–215.

Krautheimer 1961

R. Krautheimer, *Alberti's Templum Etruscum*, in «Münchner Jahrbuch der bildenden Kunst, 3. Folge», 12 (1961), 63–72.

Krautheimer 1985

R. Krautheimer, *The Rome of Alexander vii 1655-1667*, Princeton University Press, Princeton N. J. 1985.

Krautheimer, Jones 1975

R. Krautheimer, R. B. S. Jones, *The Diary of Alex- ander vii*, in «Römisches Jahrbuch für Kunstgeschichte», 15 (1975), 199–233.

Kruft, Larsson 1966

H. W. Kruft, L. O. Larsson, *Entwürfe Berninis für die Engelsbrücke in Rom*, in «Münchner Jahrbuch der bildenden Kunst», 17 (1966), 145–160.

Kulawik 2002

B. Kulawik, *Die Zeichnungen im Codex Destailleur D der Kunstbibliothek zum letzten Projekt Antonios da Sangallo für den Neubau von St. Peter in Rom*, pdf Datei, 2002.

Kuntz 2005

M. A. Kuntz, *Maderno's Building Procedures at New St. Peter's: Why the Façade first*□, in «Zeitschrift für Kunstgeschichte», 68 (2005), 41–60.

Kuntz 2009

M. A. Kuntz, Mimesis, *Ceremony Praxis in the Cappella Paolina as the Holy Sepulchre*, in «Memoirs of the American Academy in Rome», 54 (2009) (2010), 61–82.

Lanzani s. d.

V. Lanzani, *Le Grotte Vaticane*, Roma/Napoli s. d.

Lanzani, Zander 2003

V. Lanzani, Zander *et alii*, *Le Grotte Vaticane, Intervento di Restauro 2002-2003*, Città del Vaticano 2003.

Lavin 1968

I. Lavin, *Bernini and the Crossing of St. Peter's*, College Art Association of America, New York 1968.

Lavin 1984

I. Lavin, *Bernini's Baldachin: Considering a Reconsideration*, in «Römisches Jahrbuch für Kunstgeschichte», 21（1984）, 405–414.

Letarouilly 1882

Letarouilly, *Le Vatican et la Basilique de SaintPierre de Rome*, 2 voll., Paris 1882.

Lotz 1977

W. Lotz, *The Piazza Ducale in Vigevano*, in W. Lotz, *Studies in Italian Renaissance Architecture*, Cambridge（Mass.）, 1977, 117–139.

Magnuson 1958

t. Magnuson, *Studies in Roman Quattrocento Architecture*, Stockholm 1958.

Marconi 2004

N. Marconi, *Edificando Roma barocca*, Edimond, Roma 2004.

Marder 1997

T. A. Marder, *Bernini's Scala Regia at the Vatican Palace*, Cambridge University Press, Cambridge（Mass.）1997.

Marder 1998

T. A. Marder, *Gian Lorenzo Bernini*, Rizzoli, Milano 1998.

Marino 1997

A. Marino, *San Pietro: le idee di Virgilio Spada e il concetto di portico nella definizione della Piazza*, in Spagnesi 1997, 331–336.

McPhee 2002

S. C. McPhee, *Bernini and the Bell Towers*, New Haven 2002.

McPhee 2002

S. C. McPhee, *The Long Arm of the Fabbrica: St. Peter's and the City of Rome*, in Satzinger, Schütze 2008, 353–374.

Miarelli Mariani 1997

G. Miarelli Mariani, *L'antico San Pietro, demolirlo o conservarlo□*, in Spagnesi 1997, 229–242.

Michelangelo 1965-1983

Il carteggio di Michelangelo, a cura di P. Barocchi, R. Ristori, 5 voll., Sansoni, Firenze 1965–1983.

Michelangelo 2005

I contratti di Michelangelo, a cura di L. Bardeschi Ciulich, Firenze 2005.

Millon 1988a

H. A. Millon, *Michelangelo architetto, la facciata di San Lorenzo e la cupola di san Pietro*, Milano 1988.

Millon 1988b

H. A. Millon, *Pirro Ligorio, Michelangelo and St. Peter's*, in R. W. Gaston（a cura di）*Pirro Ligorio Artist and Antiquarian*, Silvana Editoriale, Firenze 1988, 216–286.

Millon, Magnano Lampugnani 1994

H. A. Millon, V. Magnano Lampugnani（a cura di）*The Renaissance from Brunelleschi to Michelangelo*, Milano 1994.

Millon, Smyth 1969

H. A. Millon, C. H. Smyth, *Michelangelo and St. Peter's i*, in «The Burlington Magazine», 111（1969）, 484–500.

Millon, Smyth 1976

H. A. Millon, C. H. Smyth, *Michelangelo and St. Peter's: Observations on the Apse Vault and Related Drawings*, in «Römisches Jahrbuch für Kunstgeschichte», 16（1976）, 137–206.

Modigliani 1999

A. Modigliani（a cura di）*Gianozzo Manetti, Vita di Niccolò v*, Roma 1999.

Niebaum 2004

J. Niebaum, *Bramante und der Neubau von St. Peter, die Planungen vor dem Ausführungsprojekt*, in «Römisches Jahrbuch der Bibliotheca Hertziana», 34（2001/2002）（2004）, 87–184.

Niebaum 2007

J. Niebaum, *Die spätantiken Rotunden an AltSt.-Peter in Rom*, in «Marburger Jahrbuch für Kunstwissenschaft», 34（2007）, 101–161.

Niebaum 2008

J. Niebaum, *Zur Planungs- und Baugeschichte der Peterskirche zwischen 1506 und 1513*, in Satzinger, Schütze 2008, 49–82.

Niebaum 2011

J. Niebaum, *Typologische Innovation in einigen Sakralbau-Entwürfen Antonio da Sangallos des Jüngeren*, in Schlimme, Sickel 2011, 39–68.

Niebaum 2013

J. Niebaum, *Die Peterskirche als Baustelle*, in Katja Schröck *et alii*,（a cura di）*Kirche als Baustelle*, Köln–Weimar–Wien 2013, 60–72.

Niggl 1971

R. Niggl, *Giacomo Grimaldi, Leben und Werk des römischen Archäologen und Historikers*, Diss. München 1971.

Orbaan 1919

J. A. F. Orbaan, *Der Abbruch Akt-St. -Peters 1605-1615*, in «Jahrbuch der preussischen Kunstsammlungen», 39（1919）, Beiheft, 1–139. Panvinio o. Panvinio, *De rebus antiquis memorabilibus basilicae sancti Petri*, Ms. Bibl. Vat.; Frommel 1976, 90 f.

Pastor 1891

L. von Pastor, *Geschichte der Päpste*, i, 2a edizione, Freiburg 1891.

Pastor 1927

L. von Pastor, *Geschichte der Päpste*, xii, Herder, Freiburg 1927.

Pergolizzi 1999

A. M. Pergolizzi（a cura di）*La confessione nella Basilica di San Pietro in Vaticano*，Silvana，Milano 1999.

Petros Eni 2006

Petros Eni – *Pietro è qui*，catalogo della mostra 2006/2007，Città del Vaticano 2006.

Pinelli 2000

A. Pinelli，*La Basilica di San Pietro in Vaticano*，4 voll.，Franco Cosimo Panini，Modena 2000.

Preimesberger 1983

R. Preimesberger，*Die Ausstattung der Kuppelpfeiler von St. Peter in Rom unter Papst Urban VIII.*，in «Jahres– und Tagungsbericht der Görresgesellschaft» 1983，36–55.

Preimesberger 1992

R. Preimesberger，*Majestas loci, zum Kuppelraum von St. Peter unter Urban VIII.*，in «Berliner Wissenschaftliche Gesellschaft，Jahrbuch»，（1992），247–268.

Preimesberger 2008

R. Preimesberger，*Ein ehernes Zeitalter in Sankt Peter*□，in Satzinger，Schütze 2008，325–335.

Prodi 1982

P. Prodi，*Il sovrano pontefice*，Il Mulino，Bologna 1982.

Prodi 1994

P. Prodi，*Papa, Impero e pace nel teatro politico di San Petronio*，in *Una basilica per una città*，Bologna 1994，149–158.

Reinhardt 1996

V. Reinhardt，*Der rastlos bewährte Pontifex*，in «Quellen und Forschungen aus italienischen Archiven und Bibliotheken»，76（1996），274–307.

Rice 1997a

L. Rice，*La coesistenza delle due basiliche*，in Spagnesi 1997，255–260.

Rice 1997b

L. Rice，*The Altars and Altarpieces of New St. Peter's 1621-1666*，Cambridge（Mass.）–New York 1997.

Rice 2008

L. Rice，*Bernini and the Pantheon Bronce*，in Satzinger，Schütze 2008，337–352.

Rocchi Coopmans De Yoldi 1996

G. Rocchi Coopmans de Yoldi，*S. Pietro. Arte e Storia nella Basilica Vaticana*，Bergamo 1996.

Roser 2009

H. Roser，*St. Peter in Rom im 15. Jahrhundert*，München 2009.

Saalman 1975

H. Saalman，*Michelangelo, S. Maria del Fiore and St. Peter's*，in «The Art Bulletin»，57（1975），374–411.

Saalman 1975

H. Saalman，*Michelangelo at St. Peter's, the Arberino Correspondence*，in «The Art Bulletin»，60（1978），483–492.

Satzinger 1993

G. Satzinger，*Nikolaus Muffel und Bramante, monumentale Triumphbogensäulen in Alt-St. -Peter*，in «Römisches Jahrbuch der Bibliotheca Hertziana»，31（1993），93–105.

Satzinger 2004

G. Satzinger，*Nikolaus v. und die Erneuerung von St. Peter*，in N. Staubacher（a cura di）*Rom und das Reich vor der Reformation*，Lang，Frankfurt a. Main 2004，21–30.

Satzinger 2006

G. Satzinger，*Die Baugeschichte von Neu-St. -Peter*，in *Barock im Vatikan*，Bonn 2006，45–116.

Satzinger 2008

G. Satzinger，*St. Peter, Zentralbau oder Longitudinalbau, Orientierungsprobleme*，in Satzinger，Schütze 2008，127–146.

Satzinger，Schütze 2008

G. Satzinger，S. Schütze（a cura di）*St. Peter in Rom 1506-2006*，Hirmer，München 2008.

Schlimme，Sickel 2011

H. Schlimme，L. Sickel（a cura di）*Ordnung und Wandel in der römischen Architektur der frühen Neuzeit*，München 2011.

Schütze 1994

S. Schütze，*„Urbano inalza Pietro, e Pietro Urbano"*，in «Römisches Jahrbuch der Bibliotheca Hertziana»，29（1994），213–287.

Schütze 2006

S. Schütze，*Urban VIII.*，in *Barock im Vatikan*，2006，251–288.

Schütze 2008

S. Schütze，*„Werke als Kalküle ihres Wirkungsanspruchs"*，in Satzinger，Schütze 2008，405–426.

Serlio 1540

S. Serlio，*Il terzo libro*，Venezia 1540.

Shearman 1974

J. Shearman，*Il "Tiburio" di Bramante*，in Bruschi 1974，567–573.

Shearman 1974

J. Shearman，*On the Master-Model for New Saint Peter's, 1506-21*，in H. Baader *et alii*，*Ars et scriptura, Festschrift für Rudolf Preimesberger*，Berlin 2001，125–142.

Shearman 2003

J. Shearman，*Raphael in Early Modern Sources（1483-1602）*，2 voll.，Yale University Press，New Haven–London 2003– Silvan 1989/90 P. L. Silvan，*Le origini della pianta di Tiberio*

Alfarano, in Atti della Pontificia Accademia Romana di Archeologia, serie III, lxii, (1989/90), 3–23.

Sladek 1997

E. Sladek, *La collezione di disegni di Alessandro vii*, in Spagnesi 1997, 319–326.

Spagnesi 1986

G. Spagnesi (a cura di) *Antonio da Sangallo il Giovane, la vita e l'opera*, Centro di studi per la storia dell'architettura, Roma 1986.

Spagnesi 1997

G. Spagnesi (a cura di) *L'architettura della basilica di S. Pietro, storia e costruzione*, Atti del convegno internazionale di studi (Roma, Castel S. Angelo, 7–10 novembre 1995), Bonsignori, Roma 1997.

Struck 2012

N. Struck, *Die Campanili von St. Peter in einer unbekannten Bildquelle zum Maderno-Bau*, in «Zeitschrift für Kunstgeschichte», 75 (2012), 261–270.

Tafuri 1992

M. Tafuri, *Ricerca del Rinascimento*, Giulio Einaudi, Torino 1992.

Tanner 2010

M. Tanner, *Jerusalem on the Hill*, London 2010.

Tessari 1996

C. Tessari (a cura di) *San Pietro che non c'è: da Bramante a Sangallo il Giovane*, Electa, Milano 1996.

Thelen 1967

H. Thelen, *Zur Entstehungsgeschichte der Hochaltar-Architektur von St. Peter in Rom*, Mann, Berlin 1967.

Thoenes 1963

Ch. Thoenes, *Studien zur Geschichte*

des Petersplatzes, in «Zeitschrift für Kunstgeschichte», 26 (1963), 97–145.

Thoenes 1968

Ch. Thoenes, *Bemerkungen zur Petersfassade Michelangelo*, in *Munuscula discipulorum, Festschrift für Hans Kauffmann*, Berlin 1968, 331–348.

Thoenes 1975a

Ch. Thoenes, *Proportionsstudien an Bramantes Zentralbauentwürfen*, in «Römisches Jahrbuch für Kunstgeschichte», 15 (1975), 37–58.

Thoenes 1963b

Ch. Thoenes, *S. Maria di Carignano e la tradizione della chiesa centrale a cinque cupole*, in *Galeazzo Alessi e l'architettura del Cinquecento*, Sagep, Genova 1975, 319–325.

Thoenes 1982

Ch. Thoenes, *St. Peter, erste Skizzen*, in «Daidalos», 5 (1982), 81–98.

Thoenes 1983

Ch. Thoenes, *Bernini architetto fra Palladio e Michelangelo*, in *Gian Lorenzo Bernini architetto e l'architettura europea del Sei-Settecento*, Roma 1983, i, 105–134.

Thoenes 1986

Ch. Thoenes, *St. Peter als Ruine, zu einigen Veduten Heemskercks*, in «Zeitschrift für Kunstgeschichte», 49 (1986), 481–501.

Thoenes 1990

Ch. Thoenes, *Zur Frags des Masstabs in Architekturzeichnungen der Renaissance*, in *Studien zur Künstlerzeichnung*, Stuttgart 1990, 38–55.

Thoenes 1990/92

Ch. Thoenes, *I tre progetti di Bramante per San Pietro*, in «Quaderni dell'Istituto di storia dell'architettura», 15–20 (1990–92), 439–446.

Thoenes 1992a

Ch. Thoenes, *Alt- und Neu-St. -Peter unter einem Dach, zu Antonio da Sangallos "muro divisorio"*, in Jansen, Winands 1992, 51–61.

Thoenes 1992b

Ch. Thoenes, *Madernos St. -Peter-Entwürfe*, in *An Architectural Progress in the Renaissance and Baroque*, The Pennsylvania State University 1992, 169–193.

Thoenes 1993

Ch. Thoenes, *Vitruv, Alberti, Sangallo, zur Theorie der Architekturzeichnung in der Renaissance*, in *Hülle und Fülle, Festschrift für Tilman Buddensieg*, Alfter 1993, 565–584.

Thoenes 1994a

Ch. Thoenes, *San Pietro 1534-1546*, in Millon, Magnano Lampugnani 1994, 635–650.

Thoenes 1992b

Ch. Thoenes, *Neue Beobachtungen an Bramantes St. -Peter-Entwürfen*, in «Münchner Jahrbuch der bildenden Kunst, 3. Folge», 45 (1994), 109–132.

Thoenes 1995

Ch. Thoenes, *Pianta centrale e pianta longitudinale nel nuovo S. Pietro*, in J. Guillaume (a cura di) *L'église dans l'architecture de la Renaissance*, Paris 1995, 91–106.

Thoenes 1996

Ch. Thoenes, *Antonio da Sangallos Peterskuppel*, in *Architectural Studies in Memory of Richard Krautheimer*, Von Zabern, Mainz 1996, 163–167.

Thoenes 1997a

Ch. Thoenes, *"Urbi et orbi", la Basilica Vaticana negli Anni Santi*, in «Zodiac», 17 (1997), 34–55.

Thoenes 1997a

Ch. Thoenes, *San Pietro, storia e ricerca*, in

Spagnesi 1997，13–30.

Thoenes 1997c

Ch. Thoenes， *"Il primo tempio del mondo"*, *Raffael, St. Peter und das Geld*, in *Radical Art History*, zip, Zürich 1997, 450–459.

Thoenes 1998

Ch. Thoenes， *Il modello ligneo per San Pietro e il metodo progettuale di Antonio da Sangallo il Gio vane*, in «Annali di architettura», 9（1998），186–199.

Thoenes 1999

Ch. Thoenes， *Postille sull'architetto nel „De re aedificatoria"*, in *Leon Battista Alberti, architettura e cultura*, Olschki, Firenze 1999, 27–32.

Thoenes 2000a

Ch. Thoenes， *St. Peter's 1534-46*, in Frommel, Adams 2000, 33–44.

Thoenes 2000b

Ch. Thoenes， *La fabbrica di San Pietro nelle incisioni*, Milano 2000.

Thoenes 2001

Ch. Thoenes， *Bramante a San Pietro, i deambulatori*, in F. Di Teodoro（a cura di）*Donato Bramante, ricerche, proposte, riletture*, Accademia Raffaello, Urbino 2001, 303–320.

Thoenes 2002

Ch. Thoenes， *Opus incertum, Italienische Studien aus drei Jahrzehnten*, Deutscher Kunstverlag, München–Berlin 2002.

Thoenes 2003a

Ch. Thoenes， *Biblioteca Petriana*, in G. Curcio（a cura di）, *Carlo Fontana, Il Tempio Vaticano 1694*, Electa, Milano 2003, XXI–XXXIII.

Thoenes 2003b

Ch. Thoenes， *San Pietro, la fortuna di un modello nel Cinquecento*, in F. Repishti, G.

M. Cagni（a cura di）*La pianta centrale della Controriforma e la chiesa di S. Alessandro a Milano*, Milano 2003, 123–132.

Thoenes 2005

Ch. Thoenes， *Renaissance St. Peter's*, in W. Tronzo（a cura di）*St. Peter's in the Vatican*, Cambridge（Mass.）2005, 64–92.

Thoenes 2006

Ch. Thoenes， *„Templi Petri Instauracio", Giulio ii, Bramante e l'antica basilica*, in A. Rocca de Amicis（a cura di）*Colloqui d'architettura*, 1, 2006, 60–84.

Thoenes，Zöllner，Pöpper 2007

Ch. Thoenes， F. Zöllner, T. Pöpper, *Michelangelo*, Taschen, Köln 2007.

Thoenes 2008a

Ch. Thoenes， Über die Grösse der Peterskirche, in Satzinger, Schütze 2008, 9–28.

Thoenes 2008b

Ch. Thoenes， *Michelangelos St. Peter*, in «Römisches Jahrbuch der Bibliotheca Hertziana», 37（2006）（2008）, 57–83.

Thoenes 2009a

Ch. Thoenes， *Michelangelo e architettura*, in M. Mussolin（a cura di）*Michelangelo architetto a Roma*, Milano 2009, 25–37.

Thoenes 2003b

Ch. Thoenes， *Alfarano, Michelangelo e la Basilica Vaticana*, in L. Gulia, I. Herklotz, S. Zen（a cura di）, *Società, cultura e vita religiosa in età moderna*, Sora 2009, 483–496.

Thoenes 2010

Ch. Thoenes， *Atrium, Campus, Piazza, zur Geschichte des römischen Petersplatzes*, in A. Nova, Jöchner（a cura di）*Platz und Territorium*, Deutscher Kunstverlag, Berlin. München 2010, 65–88.

Thoenes 2011

Ch. Thoenes， *Introduzione allo spazio sacro della Basilica*, in V. Lanzani *et alii*（a cura di）*I mosaici e lo spazio sacro*, Jaca Book, Milano 2011, 16–63.

Thoenes 2012

Ch. Thoenes， Über einige Anomalien am Bau der römischen Peterskirche, in «Römisches Jahrbuch der Bibliotheca Hertziana», 39（2009/2010）, 43–63.

Thoenes 2013

Ch. Thoenes， *Persistenze, ricorrenze e innovazioni nella storia della Basilica Vaticana*, in *Giornate di studio in Onore di Arnaldo Bruschi*, Roma 2013, 85–92.

Thöne 1960

F. Thöne， *Ein deutschrömisches Skizzenbuch von 1609-11*, Deutscher Verein für Kunstwissenschaft, Berlin 1960.

Tolnay 1975/80

Ch. de Tolnay， *Corpus dei disegni di Michelangelo*, 4 voll., Istituto Geografico de Agostini, Novara 1975/80.

Torrigo 1618

F. M. Torrigo， *Le sacre grotte Vaticane*, Roma 1618. Tratz 1991/92 H. Tratz, *Die Ausstattung des Langhauses von St. Peter unter Innozenz x.*, in «Römisches Jahrbuch der Bibliotheca Hertziana», 27/28（1991/92）, 337–374.

Tronzo 1997

W. Tronzo， *Il Tegurium di Bramante*, in Spagnesi 1997, 161–166.

Tronzo 2005

W. Tronzo（a cura di）*St. Peter's in the Vatican*, Cambridge（Mass.）, 2005.

Tuttle 1994

R. J. Tuttle， *Baldassarre Peruzzi e il suo progetto*

di completamento della basilica petroniana, in Fanti, Lenzi 1994, 243–250.

Tuzi 2003

S. Tuzi, *Le colonne e il Tempio di Salomone*, Gangemi, Roma 2003.

Urban 1963

G. Urban, *Zum Neubau-Projekt von St. Peter unter Papst Nikolaus v.,* in *Festschrift für Harald Keller*, Darmstadt 1963, 131–173.

Vasari（ed. Barocchi 1962）

G. Vasari, *La vita di Michelangelo*, ed. P. Barocchi, 5 voll., Milano–Napoli 1962.

Vasari（ed. Milanesi 1878-1885）

G. Vasari, *Le Vite...*, ed. G. Milanesi, 9 voll., Firenze 1878–1885.

Ward Perkins 1952

J. B. Ward Perkins, *The Shrine of St. Peter and Its Twelve Spiral Columns*, in «Journal of Roman Studies», 42（1952）, 21–33.

Wasserman 1966

J. Wasserman, *Ottavio Mascarino and his Drawings in the Accademia Nazionale di S. Luca*, Roma 1966.

Wolff Metternich, Thoenes 1987

F. G. Wolff Metternich, *Die frühen St. -Peter-Entwürfe 1505-1514*, ed. Ch. Thoenes, Tübingen 1987.

Zanchettin 2006

V. Zanchettin, *Un disegno sconosciuto per l'architrave del tamburo della cupola di San Pietro in Vaticano*, in «Römisches Jahrbuch der Bibliotheca Hertziana», 37（2006）, 9–55.

Zanchettin 2008

V. Zanchettin, *La verità della Pietra, Michelangelo e la costruzione in travertino di San Pietro*, in Satzinger, Schütze 2008, 159–174.

Zanchettin 2011

V. Zanchettin, *Tamburo e cupola di San Pietro nella concezione di Antonio da Sangallo il Giovane*, in Schlimme, Sickel 2011, 69–86.

Zollikofer 1997

K. Zollikofer, *Un elemento del nuovo San Pietro fra continuità e trasformazione*, in Spagnesi 1997, 327–330.

Zollikofer 2008

K. Zollikofer, *Sankt Peter, Gregor XIII. und das Idealbild einer christlichen Ökumene*, in Satzinger, S. Schütze 2008, 217–226.

图书在版编目（CIP）数据

圣彼得大教堂 /（德）雨果·勃兰登堡，（意）安托
内拉·巴拉迪尼，（德）克里斯托夫·索恩著；李响译 .
—上海：上海三联书店，2021.6
（伟大的博物馆）
ISBN 978-7-5426-7388-6

Ⅰ.圣… Ⅱ.①雨… ②安… ③克… ④李… Ⅲ.
①教堂 - 建筑艺术 - 梵蒂冈 Ⅳ.① TU252

中国版本图书馆 CIP 数据核字（2021）第 063105 号

著作权合同登记号 图字：10-2019-349号

圣彼得大教堂

著　　者 /〔德〕雨果·勃兰登堡 〔意〕安托内拉·巴拉迪尼 〔德〕克里斯托夫·索恩
译　　者 / 李　响
责任编辑 / 程　力
特约编辑 / 张兰坡
装帧设计 / 鹏飞艺术
监　　制 / 姚　军
出版发行 / 上海三联书店
　　　　　（200030）中国上海市漕溪北路 331 号 A 座 6 楼
邮购电话 / 021—22895540
印　　刷 / 天津丰富彩艺印刷有限公司
版　　次 / 2021 年 6 月第 1 版
印　　次 / 2021 年 6 月第 1 次印刷
开　　本 / 787×1092　1/16
字　　数 / 480 千字
印　　张 / 26.25

ISBN 978-7-5426-7388-6/J·330

定　价：228.00元

CREDITI FOTOGRAFICI

I numeri si riferiscono alle pagine, quelli tra parentesi alle illustrazioni.

© 2015. Christie's Images, London / Scala, Firenze, 140-141

Albertina Museum, Vienna, 108-109, 174(4), 290(168), 291(170)

Archivi Alinari, Firenze – Per concessione del Ministero per i Beni e le Attività Culturali – Alinari, 145

Archivio degli autori, 35, 54(23), 63(37), 75, 112-125, 131, 135-137, 144, 166-170, 171(3), 176, 177(8), 178-190, 195(33), 196-198, 200-206, 207(58)-213, 215, 218-226, 231-234, 237, 238(98), 239, 242, 243(106), 245, 246, 248-253(126), 266(137)-275, 290(166), 291(168-169), 292, 293(172), 295(175), 296(178), 299

Archivio Jaca Book, 26, 28(25)

© BAMSphoto – Rodella, 7, 28(26), 134, 148-155, 160-163, 258-259, 277-278, 300-303

© Biblioteca Apostolica Vaticana, 19, 36, 37, 45, 46, 51, 52, 53(21), 62, 65, 66(39), 68, 69, 70(45, 47), 73(52), 74(53), 94-97, 110-111, 126-129, 171(2), 174(5), 177(9), 207(57), 238(97), 240, 253(125), 290(167), 293(173), 294, 295(177), 297, 298

Biblioteca Vallicelliana, 67

© Bibliothéque national de France, 104-105

Musee des Beaux-Arts, Lille, France/De Agostini Picture Library/Bridgeman, 130, 243(105)

© K. Brandenburg, 8, 85-93

© Fabbrica di San Pietro in Vaticano, 10, 11(5), 15, 17(14-15), 23(20-21), 25, 27, 29, 30-34, 39, 49, 50, 53(20), 55, 57-60, 66(40-41), 71, 72, 74(54), 80-82, 132-133, 138-139, 144, 156-157, 159, 191-193, 195(32), 199, 227-230, 235, 236, 244, 247, 254-257, 260-264, 266(138), 278-289, 306-319

© Fabbrica di San Pietro in Vaticano/BAMSphoto – Rodella, 80-81, 134, 158, 320-323

Foto: Joerg P. Anders. © 2015. Foto Scala, Firenze/bpk, Bildagentur fuer Kunst, Kultur und Geschichte, Berlin, 146-147

Istituto Centrale per la Grafica – Per gentile concessione del Ministero dei Beni e delle Attività Culturali e del Turismo, 21

M. Carpiceci, G. Dibenedetto da M. Andaloro (a cura di), La pittura medievale a Roma 312-1431. Atlante vol. i, Jaca Book 2006, 98-101

M. Carpiceci, G. Dibenedetto da A. Ballardini, P. Pogliani, A reconstruction of the oratory of John vii (705-7), in Old Saint Peter's 2013, 106-107

© Governatorato SCV – Direzione dei Musei, 214-215 / Foto P. Zigrossi, 44-45, 73(51) / Foto M. Sarri, 47, 56, 102-103 / Foto A. Bracchetti – P. Zigrossi – L. Giordano, 216-217 / A. Bracchetti, G. Lattanzi, 78-79

Soprintendenza Speciale per il Patrimonio Storico, Artistico ed Etnoantropologico e per il Polo Museale della città di Firenze, 22, 46

S. Romano (a cura di), La pittura medievale a Roma. Corpus vol. v. Il Duecento e la cultura gotica, Jaca Book 2011, 48, 63(34-36)

Statens Museum for Kunst, Copenhagen, 142-143

Su concessione del Ministero per i Beni e le Attività Culturali e del Turismo – Opificio delle Pietre Dure di Firenze – Archivio dei Restauri e Fotografico, 70(46)

Venezia, Museo Archeologico Nazionale–Su concessione del Ministero dei beni e delle attività culturali e del turismo, 16

La carta alla pagina 40 è di Manuela Viscontini.

La carta alla pagina 305 è di Daniela Blandino.